석유화학 폐수의 처리

공정 · 특허 · 비용분석

이학박사 최주환 저

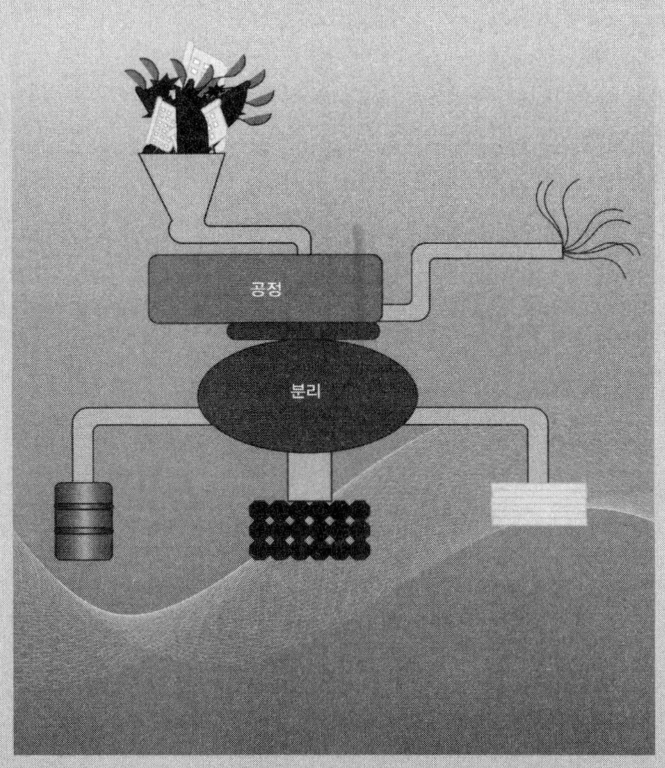

도서출판 서훈

저자약력

최주환

고려대학교 화학과 및 동 대학원 - KIST(이학박사)
영국 옥스퍼드대학교 석유대학 수료
프랑스 TOTAL 석유그룹 Gonfreville 연구센터에서 연구
이수화학(주) 생산기술연구소 선입연구원
한국석유관리원 연구직 과장
한국과학기술원(KIST) 기전연구부 위촉연구원
한국환경자원공사 기술심의위원
고려대, 이화여대, 동덕여대, 상명대, 단국대 강사
(화학과, 과학교육과, 응용화학과, 공업화학과)

[주요저서]
합성윤활유 및 첨가제(97, 진리탐구)
기기분석개론 및 응용(98, 교보문고)
UV-Vis 및 원자흡수분광분석법(98, 우용출판사)
합성윤활유 및 윤활유 첨가제(00, 푸른길)
항공기용 연료유 및 합성윤활유(00, 푸른길)
폐플라스틱과 환경(00, 푸른길)
촉매(00, Prentice-Hall/Pearson Education Korea)
석유제품 적외선 스펙트라 핸드북(01, 유림문화사)
대기환경과 자동차연료(01, 마루)
폐유의 재생과 리사이클링(04, 홍)
석탄액화연료(04, 동아문화사)
계면활성제(09, 내하출판사)
촉매(10, 내하출판사)
폐유의 재생과 처리(10, 내하출판사)
바이오디젤(12, 내하출판사)
바이오연료(14, 내하출판사)
고기능성 엔지니어링 고분자(14, 내하출판사)
LNG와 메틸연료(15, 내하출판사)

머리말

산업의 발전과 더불어 그로 인한 반대급부로서 우리 주변 환경의 오염 역시 급속히 진행되어 오고 있다. 그 중에서도 수질오염의 심각성은 간과할 수 없는 상태로까지 발전하고 있다.

본서는 폭넓은 수질환경 분야 중에서 석유산업과 석유화학산업에서 발생되는 폐수들의 처리에 관해서 주로 고찰코져 하였다.

본서의 특징은 수질오염 제어공정을 중심으로 그 공정과 관련 특허 그리고 그에 따른 비용분석을 심도 있게 고찰하였다. 이는 그동안 출간된 많은 관련도서들에서는 찾아볼 수 없는 내용들을 심층적으로 고찰하여 이 분야에 종사하거나 이 분야를 연구하는 분들에게 실질적인 기술정보에 관한 도움을 드리고져 노력하였다. 그동안 단지 교과서적인 내용과 개론적 내용의 자료들로부터 실질적이고 직접적인 도움을 받을 수 있는 정보자료의 결여로 인해서 안타까운 점이 많았다. 본서에서 고찰된 제어공정 기술은 이 분야 이외의 분야들에도 응용적용할 수 있다. 본서에 기술된 정보자료는 독자 여러분의 관심분야의 해결 및 진행에 실질적으로 많은 도움이 되리라 생각되나 많은 부분 부족한 점들도 있을 것으로 생각되는 점은 향 후 보충토록 하겠다.

본서의 출간을 흔쾌히 결정해 주신 도서출판 서훈 고우용 대표께 감사드리며 편집과 제작에 심혈을 기울여 주신 관계자 여러분께 이글을 빌어 역시 감사드립니다.

2019. 5

저자

목차

Chapter 6 활성 슬러지 • 121

Chapter 7 순수 산소 활성 슬러지 • 153

Chapter 8 Aerated basins와 Ditches • 167

Chapter 9 Trickling Filter • 179

Chapter 10 다른 생물학적 처리방법 • 195

Chapter 1
서론

본서는 산업으로부터의 폐기물들을 처리하기 위한 공정들을 취급하기로 하겠다. 이들은 수반되는 액체들과 고체들을 제거하기 위한 공정들을 포함한다; 광범위한 오염물질들의 스펙트럼을 제거하기 위한 생물학적인, 흡착, 그리고 산화 공정들; 그리고 냉각탑 blowdown을 처리하기 위한 공정들.

석유화학 산업과 같은 광범위한 분야로부터의 독특한 특유의 오염물질들의 처리를 평가한다는 것은 비현실적이다. 그러나 오염물질들의 타입들, 보고된(기술된) 처리방법들, 그리고 참고사항들은 많은 독특한 제품들에 대해서 도표로 나타내었다. 또한 오염 파라미터들의 중요성은 목표들을 설정함에, 그리고 제어당국들과 함께 사용키 위한 배경정보로서 고찰하기로 하겠다.

비록 본서가 수용액 상태의 폐기물들의 처리를 다룬다 할지라도 문제점은 폐기물이 형성되기 전에 플랜트상의 디자인 및 가동상의 변화들에 의해서 더 효과적으로 해결된다. 그러한 방법들에 의해서 폐수흐름에 있어서 90%의 감소에 관한 보고들이 있다. 이러한 변화의 예에는 once-through 냉각수의 제거, 깨끗한 방출수(storm water)를 위한 분리된 하수장치의 설비, barometric condensers에 대한 surface condensers의 치환, 그리고 quenching medium으로서 물보다도 오히려 오일의 사용을 포함한다. 많은 플랜트들이 폐기물처리가 법적 요구사항이 되기 전에 건설되었기 때문에 이러한 효과적인 변화는 가능하다. 이러한 변화에 의한 그러한 저감의 경제적인 효과는 다음과 같은 추정들로부터 판단된다: 폐기물 흐름의 50%의 저감은 폐기물처리 자본을 20% 감소시키며, BOD(biochemical oxygen demand)의 50%의 감소는 자본을 15% 감소시키고, 그리고 동시에 두 가지의 50% 감소는 자본을 32% 감소시킨다(B-3, p.5-18). 처리 요구조건들은 폐수의 질에 의해서라기보다는 오히려 플랜트의 output의 unit당 어떤 주어진 양의 오염물질로써 규정되고 있다. 이러한 접근은 물 사용량과 플랜트상의 처리에 의한 그것의 오염부하를 최소화시키도록 한다.

강화되는 규제에 대한 해결방안으로 도시하수(domestic sewage)를 위해 개발된 생물학적 처리들을 포함하였다. 큰 부지면적을 필요로 하는 것 이외에 이들 방법들은 오염물질들을 완전히 제거할 수 없음을 직면하게 된다. 이들 약점들을 감소시키기 위한 최근의 노력들에는 생물학적 공정을 빠르게 하기 위한 공기를 대신한 산소의 사용, 그리고 생물학적 공정들에 대한 물리적인 그리고 화학적인 공정들의 교체가 포함된다. 수반되는 오일과 고체들을 분리시키기 위한 설비들의 크기를 감소시키고져 하는 비슷한 노력들이 기울여지고 있다. 본서는 석유 및 석유화학 산업들에 의해서 사용되는 전통적인 방법뿐만 아니라 몇몇의 더 새로운 방법들을 평가하고자 한다.

Chapter 2
요약

2.1 일반적인 측면

악화되는 환경과 대중의 관심은 폐기물 방출의 저감에 대한 증가하는 압력을 가하고 있다. 이 방출물들은 유기화합물들을 포함하며 비록 오염물질들의 농도가 석유화학 폐수에서의 농도의 10배 정도인 것 같다 할지라도 석유 그리고 석유화학 산업들의 폐수들은 비슷하다. 여러 고찰들은 제3장에 요약해 놓았다. 비록 단일 폐수가 다양한 분야의 대표적인 것이라고 말할 수 없다 할지라도 이들 고찰들은 석유산업 폐수들은 100−200ppm의 BOD_5를 포함하는 반면 석유화학 폐수들은 1,000−3,000ppm 혹은 그 이상을 포함한다고 지적하고 있다. 제3장에서는 또한 Environmental Protection Agency(EPA) 가이드라인들을 기술하였으며 이들은 독특한 제품들에 대한 조절 요구사항들에 대한 기준이 되는 것으로 기대된다.

폐수 중의 독특한 화합물들의 본질(정체성)과 농도는 좀처럼 알려지지 않는다. 전체 오염을 표현하기 위해 가장 보편적으로 대부분 사용되는 파라미터는 biochemical oxygen demand(BOD)이며 이것은 오염물질들의 생화학적 산화로부터 초래되는 산소흡수이다. ***BOD는 수중 생태계를 손상시키는 유입수에서의 용존산소 고갈과 관련되기 때문에 중요하다. 그러나 BOD는 전체적인 효과를 나타내지 않는데 그것은 비분해성 화합물들이 BOD에 포함되지 않으며 독성물질들이 BOD 테스트가 올바른 답을 주는 것을 가로막기 때문이다. 이러한 이유들 때문에 조절 파라미터들로서 chemical oxygen demand(COD) 혹은 total organic carbon(TOC)을 사용하는 경향이 있는데 그것은 이들이 전체적인 오염의 효과를 더 대표적으로 나타내기 때문이다. 온도의 증가와 댐들의 건설은 강의 동화작용 용량의 감소 때문에 또한 수질에 심각한 영향을 미친다.***

이들 전반적인 파라미터들은 별 문제로 하고 석유 및 석유화학 플랜트들에서 가장 관심의 대상이 되는 화합물의 타입은 그것의 널리 퍼짐과 그것의 물맛에 미치는 영향 때문에 ***페놀***이다. 물론 유독한 금속들은 공공에 널리 알려져 관심을 모았다. 이들과 다른 관련된 인자들은 제4장에서 고찰키로 하겠다.

많은 명확한 구체적이고 특유한 플랜트들에 관해서 폐수처리 문제들의 예들로서 제3장에서 간략하게 고찰키로 한다. 그러나 본서의 주된 강조는 보편적인 범위보다도 더 폭넓은 범위에 걸쳐서 플랜트 크기의 효과를 시험함으로써 그리고 실제적인 산업조건들에 대해서 디자인함으로써 폭넓은 응용능력의 공정들을 평가하는 것이다.

포함된 오일을 제거하기 위한 가장 통상적인 공정은 ***API separator***인데 그것은 디자인 표준들이 American Petroleum Institute의 후원 하에 개발되었기 때문에 그렇게 불리운다. 디자인 방법은 직경이 150-μ 이상의 방울들의 제거를 위해 제공된다. 서스펜션된 고체들의 일부 또한 제거된다. 물은 trash rack 그리고 forebay를 거쳐서 rectangular setting chamber로 흐른다. Flight scraper는 한쪽 끝에 침전물(sediment)을 그리고 다른 한쪽 끝에 오일을 취하며 여기서 이들은 제거된다.

오일제거의 더 새로운 방법에서는 ***corrugated plate interceptor(CPI)***를 사용한다. 물은 가파르게 경사진 평행한 주름 잡힌 플레이트들을 거쳐서 흐른다. 오일은 모여서 지붕들 위로 흐르며 반면 침전물은 모여서 바닥 아래로 흐른다. 이들은 API separator와 같은 오일제거 정도를 갖도록 디자인될 수 있지만 그 범위는 60-μ 방울들을 제거할 수 있도록 또한 확장될 수 있다.

충진된 혹은 fibrous bed coalescers는 오일의 제거를 위해 사용되었지만 비교될 수 있는 디자인에 대한 충분한 정보는 입수 불가능하였다. 그러나 장치는 서스펜션된 고체들이 그들에게 플러깅할 수 있을 때 적절치 못하다.

오일과 고체들의 더 완전한 제거는 flotation 혹은 sedimentation에 의해서 이루어질 수 있으며 이들에 관해서는 제5장에서 별도로 평가하기로 하겠다. 덧붙여서 mixed media filtration은 활성탄 평가의 일부이다. Flotation에서 리사이클수는 여러 대기압에서 공기로써 포화되어 flotation chamber로 되돌려 보내진다. 작은 버블들이 형성되고 서스펜션된 물질에 부착되며 백반(alum)으로써 응집시켰다. 이것은 서스펜션된 물질이 표면으로 뜨도록 하여 걷어내게 된다.

Sedimentation에서 비슷한 응집과정을 사용하지만 플록들은 sedimentation chamber의 바닥으로 가라앉혀져서 슬러지는 출구포트들에서 버려지게 된다.

유기 오염물질들의 제거를 위해 4가지의 생물학적 공정들을 평가하였는데 그 중에서 첫 번째 3가지는 활성 슬러지 공정들이다. 그 첫 번째는 well-mixed air activated sludge (제6장)이다.

Equalization(smoothing of flow with the aid of a holding basin) 그리고 neutralization 후 고체들은 primary settlers에서 제거시킨다. 물은 리사이클된 활성슬러지와 혼합시켜 공기노출시키

면 오염물질의 생화학적 산화를 초래하게 된다. 슬러지는 이차 세틀러에서 가라앉혀지고 물은 하수배출구로 흐르게 된다. 슬러지의 일부는 리사이클된다. 과량의 슬러지는 농축, 여과, 그리고 소각 처리된다.

Pure oxygen activated sludge process(제7장)에서는 같은 흐름도를 사용한다. Aeration은 커버된 chamber에서 일어나며 일련으로 4개의 단계들이 있다. 산소와 물은 동일 방향으로 흐르는데 이때 산소공급은 respirometer의 방법으로 수요(필요)에 의해서 조절된다.

Oxidation ditch process(제8장)는 활성슬러지의 확장된 공기노출 버전이며 또한 같은 흐름도를 사용한다. 커다란 개방된 ditches는 수평 aerators에 의해서 aeration된다.

네 번째 타입의 생물학적 공정은 *trickling filters*(제9장)를 사용한다. 여기서의 디자인에서 물은 표면이 생물학적 slime으로써 덮힌 플라스틱 미디어 위에 걸쳐서 rotary distributors를 거쳐서 펌프질된다. 오염물질 부하의 절반은 이 roughing device에 의해서 제거된다. 물은 활성슬러지 처리로 흐른다. Trickling filter의 삽입과는 별도로 흐름도는 활성슬러지 공정의 그것과 동등하다.

Anaerobic lagoons, anaerobic contact units, post aeration, 그리고 spray-irrigated soils에 관해서는 제10장에서 완전하게 평가하지 않고 간략히 고찰하였다.

활성탄상에서 흡착의 물리적인-화학적인 처리(제11장)는 앞서의 생물학적 공정들과 같은 equalization 그리고 neutralization 단계들을 사용한다. 고체들은 세틀링과 mixed-media filtration에 의해서 매우 완전하게 제거된다. 물은 하수배출구로 가는 도중에 유기물질들의 제거를 위해 그래뉼 타입의 활성탄층들을 거쳐서 위로 흐른다. 층들의 바닥부분들은 주기적으로 슬러리로서 회수시키고 층들의 꼭대기로 되돌려 보내기 전에 multiple-hearth furnace에서 재생시킨다.

생물학적 공정디자인들에서 행하여졌을 때 슬러지의 thickening은 상당한 양의 화학물질들을 필요로 한다. 대체처리 방법은 wet air oxidation인데 이 처리방법에서는 슬러지를 액체상을 유지하기 위한 압력에서 고온으로 유지시킨다(제12장). 비교결과들은 자체의 독자적인 정보를 사용하여 Zimpro(division of sterling Drugs)에 의해서 제공되어졌다.

냉각탑 blowdown의 처리문제는 (제13장) 부식방지제로서 사용되는 chromates의 제거이다. 침전공정에서 물은 황산으로써 처리한다. chromates는 이산화황으로써 환원된다. 석회를 첨가시킨 후 침전된 $Cr(OH)_3$는 clarifier에서 제거된다.

chromate 회수공정에서 물은 pressure sand filter에서 여과시킨 후 황산으로써 처리한다. chromate ions는 강염기 음이온 교환수지에 의해서 산성화된 물로부터 흡착된다. 물은 처리 전에 중화시킨다. 수지층들은 causticized brine에 의해서 주기적으로 재생시키며 회수된 chromate 용액은 부식방지제로서 사용된다.

<표 2-1>은 액체 폐기물 처리에 관한 평가를 요약해 놓은 것이다. 첫 번째 두 칼럼

은 같은 성능을 위해 디자인된 API separator와 CPI separator를 비교해 놓은 것이다. CPI separators는 비용에 있어서의 유리한 점을 갖는 것으로 나타났다. 이들은 더 작은 공간 요구조건 그리고 기후조건들에 대한 비민감성과 같은 유리한 점들을 갖는다. 이들 장치들의 증가하는 사용이 기대된다.

비록 API separators가 디자인 방법이 제공하는 것보다도 훨씬 더 좋은 성능을 확실하게 줄 수 없다 할지라도 CPI separators는 150-μ 방울들의 제거로부터 60-μ 방울들의 제거로까지 그 범위를 확장시킬 수 있다. 60-μ 방울들을 제거하기 위한 비용들은 세 번째 칼럼에서 지적된다. 방출물의 질에 있어서의 기대되는 향상은 50~100ppm으로부터 5~15ppm까지이다. 그러나 CPI separators는 flocculants의 첨가 없이 에멀젼화된 오일을 제거하는데 효과적이지 못하다.

Air flotation 혹은 flocculation 그리고 sedimentation은 일차뿐만 아니라 이차 방출물에 적용된다. 일반적으로 이들은 10ppm의 오일보다도 더 작은 값을 갖는 방출물을 주는데 여기서 flotation이 보편적으로 약간 더 좋다. Sedimentation은 더 큰 장치를 필요로 하지만 이 비교에 따르면 비록 비용들이 너무 가까워서 뚜렷이 구분되지 않는다 할지라도 비용들은 어느 정도 더 작다. 60-μ 방울들을 위한 CPI separator는 이들 공정들 중에서 하나에 의해서 수반되는 일차 분리보다도 더 작은 비용을 나타낸다.

다음으로 4개의 칼럼들은 생물학적 처리공정들을 비교한다. 비록 자본 수요에 있어서는 대략 동등하다 할지라도 Unox 공정은 더 낮은 파워요구량의 결과로써 air activated sludge에 비해서 가동비용상의 유리한 점을 갖는 것으로 나타냈다. Oxidation ditch는 aeration basins의 큰 부피 때문에 더 큰 자본투자를 필요로 한다. 이들 비교들은 비슷한 콘크리트 타입의 건설에 대한 것이다; 덜 비용이 드는 타입의 건설은 oxidation ditch를 더 경쟁력 있게 만들 수 있었다. 비슷하게 더 작은 공간을 차지하는 효과적이고 확실한 aeration의 개발은 활성슬러지의 지위를 향상시킨다.

Trickling filter의 사용은 자본비용 및 가동비용상의 유리한 점을 갖는다. 제9장에서 고찰할 내용과 같이 유리한 점은 확고하게 확립되는 것 같다. Unox 시스템에 앞선 roughing filter의 사용에 대한 대응하는 유리한 점은 존재해야 한다. 그러나 이러한 사실을 더 이상 조사할 때까지는 이 주장은 weak wastewaters에 혹은 더 높은 질의 방출물들을 생성시키는 문제에 적용해서는 안 된다.

생물학적 처리를 대신한 탄소(활성탄) 흡착의 사용은 자본비용의 유리한 점을 보이지만 가동비용은 훨씬 더 높다. 추정되는 직접 가동비용의 70% 이상은 활성탄의 메이컵을 위한 것이다. 비록 더 높은 loadings이 이 비용을 현저하게 감소시킬 수 있었다 할지라도 생물학적 공정들의 가동비용들이 이 적용에서 match될 수 있었다고는 여겨지지 않는다. Carbon loading에 미치는 waste strength의 영향에 대해서를 제외하고 제거되는 오염물질의 1파운드당 메이컵 비용은 일정하다. 그래서 활성탄 흡착은 strong wastes에 대해서보다도 weak ones에 대해서 훨씬 더 경쟁력이 있다. 비교로부터 제거되는 BOD 1파운드당 활성탄 메이컵 비용은 용해되는 산소 비용의 약 5배라는 사실을 알 수 있다. 비록 이 비율이 가격들과 효율들에 따라서 변화한다 할지라도 흡착공정의 응용(적용)에 대해서 dilute wastes가 명백히 더 적절한데 그것은 다른 가동비용들이 전체 중에서 더 큰 분율로 기여할 때 자본의 유리한 점은 더 중요하게 되기 때문이다. 이러한 결론은 흡착플랜트들에 대한 최근의 계획들의 발표에 의해서 확인된다.

마지막 2개의 칼럼들은 냉각탑 blowdown을 처리하는 수단들로서 chromate 침전화와 이온교환에 의한 chromate 회수를 비교한다. 순(Net) 화학적 비용은 회수된 chromate의 가치 때문에 회수에 대해서 더 작다. 자본비용들은 추정값들의 정확성 내에서 같으며 공정들은 서로 경쟁적인 것으로 생각된다. 또 다른 경쟁력 있는 대체방안은 제거를 요구하지 않는 nonchromate inhibitors의 사용이다.

CPI separator 평가들은 주요한 주된 비용들이 제조업체에 의해서 제공되었기 때문에 A의 confidence ratings가 주어진다. 활성슬러지 공정 또한 훌륭한 비용정보 때문에 A의 등급이 주어진다. 그러나 이들 비용들에서 주요한 인자는 강화 콘크리트 비용인데 이 비용은 최근 땅파기 비용을 포함하여 $120~$220/cu yd 사이에서 변화하였다. 정확성은 140의 CE Cost Index에서 근사적으로 $185/cu yd인 실제적인 비용에 의존한다.

2.2 기술적인 측면

*API separators*는 stokes' law criterion에 의해서 크기규모가 결정되며 실제적인 성능은 바람, density currents, 그리고 다른 조건들에 따라서 변화한다. CPI separators는 비슷한 방법에 의해서 크기규모가 결정되지만 밀집된 플레이트들은 더 짧은 세틀링거리들을 제공하여서 요구되는 부피는 크게 감소한다.

*CPI separators*는 고체들의 분리를 위해 사용될 수 있지만 보통의 공통적 장치 타입은 튜브 세틀러로 알려진다. 이들 분리장치들은 가파르게 기울어진 사각기둥 튜브들의 모듈들로써 구성된다. 이들은 정화장치의 성능을 업그레이드시키기 위해서 사용되었다.

*용존 공기부양(Dissolved air flotation)*은 첨가되는 별도의 화학물질들 없이 사용되지만 응집체들은 분리를 향상시킨다. 시스템 속에 용존된 공기를 얻는 여러 가지 방법들에 관해서는 제5장에서 고찰키로 하겠다. 이들 중에서 aerating recycle flow가 일반적으로 가장 좋다. 가장 좋은 결과들은 높은 마찰접촉 영역에서 낮은 머무름 시간으로 화학물질들을 혼합시킨 후 과포화된 리사이클 물의 주입을 수반하면서 온화한 교반하에서 플록들을 성장시키도록 함으로써 얻어진다. 필요한 압축된 공기와 그것의 압축을 위한 파워는 매우 작다.

물속에서 입자들은 일반적으로 음으로 하전되어서 작은 입자들의 뭉침은 반발력에 의해서 방지된다. 그러나 전위들은 모든 입자들에서 반드시 같지는 않다. 실제적으로 Al^{3+}와 같은 다원자가 양이온들은 가까운 전하들을 영(zero)으로 이끌며 1μ보다도 더 큰 입자들을 뭉치게 한다. 긴 사슬 중합성 고분자 뭉침제들(flocculants)은 0.001~1μ의 콜로이드들을 제거하기 위해 요구된다. 이들 고분자들은 플록들 혹은 입자들 사이에서 이들을 함께 잡을 수 있도록 하는 다리역할을 하는 것으로 여겨진다. Coagulation과 flocculation에 관한 문헌은 광범위하며 많은 다른 재료들이 사용되어져 왔다.

세틀러들은 사각기둥(rectangular) 혹은 원형(circular)이다. 사각기둥 세틀러 중에서 수평바닥을 갖는 것들이 폭넓게 사용되어졌다. 그러나 비스듬히 기울어진 바닥들은 이들이 density currents를 감소시키기 때문에 어떤 주어진 부피에 대해서 더 좋은 성능을 준다. 슬러지는 체인들에 장착된 스크랩퍼들에 의해서 이동되며 이들(스크랩퍼들)은 circular units에서의 대응되는 메커니즘보다도 더 많은 유지보수를 요구하는 것으로 알려져 있다. 원형 세틀러들은 중앙에서 혹은 주위 둘레에서 투입된다. 전자가 더 보편적이지만 후자는 더 적은 바이패싱을 나타낸다.

생화학적 산화는 미생물들의 신진대사 과정들의 합이다. 신진대사는 3가지의 주된 물질인 기질(substrate), 용존산소, 그리고 특히 질소와 인과 같은 영양분들의 투입을 필요로 한다. 생명체 대사과정들에 유리한 조건들 하에서 기질에서의 탄화물질의 일부는 CO_2로 전환되며 일부는 cell mass로 전환된다. 두 가지 모두는 용해된 오염물질들의 제거로 끝나게 되는 데 만약 cell mass 자체가 수질 오염물질이라면 이를 제거하게 된다. 그것의 제거와 처리는 어려우며 비용이 많이 드는데 그것의 취급은 생물학적 공정의 많은 변형들의 원인이 된다. 도시폐수들과는 대조적으로 이들로부터 영양분들의 제거는 주요한 문제가 되는데 석유화학 폐수들은 보편적으로 영양분이 부족하다.

가장 보편적인 생물학적 정제공정들은 활성슬러지 공정들과 trickling filters인데 이 공정들에서 오염된 물은 aeration chamber에 서스펜션된 미생물들과 접촉하게 되며 trickling filters에서는 물은 고체 지지체에 부착된 미생물 매스 상에 드레인 시킨다. 그래서 trickling filter는 서스펜션된 고체들을 제거하는 보편적인 의미의 장치에서의 필터가 아니다.

종종 “전통적인”으로 불리어지는 활성슬러지 공정은 한쪽 끝으로 물과 리사이클된 슬러지가 들어오며 플러그 플로우가 착수되는 길고 좁은 aeration basins를 사용한다. Aeration은 상대적으로 높은 파워(전력)을 요구하는 확산장치들을 거쳐서 공기의 주입에 의해서 이루어진다. 높은 부하들은 head end에서 aeration capacity보다 크기 때문에 단계적인 aeration이 사용되는데 이것에서 슬러지는 헤드로 들어가지만 유기 부하는 basin의 길이를 따라서 분산분배 된다. 이들 공정들은 박테리아를 죽이는 쇼크부하들에 의해서 엉망이 되는데 실제 산업에서의 실행에서는 완전히 혼합된 활성 슬러지를 선호하게 되며 이것에서 전체 basin에서의 쇼크부하들의 희석은 쇼크부하들의 영향을 작게 한다. Surface aerators는 이들이 diffusers보다도 더 효과적이기 때문에 일반적으로 보편적으로 사용된다.

선호도가 증가하는 것으로 알려졌던 더 새로운 방법은 순수 산소 활성슬러지 공정이다. 이 공정은 산소 절약의 목적으로 일련의 커버된 챔버들을 사용한다. 비록 이 공정이 전통적인 흐름으로 되돌아간다 할지라도 서스펜션된 고체들의 높은 농도들에 의해서 그리고 높은 용존산소 수준들에 의해서 이 공정은 쇼크부하에 대한 저항성을 얻게 된다.

슬러지 처리 문제점을 고려하여 extended aeration 방법에서는 endogenous respiration을 극대화하기 위해서 길게 연장된 aeration을 사용하는데 이 방법은 기질에 추가해서 cell mass를 산화시킨다. Oxidation ditch는 extended aeration process이다.

활성슬러지 공정에서 요구되는 용존산소의 양은 BOD와 COD에서의 감소에 의해서 그리고 endogenous respiration의 양에 의해서 결정된다. 용존산소에 대한 요구량은 요구되는 파워를 결정하며 이것은 가동비용의 주요한 결정물이다. 요구되는 aeration basin의 부피는 반응의 속도에 의해서 결정되며 이 반응속도는 미생물들의 농도를 상승시킴으로써 증가된다. 그러나 이 방법은 어떤 높은 농도에서 슬러지가 가라앉게 되는 것에 의해서 제한된다. 비록 부피 감소가 이 기준근거에 의해서 허용될 수 있다 할지라도 또 다른 인자가 감소를 제한한다. Aerators는 적당한 가동을 위해서 어떤 최소의 공간과 최소의 물깊이를 요구한다. 더 낮은 공간 요구량을 갖는 효과적인 aerators의 개발은 강한 폐수들에 대해서 활성슬러지 공정을 현저하게 향상시킬 수 있었다.

Oxidation ditch process는 회전하는 수평 aerators를 사용한다. 이들은 turbine surface aerators의 그것들과 비교될 수 있는 산소 이동 효율성을 갖는다.

Trickling filter 기술에서의 플라스틱 미디어의 도입은 현저한 발전이었다. 낮은 밀도는 더 깊은 beds를 허용하며, 높은 분율의 빈 공간은 높은 속도들을 허용하며, 그리고 단위 부피당 높은 표면적은 높은 효율성을 허용한다. 결과들은 더 낮은 비율들로써 더 작은 더 높은 유니트들이다. 비록 이들이 높은 정제를 주기 위해 높은 재순환 속도에서 사용되었다 할지라도 이들은 일반적으로 활성슬러지 처리보다도 우월한 roughing units로써 더 좋게 생각되며 이 경우들에서 요구조건들은 trickling filters 단독에 의해서 쉽게 충족되지 않는다.

도시 슬러지들을 처리하는 가장 보편적인 방법은 혐기성 침지를 포함한다. 과량의 활성슬러지는 덜 침지될 수 있으며 고체들의 처리가 더 어렵게 되기 때문에 소각이 점점 더 사용되고 있다. 소각장치 타입들 중에서 유동층이 선호되고 있다. 순수 산소 활성슬러지 공정과 oxidation ditch 공정은 공기 활성슬러지 공정보다도 더 낮은 슬러지 수율들을 준다.

활성탄 흡착은 생물학적 방출물들을 더 이상 정제시키기 위해서 사용될 수 있거나 생물학적 공정들을 대체할 수 있으며 이 경우에 이 공정은 물리-화학적 처리로 불리어진다. 이것은 더 순수한 방출물들, 비분해성 성분들의 제거, 쇼크부하들에 민감하지 않음, 그리고 유용한 물질들의 가능한 회수와 같은 생물학적 공정들의 능력보다도 더 나은 성능들을 갖는다. 몇몇 분야들에서는 이것의 더 작은 공간 요구량이 특히 매력적이다.

Upflow beds는 재생시킬 활성탄을 바닥으로부터 제거하고 단지 투입할 활성탄만을 회수할 필요가 있기 때문에 활성탄 흡착을 위해 바람직스럽다. 이 배치(열)구조는 물을 흡착 이전에 잘 여과시키는 것을 요구케 한다. Downflow 유니트들에서는 이것이 주된 주요한 자본비용 항목이 된다.

활성탄의 pore volume은 약 0.85cc/gm이다. 이것은 흡착될 수 있는 오염물질의 양에 있어서의 상한 제한값을 설정한다. 실제로 높은 활성탄 투입적재는 재생을 어렵게 만들며 오염물질들을 취급하는 재생장치의 용량은 더 작은 활성탄 순환에도 불구하고 실제로 감소한다. 높은 활성탄 순환의 생각할 수 있는 잇점은 잦은 회수는 몇몇 상황들에서 여과를 불필요하게 하며 이러한 사실은 이 공정의 자본비용의 유리한 점을 향상시킨다.

침전에 의한 혹은 이온교환에 의한 냉각탑 blowdown 처리공정들은 chromates를 제거하는 확실한 상업적 방법들이다. 만약 아연뿐만 아니라 크롬을 제거하여야 한다면 아연이 잘 침전될 수 있는 반면 아연은 이온교환에 의해서 제거되지 않기 때문에 침전방법이 더 선호될 수 있다. 다른 폐수가 알칼리성일 때 만약 방출물의 중화가 요구되지 않는다면 회수공정의 위상은 향상될 것이다.

Chapter 3
산업동향

이 장에서는 석유 및 석유화학 산업들에 있어서의 폐수처리 문제의 정량적인 그리고 정성적인 평가를 다루기로 한다.

3.1 폐수내역

공정처리 가동으로부터 폐수들의 가능한 오염물질들은 원재료들, 생성제품들, 부산물들, 그리고 처리하는 화합물질들을 포함한다. 공정, 디자인, 가동방법, 그리고 보관에 있어서의 차이들 때문에 어떤 주어진 제품에 대하여 폐수의 양 혹은 조성에 있어서의 균일함을 기대할 만한 이유는 없다. 국가와 지역들의 전반적인 문제들을 정의키 위한 시도들에서의 고찰들이 이루어졌지만 결과들은 매우 가변적이었다.

3.1.1 석유산업 폐수내역

Federal Water Pollution Control Administration(FWPCA)에 의해서 이루어진 연구에서는 미국 석유산업의 폐수문제들을 규정키 위해 시도하였다(B-3). 폐수내역을 전개함에서의 첫 번째 단계는 주된 석유산업 제품들을 만들기 위한 필수적인 공정들을 리스트하고, 이들 공정들을 더 오래된, 대표적인(전형적인), 혹은 더 새로운 기술로써 분류하고, 그리고 이 공정들의 사용 정도를 추정하는 것이다. 결과들은 <표 3-1>에 나타내었다. 공정에 의한 물 사용량과 오염부하들을 추정키 위해 입수 가능한 데이터를 사용하였다; 결과는 <표 3-2>에 나타내었다.

〈표 3-1〉

ESTIMATED PERCENTAGE OF PETROLEUM REFINERIES USING VARIOUS MANUFACTURING PROCESSES

	1950	1963	1967	1972	1977	Technology*
Crude oil desalting	%	100 %	100 %	100 %	100 %	
Chemical desalting		5	2	0	0	O
Electrostatic desalting		95	97	100	100	T, N
Crude distillation	100	100	100	100	100	
Atomospheric fractionator	100	100	100	100	100	O, T, N
Vacuum fractionator		60	64	70	75	O, T, N
Vacuum flasher						O, T, N
Thermal cracking	59	48	45	40	35	
Thermal cracking		28	18	8	2	O
Delayed coking		12	14	16	19	T, N
Visbreaking		13	16	18	22	T, N
Fluid coking		2	2	4	6	T, N
Catalytic cracking	25	51	56	60	65	
Fluid catalytic cracking		39	45	50	60	T, N
Thermofor catalytic cracking		13	12	10	6	O
Houdriflow		3	3	2	0	O
Hydrocracking	0	2	8	25	34	
Isomax			4	11	15	N
Unicracking			2	8	12	N
H-G hydrocracking		0.3	0.8	3	3	N
H-oil			0.4	1	1	N
Reforming		62	67	74	79	
Platforming		37	40	44	47	O, T, N
Catalytic reforming-Engelhard		5	9	11	12	O, T
Powerforming		1	2	3	3	T, N
Ultraforming		6	6	7	8	T, N
Polymerization	25	42	33	26	7	
Bulk acid polymerization						T, N
Solid phosphoric acid condensation						T
Silfuric acid polymerization						O
Thermal polymerization		1	0.4			O
Alkylation	10	38	47	54	62	
Sulfuric acid alkylation		22	26	32	38	T, N
HF alkylation		16	21	22	25	O, T, N
DIP alkylation						N
Thermal alkylation						O
Isomerization		5	7	10	15	
Isomerate		1	1.5	3	6	N
Liquid-phase isomerization		2	3	4	5	N
Butamer		1	1	2	2	N
Penex		0.7	1	1	2	N

〈표 3-1〉 (Concluded)

ESTIMATED PERCENTAGE OF PETROLEUM REFINERIES USING VARIOUS MANUFACTURING PROCESSES

	1950	1963	1967	1972	1977	Technology *
Solvent refining	%	25 %	29 %	30 %	32 %	
Furfural refining		14	15	16	16	O, T, N
Duo-Sol		2	3	3	3	T, N
Phenol extraction		10	10	11	11	O, T, N
Udex		3	5	8	8	T, N
Dewaxing		11	11	11	11	
Solvent dewaxing(MEK)		8	8	9	9	O, T, N
Propane dewxing		2	2	2	2	O, T
Pressing and sweating		1	1	0	0	O
Hydrotreating		47	56	70	80	
Unifining		22	23	30	35	T, N
Hydrofining		3	3	5	8	T, N
Trickle hydrodesulfurization		0.3	2	4	5	T, N
Ultrafining		3	5	8	10	T, N
Deasphalting		20	23	25	27	
Propane deasphalting and fractionation		15	18	20	21	O, T, N
Solvent decarbonizing		4	5	5	6	T, N
Drying and sweetening		80	80	80	80	
Copper sweetening						O, T
Doctor sweetening						O
Merox						N
Girbotol						O, T, N
Wax finishing		11	11	11	11	
Wax fractionation		10	9	6	5	O, T
Wax manufacturing, MIBK		1	1	1	1	O, T
Hydrotreating			1	4	5	N
Grease manufacture		12	12	10	10	O, T, N
Lube oil finishing		19	19	20	20	
Percolation filtration		11	7	5	2	O, T
Continuous contact filtration		6	7	7	7	O, T
Hydrotreating		2	5	8	11	N
Hydrogen manufacture		2	8	25	34	
Hydrogen partial oxidation		1	3	10	12	N
Hydrogen, steam reforming		1	5	15	22	N
Total No. of refineries	346	293	261	236	211	

* O, older; T, typical; N, newer.

Source: B-3.

석유정제 사이즈와 오염물질량/배럴 사이에서 확실한 관계는 발견되지 못하였다. 오래된, 대표적인, 그리고 새로운 기술들을 사용하는 가설적인 석유정제에 대한 간결한 흐름도들과 물질 밸런스들을 개발함으로써 대표적인 폐수내역들을 확립하였다. 이 접근방법은 원유의 가변성을 무시한다; 예를 들면, 왁스와 아스팔트 모두 만들어진다. 결과들은 어떤 실제적인 석유정제에 적용되지는 않지만 이들 결과들은 전반적인 석유산업 폐수문제를 추정키 위한 기준 근거를 제공한다. 이 흐름도들로부터 <표 3-3>의 데이터는 3개의 100,000bpsd 석유정제들에 대해서 개발되었다.

API 분리장치 이후의 전체 석유정제 방출물도 또한 여러 석유 정제공장들에서 측정되었고 분석되었다. 결과들은 feed의 배럴당 아래에 나타내었다.

	Older	Typical	Newer
Flow, gal/bbl	170-374	80-155	20-60
(Average)	(250)	(100)	(50)
BOD, lb/bbl	0.31-0.45	0.08-0.16	0.02-0.06
(Average)	(0.40)	(0.10)	(0.05)
Phenol, lb/bbl	0.028-0.033	0.009-0.013	0.001-0.006
(Average)	(0.030)	(0.01)	(0.005)
Mercaptans and sulfides	0.008-0.013	0.0028-0.008	0.0015-0.003
lb/ bbl (Average)	(0.01)	(0.003)	(0.003)

이러한 결과는 다음과 같이 100,000bpsd를 처리하는 석유정제에 적용되었다:

	Older	Typical	Newer
Flow, gal/bbl	25	10	5
BOD, lb/bbl	40,000	10,000	5,000
Phenol, lb/bbl	3,000	1,000	500
Mercaptans and sulfides, lb/ day	1,000	300	300

이들은 <표 3-3>의 프로세스 기여에 대한 요약과 비교합니다. 두 방법은 정확히 일치하지 않는다. 이러한 차이점 중 일부는 고려되지 않은 프로세스가 BOD에 추가된다는 점에서 합리적인 것이며, API분리기 자체는 오일로 추출하여 페놀 및 유황화합물을 제거한다.

데이터 분석을 통해 폐수의 상당한 변화를 확인하지는 못했다.

개별 제품의 단위당 오염 부하를 파악하기 위한 시도가 이루어졌다. 이는 상승 프로세스 폐기물의 침전을 필요로 하기 때문에, 결과가 더 의심스럽고, 여기서 재현되지 않는다.

이 표에 의해 나타난 가장 적은 폐수 생산(50gal water/bbl crude for newer technology)은 결코 최소로 달성 가능한 것이 아니다. 예를 들어, 캘리포니아의 베네치아에 있는 Humble정유소의 방출물은 단지 22gal/bbl이다(5).

참고 문헌 7은 서유럽 석유정제 산업의 폐수처리 문제를 규정하기 위한 비슷한 노력에 관해서 보고하고 있다.

3.1.2 석유화학 산업의 폐수 내역

석유화학 폐수에 대한 데이터는 석유산업 폐수에 대한 데이터보다 훨씬 덜 명확하다. FWPCA에 의한 대응되는 연구(B-4)는 기술수준을 정의하지 않으며 여러 제품에 대한 경로를 구분하지도 않는다. 이 연구의 광범위한 결과는 <표 3-4>에 요약해 놓았다.

석유화학 폐수에 대해 가장 광범위한 정보를 제공하는 이후의 출처는 Gloyna 등.(B-10)이며, 개별 성분에 대한 정량 데이터는 부족하다. 공정에 따라 나열된 이 소스의 정성적 데이터는 <표 3-5>에 나타내었다. 제품에 따라 분류된 개별 플랜트에 대한 정량적 전체 데이터는 <표 3-6>에 나와 있다.

많은 화합물에 대한 BOD, COD, 이론적 산소 요구량(theoretical oxygen demand : TOD), 맛과 냄새 임계값, 그리고 독성 임계값은 참고도서 B-9, pp.14-20 그리고 14-21에 나타내어져 있다. 많은 화합물의 생물학적 산화특성은 참고문헌 35, 37-38, 42, 그리고 53에서 연구되었다. 오염 파라미터들의 중요성은 제4장에서 고찰키로 하겠다.

올레핀들, 아세트알데히드, 폴리에스터 수지, 프로필렌글리콜, 나일론 6, 아크릴로니트릴, SBR 고무, 그리고 프탈산을 생산하는 일본 플랜트들의 BOD, COD, 그리고 다른 측정값들에 있어서의 데이터는 보고되었다(55).

<표 3-4>

WASTEWATER CHARACTERISTICS ASSOCIATED WITH SOME CHEMICAL PRODUCTS

Product	Flow (gal/ton)		BOD (mg/l)		COD (mg/l)		Other Important Characteristics
	Low	High	Low	High	Low	High	
Dyes and pigments	50,000	250,000	200	400	500	2,000	Heavy-metals and solids contents, color pH
Primary petrochemicals							
Ethylene	50	1,500	100	1,000	500	3,000	Phenol and oil contents, pH
Propylene	100	2,000	200	1,000	500	3,000	Phenol contents, pH
Primary intermediates							
Toluene	300	3,000	300	2,500	1,000	5,000	
Xylene	200	3,000	500	4,000	1,000	8,000	
Ammonia	300	3,000	25	100	50	250	oil and nitrogen contents
Methanol	300	4,000	300	1,000	500	2,000	oil and solids contents
Ethanol	300	4,000	300	3,000	1,000	4,000	oil and solids contents
Butanol	200	2,000	500	4,000	1,000	8,000	Heavy-metals contents
Ethylbenzene	300	3,000	500	3,000	1,000	7,000	Heavy-metals contents
Chlorinated hydrocarbons	50	1,000	50	150	100	500	oil and solids contents, pH
Secondary intermediates							
Phenol, cumene	500	2,500	1,200	10,000	2,000	15,000	Phenol and solids content
Acetone	500	1,500	1,000	5,000	2,000	10,000	
Glycerin, glycols	1,000	5,000	500	3,500	1,000	7,000	
Urea	100	2,000	50	300	100	500	
Acetic anhydride	1,000	8,000	300	5,000	500	8,000	pH
Terephthalic acid	1,000	3,000	1,000	3,000	2,000	4,000	Heavy-metals content
Acrylates	1,000	3,000	500	5,000	2,000	15,000	Solids and cyanide contents, color
Acrylonitrile	1,000	10,000	200	700	500	1,500	Cyanide contest, color, pH
Butadiene	100	2,000	25	200	100	400	oil and solids contents
Styrene	1,000	10,000	300	3,000	1,000	6,000	
Vinyl chloride	10	200	200	2,000	500	5,000	
Primary polymers							
Polyethylene	400	1,600			200	4,000	solids content
Polypropylene	400	1,600			200	4,000	
Polystylene	500	1,000			1,000	3,000	solids content
Polyvinyl chloride	1,500	3,000	50	500	1,000	2,000	
Cellulose acetate	10	200	500	2,000	1,000	5,000	
Butyl rubber	2,000	6,000	800	2,000	2,500	5,000	
Niscellaneous organics							
Isocynante	5,000	10,000	1,000	2,500	4,000	8,000	Nitrogen content
Phenyl glycine	5,000	10,000	1,000	2,500	4,000	8,000	Phenol content
Parathion	3,000	8,000	1,500	3,500	3,000	6,000	Solids content, pH
Tributhy phosphate	1,000	4,000	500	2,000	1,000	3,000	Phosporus content

Source : B-4

<표 3-5>

PETROCHEMICAL PROCESSES WASTE SOURCES

Process	Source	Pollutants
Alkylation: ethylbenzene		Tar, hydrochloric acid, caustic, fuel oil
Ammonia production	Demineralization	Acid, bases
	Regeneration, process condensates	Ammonia
	Furnace effluents	Carbon dioxide, carbon monoxide
Aromatics recovery	Extract water	Aromatic hydrocarbons
	Solvent purification	Solvents−sulfur dioxide, diethylene hydrocarbons
Cyanide production	Water slops	Hydrogen cyanide, unreacted soluble hydrocarbons
Dehydrogenation		
Butadiene production from n−butane and butylene	Quench waters	Residue gas, tars, oils, soluble hydrocarbons
Ketone production	Distillation slops	Hydrocarbon, polymers, chlorinated hydrocarbons, glycerol, sodium chlorde
Styrene from ethylbenzene	Catalyst	Spent catalyst (Fe, Mg, K, Cu, Cr, Zn)
	Condensates from spray tower	Aromatic hydrocarbons, including styrene, ethylbenzene, and toluene, tars
Desulfurization		
Extraction and purification		
Isobutylene	Acid and caustic wastes	Sulfurric acids, C_4 hydrocarbon, caustic soda
Butylene	Solvent and caustic wash	Acetone, oils, C_4 hydrocarbon, caustic soda, sulfuric acid
Stylene	Still bottoms	Heavy tars
Butadiene absorption	Solvent	Cuprous ammonium acetate, C_4 hydrocarbons, oils
Extractive distilation		Furfural, C_4 hydrocarbons
Halogenation (principally chlorination)		
Addition to olefins	Saparator	Spent caustic
Substitution	HCl absorber, scrubber	Chlorine, hydrogen chloride, spent caustic, hydrocarbon isomers and chlorinated
	Dehydrohalogenation	Dilute salt solution
Hypochlorination	Hydrolysis	Calcium chloride, soluble organics, tars
Hydrochlorination	Surge tank	Tars, spent catalyst, alkyl halides
Hydrocarboxylation (OXO process)	Still slops	Soluble hydrocarbons, aldehydes
Hydrocyanation (for acrylonitrile, adipic acid)	Process effluents	Cyanides, organic and inorganic

<표 3-5> (Concluded)
PETROCHEMICAL PROCESSES AS WASTE SOURCES

Process	Source	Pollutants
Isomerization in general	Process wastes	Hydrocarbon ; aliphatic, aromatic, and derivative tars
Nitration		
Pataffines		By-product aldehydes, kentones, acids, alchols, olefins, carbon dioxide
Aromatics		Sulfuric acid, nitric acid, aromatics
Oxidation		
Ethyllene oxide and glycol manufacture	Process slops	Calcium chloride, spent lime, hydrocarbon polymers, ethylene oxide, glycols, dichloride
Aldehydes, alcohols, and acids from hydrocarbons	Process slops	Acetone, formaldehyde, acetaldehyde, methanol, higher alcohols, organis acids
Acids and anhydrides from aromatic oxidation	Condensates	Anhydrides, aromatics, acids
	Still slops	Pitch
Phenol and acetone from cumene oxidation	Decanter	Formic acid, hydrocarbons
Carbon black manufacturing	Cooling, quenching	Carbon black, particulates, dissolved solids
Polymerization, alkylation	Catalysts	Spent acid catalysts(phophoric acid), aluminum chloride
Polymerization		
Polyethlene	Catalysts	Chromium, nickel, cobalt, molybdenim
Butyl rubber	Process wastes	Scrap butyl, oil, light hydrocarbons
Copolymer rubber	Process wastes	Butaduene, styrene serum, softener sludge
Nylon 66	Process wastes	Cyclohexane oxidation products, succinic acid, adipic acid, glutaric acid, hexamethylene diamides, adiponitrile, acetone, methyl ethyl ketone
Sulfation of olefins		Alcohols, polymerized hydrocarbons, sodium sulfate, ethers
Sulfonation of aromatics	Caustic wash	Spent caustic
Thermal cracking for olefin production(including fractionation and purification)	Furnace effluent and caustic treating	Acids, hydrogen sulfide, mercaptans, soluble hydrocarbons, polymerization products, spent caustic, phenolic compounds, residue gases, tars and heave oils
Utilities	Boiler blowdown	Phosphates, lignins, heat, total dissolved solids, tannins
	Cooling system blowdown	Chromates, phosphates, algacides, heat
	Water treatment	Calcium and magnesium chlorades, sulfates, carbonates

<표 3-6>

CHEMICAL WASTE CHARACTERISTICS

Identi-fication	Principal Products	Flow mgd	BODs mg/l	COD mg/l	SS mg/l
2	Phthalic anhydride, maleic anhydride plasticizers, H_2SO_4	0.002		200	24
3	Chemical warfare gas, chromium plating	0.001	200	1,100	
4	Terephthalic acid, isophthalic acid, dimethyl teraphthalate	5.36		9,800	10,000
5	Butadiene, styrene, polyethylene, olefins	1.68			
6	Phenol, ethylene	2.0	300	1,200	300
7	Acrylonitrile	0.302		1,200	239
8	Fatty acids, esters, glycerol	0.10	10,000	14,000	
9	Regenerated cellulose	1.41			
10	Acetylene				
11	Dyes, pigments, inks	0.452	227		93
12	Azo and anthraquinine dyes	0.94	352	1,760	152
13	Anthraquinine vat dyes	5.0	300	1,160	
14	Ethylene, alcohols, phenol	5.9	1,700	3,600	610
15	Benzene, ethylene, butyl rubber, butadiene, xylene, isoprene	14.7	91	273	
16	Acrylonitrile, acetonitrile, hydrogen cyanide	3.9	390	830	106
17	Terephthalic acid	0.335		4,160	
18	Glycerine, various glycols	0.49		2,810	
19	Methyl and ethyl parathion	0.075	3,100	5,000	80
20	Methyl isocyanate, phosgene diphenol glycine	0.543	1,146	3,420	
21	Urea, ammonia, nitric acid, NH_4NO_3	0.65	105	140	
22	Butadiene, styrene, propylene, polyolefin, adipic acid	1.38	5,630	1,230	225
23	Butadiene, alkylate, methyl ethyl ketone, styrene, maleic anhydride	2.0	1,870		10
24	Butadiene, maleic acid, fumaric acid, tetrahydrophthalic anhydride	3.605	959	1,525	
25	Diphenyl carbonate, dinitrophenol, benzene, quinolin, H_2SO_4, tear gas, dinitrobenzoic acid	0.098	650	1,380	
26	Organophosphates, esters, resins, phosphorous chlorides	1.2	845	2,040	322
27	Phenols	0.215	6,600	13,200	
28	500 different products	3.2	360	500	673

<표 3-6> (Concluded)
CHEMICAL WASTE CHARACTERISTICS

Identi-fication	Principal Products	Flow mgd	BODs mg/l	COD mg/l	SS mg/l
30	Organic and inorganic chemicals	2.1	100		
31	Phenols	0.22	6,600	13,200	
32	Additives for lubricating oils	0.20	465	1,050	250
33	Polyethylene, ethylene oxide, and polypropylene	2.1	1,385	2,842	
34	Acrylates, insecticides, enzymes, formaldehydes, amines	2.0	300	1,200	300
35	Ethylene, propylene, butadiene, crude benzene, toluene	0.228	500		
36	Acides, formaldehyde, acetone, methanol, ketones nitric acid, nylon salt, vinyl acetate, acetaldehyde	3.46	530	10,130	160
37	Isocyanates, polyols, urethane foam	0.57	421	1,200	50
38	Acetaldehyde	1.15	20,000	50,000	200
39	Acrylonitrile, phenol, butadiene	1,817		29,100	
	Ethylene, propylene, toluene, xylene	0.43	1,300	1,500	
40	Acids, formaldehyde, acetone, methanole, ketones alcohols, acetaldehyde	1.15	15,000	30,000	
41	Petrochemicals	15.2	177		
42	Acrylonitrile, butadiene, styrene, impact polystyrene, crystal polystyrene	0.085	200		60
43	Ethylene, propylene, butadiene, alpha olefins, polyethylenes	0.750	155	380	120
44	Organic chemicals	1.4	2,000	4,800	900
45	Pharmaceuticals (Dallas WPCF 66)	0.037		14,000	500
46	Organic chemicals	0.077	850	1,700	300
47	2, 4, 5-T	0.005	15,000	21,000	700
48	2-4-D	0.005	15,000	23,000	348
49	Butadiene	0.288		350	300
50	Organic chemicals	0.288		750	120
51	Olefins	0.288	320		100
52	Adipic acid	0.13		35,000	180
53	Hexamethylenediamine	0.13		113,000	1,200
54	Petrochemicals	0.02		40,000	30
55	Petrochemicals	0.17	24,000	39,000	

3.2 폐수처리공정 사용

3.2.1 석유산업

여러 공정처리들을 사용하는 석유정제공장(정)의 퍼센트의 추정값들은 <표 3-7>에 나타내었다. 독특한 오염물질들에 대한 이들 공정들의 유효성의 추정들은 <표 3-8>에 나타내었다. 이 공정들이 적용되는 곳을 나타내는 다이아그램은 [그림 3-1]에 나타내었다.

석유산업 실제적용에 대한 올바른 인식은 특정 플랜트들을 기술하는 많은 문헌들로부터 얻을 수 있다(2, 3, 4, 6, 10, 11, 13, 23, 24, 27, 29 그리고 30).

폐수 방출의 완전한 제거를 위한 노력들이 있다. 물 사용량뿐만 아니라 그것의 오염부하를 감소시키기 위한 계속적인 노력을 앞으로도 계속 볼 수 있게 될 것이다. 입수 가능한 부지에 있어서의 감소는 API 분리장치를 대신한 CPI 분리장치 그리고 전통적인 활성슬러지를 대신하기 위한 Unox 공정과 같은 더 콤팩트한 공정들을 사용하는 압력을 증가시킨다. 생물학적 처리를 대신한 물리-화학적 처리의 사용은 유독한 폐수를 처리함의 필요성에 의해서 선호된다.

<표 3-7>

ESTIMATED PERCENTAGE OF PETROLEUM REFINERIES USING VARIOUS WASTEWATER TREATMENT PROCESSES

Processes and Subprocesses	1950	1963	1967	1972	1977
API Separators	40%	50%	60%	70%	80%
Earthen basin separators	60	50	40	30	20
Evaporation	0−1	0−1	1	1−2	2−5
Air flotation	0−1	10	15	18	20
Neutralization (total wastewater)	0−1	0−1	0−1	0−1	0−1
Chemical coagulation and precipitation	1−5	1−5	5−10	10−15	10−15
Activated sludge	0	5	10	40	55
Aerated lagoons	0	5	10	25	30
Trickling filters	1−2	7	10	10	10
Oxidation ponds	10	25	25	25	20
Activated carbon	0	0.5	0.5	3	5
Ozonation	0	1	1	3	5
Ballast water treatment−phys.	9	9	8	5	5
Ballast water treatment−chem.	1	1	2	5	5
Slop oil−vacuum filtration	0	5	7	12	15
Slop oil−centrifugation	0	2	3	10	15
Slop oil−separation	100	93	90	80	70
Sour water−steam stripping / flue gas strippers / natural gas	60	70	85	90	90
Sour water−air oxidation	0	3	3−5	7	10
Sour water−vaporization	1	1−2	1	0	0
Sour water−incineration *	35−40	40	50	30	20
Neutralization of spent caustics Flue gas	20	30	35	20	20
Spent acid (including springing and stripping)	15	25	30	25	20
Oxidation	0	3	5	5	5
Incineration	25	40	50	20	15

* Incineration includes flaring, boiler furnaces, and separate incinerators used only in conjunction with stripping and vaporization.

Source : B−3.

<표 3-9>

REPORTED USE OF WASTWATER TREATMENT PROCESSES IN CHEMICAL INDUSTRIES

Plant number and type of products	Oil Separation	Equalization	Coagulation and Sedimentation	Neutralization	Aerated Lagoon	Activated Sludge	Sludge Treatment Yes	Sludge Treatment No
1 Dye chemicals	X		X			X	X	
2 Dye chemicals		X	X			X		X
3 Dye chemicals		X	X		X			
4 Petrochemicals	X			X		X	X	
5 Petrochemicals	X			X		X	X	
6 Organic chemicals					X			
7 Organic chemicals			X					
8 Organic chemicals		X				X	X	
9 Organic chemicals				X				
10 Organic chemicals		X						
11 Organic chemicals		X		X		X		X
12 Organic chemicals	X			X		X	X	
13 Organic and in-organic chemicals		X	X					
14 Petrochemicals	X							
15 Organic and in-organic chemicals		X		X		X		X
16 Petrochemicals	X					X		X
17 Monomers-polymers				X	X			
18 Petrochemicals	X		X	X				
19 Petrochemicals								
20 Organic chemicals								
21 Organic chemicals			X	X	X			
22 Petrochemicals	X	X	X		X	X	X	
23 Petrochemicals	X		X					
24 Phenol	X					X		X
25 Petrochemicals	X							
26 Misc. chemicals			X			X	X	
27 Petrochemicals	X					X		X
28 Petrochemicals	X		X	X				
29 Petrochemicals	X				X			
30 Petrochemicals	X		X	X	X			
31 Misc. chemicals			X		X			
32 Petrochemicals	X							
34 Cyclic chemicals	X					X	X	
35 Organic chemicals			X					
36 Organic chemicals	X					X		X
37 Cyclic chemicals			X					
38 Petrochemicals	X		X					
39 Organic chemicals			X		X			
40 Organic chemicals	X		X	X				
41 Organic chemicals				X				
Number industries reporting specified unit processes	20	8	18	13	9	15	8	7

Note : Plant numbers may not always correspond to identification numbers of Table 3-6. See text.

Source : B-4.

3.2.2 석유화학산업

41-플랜트 고찰에서 결정된 것과 같은 공정 사용은 <표 3-9>에 나타내었다. 소스의 텍스트(B-4)에서는 이 표의 플랜트 번호들은 앞서 주어진 <표 3-6>의 identification number에 "일반적으로 대응한다"라고 언급하고 있다. 그러나 제조되는 제품들의 비교는 이 언급은 많은 특정한 경우들에서 그릇된 인상을 준다.

물리적 분리들과 중화가 관계되는 한은 이들 응용(적용)들과 다른 산업들에 있어서의 그것들 사이에서의 기본적인 차이는 없다. 그러나 생물학적 공정들은 독성과 생분해성의 문제들에 의해서 복잡하게 된다.

<표 3-10>은 석유 및 석유화학 산업들에 대한 공정들, 오염물질들, 그리고 개선방법들의 정리를 나타낸 것이다(9).

<표 3-10>

FREQUENT POLLUTANT EMISSIONS FROM SOME COMMONLY ENCOUNTERED HYDROCARBON PROCESSING UNITS

Process Unit	Source Pollutant	Pollutant	Possible Terminal Remedy
Crude running	Electrical desalting Steam distillation	Brine Hydrocarbon emulsions	Deep well injection Settling and flocculation
Catalytic cracking	Catalyst regeneration	Catalyst fines	Cyclones and electrical precipitators
	Reactor effluent Reactor effluent	Hydrogen sulfide Phenolic compounds	Scrubbing with absorbent Bioxidation
Polymerization, alkylation, isomerrization	Catalysts	Spent acid catalysts Aluminum chloride	Regeneration Dispersion
Product treating	Sweetening agents	Spent caustic Spent acid Salts	Regeneration with steam, air Co-product sales Dispersion
Catalytic reforming	Reactor effluent	Hydrogen sulfide, ammonia	Scrubbing with absorbent
Aromatics extraction	Extract water washing Solvent regeneration	Aromatic hydrocarbons Solvents	Settling and flocculation Bioxidation
Steam cracking for olefins	Furnace effluent	Acid gases Phenolic compounds Spent caustic Polymerization products	Scrubbing with absorbent Bioxidation Regeneration, deep well injection Combustion
Styrene from benzene	Reactor effluent Waste catalyst	Aromatic hydrocarbons Aluminum choloride	Settling and flocculation Decomposition
Thermal cracking for acetylene	Furnace effluent	Soot Acid gases	Combustion, filtration Scrubbing with absorbent
Oxichlorination units	Reactor effluent	Chlorine, hydrogen chloride By- products	Scrubbing with absorbent Co-product sales, recycling
Hydrocarbon oxidation for aldehydes, alcohols	Process slops	Acetone, formaldehyde, acetaldehyde, and soluble products	Bioxidation
Ethylene oxide, ethylene glycol, propylene oxide, and propylene glycol manufacture	Process slops	Calcium chroride, hydrocarbon polymers, and soluble products	Co-product sales, bioxidation
Acrylonitrile manufacture	Wastewater	Cyanides	Oxidation with chlorine
Phenol manufacture	Wastewater	Phenolics	Bioxidation, deep well injection
Ammonia manufacture	Anion, cation demine-ralization Regeneration, process condensate	Acids, bases Ammonia	Ponding for neutralization Steam air stripping

Source : 9

페놀은 이것이 용매로서 혹은 원자재로서 페놀을 사용하는 공정들로부터, 올레핀에 대한 스팀 크래킹으로부터, 그리고 페놀생산으로부터의 것을 포함하여 많은 폐수들에 널리 퍼져 있을 뿐만 아니라 매우 거부될 수 있기 때문에 주된 폐수처리 문제를 이룬다. 페놀은 석유정제 공정의 오염문제의 직접적인 정량측정으로 생각된다(26, p.13-47). 어떤 경우들에서는 농도가 회수를 정당화할 정도로 충분히 높다. 여러 가지 용매들에 의한 추출 혹은 스팀 스트립핑이 회수를 위해 사용된다(49, 50, 17). 비록 페놀이 유독하다 할지라도 묽은 폐수의 일반적인 처리는 생물학적인 산화에 의해서 이다(8, 19, 20). Albright와 Frazier(16)는 특정 박테리아와 연속반응들을 포함하는 페놀의 생분해를 리뷰하였다. 화학적 산화와 흡착은 다른 가능한 처리방법들이다. 생물학적 처리의 방출물은 산화제로써 염소에 비해서 선호되는 오존에 의해 산화시킨다. 페놀 플랜트 브라인들을 처리하기 위한 데모 플랜트에서는 화학적으로 재생 가능한 활성탄 흡착을 사용한다(54).

포름알데히드의 높은 독성은 상업적인 생물학적 산화를 방해하지 않았다(41, 44, 46). 40~1과 같은 높은 리사이클 비율들은 높은 비율의 trickling filters에 사용되어서 박테리아와 접촉함에서의 농도들은 작다. 비록 필터효율이 단지 20%였다고 할지라도 시스템 효율은 포름알데히드 제거에서 96%이었다.

유기염소화합물들의 처리는 이들이 생분해에 저항적이고 배연가스 정화가 없을 시 소각은 대기오염을 초래하기 때문에 곤란하다. 심해처리가 사용되었지만(40) 이것과 깊은 웅덩이에의 처리와 같은 “Throw-away” 방법들에서 엄격한 제한이 기대된다. 소각과 스크러빙 뿐만 아니라 활성탄 흡착은 앞으로의 사용에 대한 좋은 가능성을 보인다.

사용된 산 촉매들은 일반적으로 가수분해, 연소, 중화 혹은 추출에 의해서 처리된다(51). 수은을 포함하는 메틸 스티렌 촉매는 과열된 스팀에 의해서 가수분해시켜서 매우 유독한 수은을 제외한 가치있는 물질의 완전한 회수를 이루게 된다.

사이클로헥사놀과 사이클로헥사논의 혼합물에서의 사이클로헥산 산화는 나일론 6 그리고 66뿐만 아니라 중간체들인 카프롤락탐, 아디프산, 아디포니트릴, 그리고 헥사메틸렌디아민의 제조에 사용된다. 산화단계로부터의 폐수는 부산물 dibasic acids 그리고 다른 화합물들의 실질적인 소스이다. 최종 폐기물들은 소각되고 활성 슬러지 공정 처리시키거나(52)혹은 깊은 웅덩이에 버린다(48).

비록 각 소각장치를 수요자 주문 제작해야 한다 할지라도 아크릴로니트릴 그리고 염화비닐 폐기물들, HCN과 유기 시안화물들 뿐만 아니라 아세틸렌 폐기물들은 다목적 소각 장치에서 소각시킨다(43). 생물학적 처리에 대해서 부적당한 것으로 생각되는 폐기물들에 대해서는 증기상 촉매 산화를 또한 사용하였다(34). PVC 폐기물들은 생물학적으로 용이하게 처리된다(15). 시안화물 폐기물들은 또한 화학적으로 혹은 생물학적으로 산화시킨다. Calgon은 활성탄 처리와 함께 산화를 제안하였다.

부타디엔 회수는 구리염들을 사용한다. 폐수들은 슬러지를 침전시키기 위해서 가성소다와 함께 끓임으로써 처리될 수 있다. 유기 폐수들은 생물학적으로 산화시킬 수 있다. 스티렌 부타디엔 고무와 다른 중합체 폐기물들은 또한 생물학적으로 처리된다(14).

히드라진과 과산화수소는 모두 유독하다; 이들은 로켓 테스팅으로부터의 폐기물들 속에 함께 포함된다. 과산화물은 히드라진을 산화시키기 위해서 사용될 수 있다. 이후 여분은 알칼리 조건들 하에서 분해된다. 생물학적 처리는 다른 성분들을 파괴하기 위해 필요하다(47).

페알코올들은 생물학적으로 산화된다(33).

석유화학 산업에서의 혐기성 처리(이후에 호기성 처리가 수반된다)의 몇몇 예들 중에서 하나를 폐산화에틸렌과 글리콜들이 제공한다(1, 25). 글리콜들은 호기적으로 효과적으로 처리될 수 있지만 유기물들의 새 환경순응의 긴 기간이 요구된다(55).

FWPCA 보고와 Gloyna 등(B-4, B-10)은 석유화학 폐수처리 문제들의 제품에 따른 분류와 공정에 따른 분류 그리고 공정변화에 의한 폐수부하에 있어서의 감소 등을 고찰하였다.

사용된 발효육즙을 포함한 제약 및 양조 폐기물들 그리고 스테로이드들을 포함한 정밀화학 폐기물들은 비록 건조와 소각도 또한 사용된다 할지라도 생물학적 산화로써 잘 처리된다(28). 그러나 정밀화학 폐기물들은 미시건 주에서는 깊은 웅덩이에의 인젝션에 의해서 더 경제적으로 처리되었다(32, 36). 발효 폐기물들은 또한 혐기적으로 처리되었으며 그리고 아닐린 유도체들은 활성 슬러지에 의해서 처리되었다(22).

다른 시스템들을 위한 처리방법들에 관한 리뷰들이 발표되었다(21, 22, 18, 31).

3.3 EPA 가이드라인

U.S. EPA(Environmental Protection Agency)는 그것의 산업폐기물 연구 프로그램에서 20개 산업의 방출물들을 연구하였다. 이 프로그램에서 연구된 산업범주들은 다음과 같다:

- 기본적인 비철금속 작업과 파운드리
- 기본적인 스틸 작업과 파운드리
- 사탕무우 슈거 프로세싱
- 음료수
- 캔(통조림) 그리고 저장된 과일들과 야채들
- 시멘트, 석회, 석고, 판유리, 그리고 석면제품들
- 유제품들
- 비료
- 정미(도정)
- 무기화학 물질들
- 가죽 태닝과 피니싱
- 가축사육
- 정육제품
- 자동차 및 항공기 판금과 피니싱
- 유기화학 물질들 그리고 석유화학 물질들
- 종이 및 관련 제품들
- 석유정제
- 플라스틱 물질들과 합성물질들
- 스팀발생 플랜트들
- 직조제품들

EPA는 달성될 수 있는 방출물 수준들의 리스트들을 전개하여 밝혔다. 이들은 규정은 아니지만 이들은 규정들의 기준을 제공하는 것으로 기대된다. <표 3-11>~<표 3-16>은 석유화학 산업에 관련된 산업들에 대한 그리고 많은 관심이 표명되었던 산업들에 대한 달성될 수 있는 방출물 레벨들을 나타낸다.

<표 3-11>

ACHIEVABLE EFFLUENT LEVELS FOR THE PETROLEUM REFINING INDUSTRY
(S.I.C. 2911)

API Refinery Classification	Achievable Effluent Level * (lb1,000 bbl crude oil processed)								
	Ammonia (as X)	BOD	Chromium	COD	Oil Total	Phenol	Sulfide	Suspended Solids	Total Dissolved Solids
Topping plants	10	9	0.04	52	1.0	0.1	0.1	22	4,500
Topping and cracking plants	10	12	0.03	73	8.0	0.5	0.1	35	450
Topping, cracking, and petrochemical plants	4	18	0.14	40	11	0.7	0.05	17	1,050
Integrated plants (topping, catalytic cracking plus lube processing)	31	24	0.10	76	17	0.3	0.4	17	550
Integrated and petrochemical plants	31	20	0.19	101	15	0.3	0.5	29	175

* Achievable effluent level for pH is 6.0−9.0 : for temperature, 100°F

Source : Values tabulated represent engineering judgment based on the EPA. Industrial Wastes Studies report. Requirements that no discharge of oil shall be made that causes a firm, sheen, or discoloration on the surface of recieving waters have been published in the Federal Register 18 CFR. Part 610(September 11, 1970) and in no way are superseded.

<표 3-12>

ACHIEVABLE EFFLUENT LEVELS FOR THE ORGANIC CHEMICALS INDUSTRY
(S.I.C. 2815 and 2818)

Chemical	Final Effluent Level * (lb/1,000 lb of production)				
	BOD_5	COD	Free Floating Oil	Dissolved Solids	Suspended Solids
Benzene, toluene, xylene	0.05	0.8	0.1	0	0
Ethylene	0.02	1.0	0.5	9.0	0.06
Propylene	0.4	3.0	0.1	6.0	0.10
Acetaldehyde	4.5	25.0	0	—	—
Acetic acid anhydride	3.2	—	—	0.5	—
Acetone (cumene phenol by- product)	10	59	—	—	—
Acetone (IPA oxidation)	0	1	—	—	—
Adipic acid	20	80	0.3	18	
Butadiene	2	2.5	2	36	0.5
DMT and TPA	20	40	0.1	3	5
Ethanol	0.4	—	—	0.1	—
Ethylene oxide	0.3	6	—	—	—
Formaldehyde	1.0	2.0	—	4.0	0.06
Methanol	1.0	5.5	—	0.6	0.05
Phenol	1.4	30	0.5	—	0.05
Styrene	0.2	0.8	—	2	—
Terephthalic acid	2	18	—	0	—

* Effluent pH range is 6.0−9.0.

Source : EPA Industrial Wastes Studies Program.

<표 3-13>

ACHIEVABLE EFFLUENT LEVELS FOR THE PLASTIC MATERIALS AND SYNTHETICS INDUSTRY
(S.I.C. 2821 2823, and 2824)

Product	Final Effluent Level * (lb/1,000 lb of product)		
	BOD_5	COD	Suspended Solids
Cellulose acetate resin	6	10	1
Cellophane	20	50	50
Polyvinyl chloride resin	1−7	2−14	1
Polyvinyl acetate resin	1	1	1
Polystyrene resin	1	1	1
ABS, SAN	3	6	1.5
High density polyethylene resin	1	2	0
Low density polyethylene resin	1	2	1
Polypropylene resin	1	2	2
Phenolic resins	6	15	0.5
Epoxy resins	—	—	—
Polyacetal resins	0	0	0
Nylon resins	5	10	3
Cellulose acetate fibers	2	3	2
Cellulose triacetate fibers	5	8	
Rayon fibers	40	24	13
Nylon fibers	1	2	2
Acrylic fibers	10	18	0.5
Polyester fibers and resins	1	2	0.7
Polypropylene fibers	1	1	0.2

* Effluent pH range for all products is 6.0−9.0.

Source : Values tabulated represent engineering judgment based on the data presented in the EPA Industrial Wastes Studies report.

<표 3-15>

ACHIEVABLE EFFLUENT LEVELS FOR THE INORGANIC CHEMICALS, ALKALI, AND CHLORINE INDUSTRY

(S.I.C. 2812, 2816, and 2819)

	Final Effluent Level * (lb/1,000 lb of product)				
Product	Total Suspended Solids	Total Dissolved Solids	Chlorides	Sulfates	Other
Aluminum chloride	7	20	10	—	Salts of aluminum, sodium, and calcium, 10
Aluminum sulfate	0.01	7-14	—	3.5-7	Aluminum salts, 0.002
Calcium carbide	0.021	0.01	—	—	$CaCO_3$, 0.03; 3
Caustic-chlorine					
Diaphragm cell	6.3	350	200	0.14	Lead, 0.1-0.25
Nercury cell	4.3	350	200	0.14	Mercury, 0.001 1b/day+
Downs cell	1.5	350	200	0.14	
Hydrochloric acid	0	60	36	—	
Hydrofluoric acid	7.5	8	—	6	Silicates, 0.0004
Hydrogen peroxide	1.8	5-60	—	40	COD, 0.06; organic compounds, 0.06
Lime calcination	0	0	0	0	
Nitric acid(NH_3 oxid.)	0	0	0	0	
Phosphoric acid:					
Wet process	—	—	—	0.9	PO_4, 0.4; silicates, 0.4; arsenic, 0
Dry process	—	—	—	—	PO_4, 0-1; fluorides, 2; arsenic, 0
Phosphorous	0.001	0.003	—	—	PO_4, 0.0006; fluorides, 0.25
Soda Ash/Solvey	44	900	750	—	NH_3, 0.25; phenol, 0.003
Sodium bicarbonate	0.16	1	0.4	—	Carbonates, 0.25
Sodium chloride	1	200	150	35	
Sodium dichromate and sodium sulfate by product	0.4	116	63	6	Carbonates, 2.7; chromium salts, 0.002
Sodium silicate	0.002	10	6	7	Silicates, 0.002
Sodium sulfite	0	6	—	4	COD, 0.05
Sodium tripolyphosphate	0.15	0.003	—	—	Silicates, 0.003
Sulfuric acid/contact	0.83	67	—	43	
Titanium dioxide:					
Chloride process	12-27	700	600	25	Iron salts, 21
Sodium bicarbonate	12-21	700	—	600	Iron salts, 21

* Effluent pH range is 6-9.

\+ Maximum of mercury allowed for the entire operation, regardless of capacity.

Source : Values tabulated represent engineering judgment based on the data given in the EPA Industrial Wastes Studies report.

<표 3-16>

ACHIEVABLE EFFLUENT LEVELS FOR THE BEVERAGE INDUSTRY*
(S.I.C. 2082, 2083, and 2085)

	Final Effluent Level+		
	BOD_5	COD	Suspended Solides
Malt liquor, 1b/barrel produced	0.053	0.133	0.053
Maltm 1b/1,000 bushels processed	10.87	27.17	10.87
Distilled spirits (excluding rum), 1b/1,000 bushels processed	11.5	28.7	11.5

* No data are available on the soft drinks industry (S.I.C. 2086) or on the flavors and extracts industry (S.I.C. 2087)

+ Effluent pH range for all products is 6.0-9.0

Source : Values tabulated represent engineering judgment based on the data presented in the EPA Industrial Wastes Studies report.

모든 경우들에서 레벨들은 파운드/생산 유니트로써 표현된다. 이것은 오염물질들의 퍼센트 감소에 따른 도시 폐기물 처리를 평가하는 앞서의 실행으로부터의 이탈이다. 새로운 실제실행은 만약 오염에 있어서의 감소가 그것에 의하여 더 낮은 비용에서 이루어진다면 플랜트 상의 공정변화들을 선호하게 될 것이다.

Group Ⅰ 파라미터들로 불려지는 파라미터들 외에 Group Ⅱ 파리미터들로 불리어지는 다른 파라미터들이 고려되어져야 하며 케이스 바이 케이스에 기초하여 확립된 레벨들을 가져야한다. 덧붙여서 특별한 경우들에 존재하는 오염물질들 혹은 어떤 다른 유독성, 유해성 물질들은 조절되어져야 한다.

3.4 도시하수시스템의 사용

주로 오일과 비슷한 물질들은 금지되기 때문에 산업폐수들은 좀처럼 도시하수(도)로 배출되지 않는다. 적절한 사전처리로써 도시 혹은 조인트 설비들의 사용이 실행가능하다. 가능한 유리한 점들은 무엇인가? 아마도 가장 중요한 것은 면세 본드에 의한 파이낸싱이다. 어떤 몇몇 경우들에서는 결합된 처리플랜트가 더 경제적이며 특별한 고려사항들이 또한 선택을 규정한다. 그러나 도시의 설비들은 크게 일괄적으로 오버디자인 된다.

Chapter 4

오염파라미터들의 중요성

석유화학 산업 관점으로부터 폐수를 처리하기 위한 이유는 규정들을 충족시키기 위한 것일 뿐만 아니라 좋은 대중과의 관계들을 갖는 것이다. 규정들이 빠르게 변화하는 오늘날 적당하다고 주장할 수 있는 규정들의 요구사항들의 중요성을 이해하는 것이 바람직스럽다. 이 장에서는 중요한 파라미터들의 간략한 개요를 기술키로 하겠다.

캘리포니아 주에서는 pollution과 contamination 사이를 구별하는데 전자는 건강상의 위험이 존재하지 않는다 하더라도 물의 유익한 사용의 손상을 수반하며 후자는 건강상의 위험을 수반한다.

규정을 세팅시키기 위한 접근방법은 바뀐다. 원래 주된 고려의 대상은 공공의 건강이었다. 이러한 관점으로부터의 오염(pollution)은 수인성 전염병들에 의해서 입증되는 것처럼 여러 세기 동안 존재하였다. 병원체들에 관한 규정들은(보통 대장균에 관하여) 지방자치 단체들에 중요하지만 석유화학 산업에는 중요치 않다. 모든 미국의 스트림들이 수영을 하기에 충분할 정도로 깨끗하도록 요구하는 최근의 노력들이 있다.

다음은 석유화학 생산업체들에 중요한 파라미터들에 대한 규정들의 일반적인 범위들이다. 이들 규정들은 수영을 위해 사용되지 않는 유해 방출물들에 적용된다(B-6, p.17).

Max. oil	5-30 ppm
Max. BOD(5-day)	20-100 ppm
Max. toxic metals	0.5-7 ppm
Max. iron	0-10 ppm
Max. phenols	0.02-2 ppm
Max. cyanides	0.2-1 ppm
Max. sulfides	1 ppm
Max. free chlorine	1 ppm

Max. dissolved solids	1,500−3,000 ppm
Max. suspended solids	20−100 ppm
pH	5−10 ppm

수영지역에서 처리되는 폐수 스트림들은 특히 BOD와 phenols에 대한 더 엄격한 요구사항들을 일반적으로 만족시켜야 한다. 이들 파라미터들, 온도, IOD, COD, TOD, TOC, 질소와 인에 관해서 다음의 절에서 고찰키로 하겠다.

4.1 오일

프리오일은 화재 위험이 있으며 두꺼운 막(층)은 산소의 흡수를 차단시킴으로써 수중 생물군을 죽인다. 더 소량은 특히 수영지역들에서 맛, 냄새, 색깔 그리고 심미의 관점으로부터 거부될 수 있다. 25 gal/hr/sq mi처럼 적은 양의 방출은 무지개 빛깔의 광택(윤)을 초래할 수 있다.

100 ppm 오일보다도 더 큰 양은 trickling filter 가동을 방해하며 25 ppm보다도 더 큰 양은 활성슬러지 처리를 방해한다.

4.2 생화학적 산소요구량(BOD)

BOD는 수용수 속에서 용존산소(dissolved oxygen, DO)에 미치는 영향을 나타내고져 하는 파라미터이다. 종들에 의존해서 물고기는 약 4 혹은 5 ppm을 필요로 한다. 바다레벨에서 포화값들은 86°F(30℃)에서 7.6 ppm이며 32°F(0℃)에서 14.6 ppm이다. 생분해될 수 있는 폐수는 oxygen sag curve로 불리어지는 것에 따라서 강에서 DO의 소모를 초래할 것이다. 고갈(소모)은 물을 불포화되게 만들며 산소는 강에서 난류에 의해서 부분적으로 결정되는 속도(비율)에서 불포화의 양에 비례해서 공기로부터 흡수된다. 생물학적 공정들의 속도는 산화 가능한 화합물들에 비례해서 감소한다. 더 많은 오염(물)이 없을 때는 DO level은 입구지점으로부터 최소값으로 떨어진 후 포화값으로 근접키 위해 상승한다. 최소값은 물고기 생명과 활동을 유지시키기에 적당하고 알맞아야 한다.

BOD 테스트는 폐수성분들을 생물학적으로 산화시키기 위해 요구되는 산소의 양을 결정한다. 일반적으로 주어진 값은 ***5-day BOD*** 혹은 ***BOD_5***이다. 테스트는 시료를 박테리아가 주입된 물로써 희석시키고 일반적으로 68°F(20℃)의 일정한 온도에서 5일 동안 산소양에 있어서의 감소를 측정하는 것으로써 구성된다. ***Ultimate BOD*** 혹은 ***BOD_u***는 생화학반응들이 실질적인 완료로 진행할 때 대응되는 값이다.

전통적으로 BOD 테스트는 산화될 수 있는 성분들의 1차 붕괴로써 식에서 base e보

다는 base 10 rate를 사용하여 분석되었다:

$$BOD_t = BOD_u (10^{-kt})$$
$$= BOD_u (e^{-2.3kt})$$

이 식에서 BOD_t는 어떤 시간 t에서 남는 ultimate BOD이다. 일반적으로 ***BOD_5는 BOD_u의 68%***라는 사실이 추정된다. 이것은 0.099 day^{-1}의 속도상수와 혹은 3.0일의 half life와 동등하다. 실제로 값은 폭넓게 변화하면 BOD_5는 BOD_u의 55~94%까지이다. 제한된 범위에서 k의 logarithm은 온도에 따라서 대략 선형이다. 식은 실제로 좋지 못한데 그것은 k가 분해가 진행될 때 전형적으로 감소하기 때문이며 부분적으로는 cell mass가 1차로 먼저 자란 후 분해되기 때문이다.

많은 화합물들은 1차 붕괴(분해) 커브를 따르지 않는다(56, 57−58, 59). 그러한 화합물들에 대해서는 위의 식이 정확하지 않다.

다른 어려움은 폐수 속에 있는 질소화합물들에 관련된다. 일반적으로 이들의 산화는 탄화물질이 부분적으로 만족될 때까지 시작하지 않는다. 어떤 조건들 하에서 2가지 산화들이 평행하게 진행한다. 메틸렌 블루 혹은 thiourea로써 nitrification을 억제하는 것이 그리고 차이에 의해서 그것의 효과를 결정하는 것이 가능하다. Nitrification은 산소요구량에 첨가되며 수용하는 스트림에 미치는 그것의 영향을 고려해야 한다.

또 다른 일반적인 어려움은 특별한 폐수에 순응하는 박테리아 seed를 사용하는 것에 실패하는 것에서 발생하는데 이것은 낮은 BOD_5를 주게 된다. 관련되는 인자는 폐수 속에서의 독성인데 이것은 증가하는 희석에 따른 증가하는 BOD 값들에 의해서 일반적으로 지적된다.

4.3 Immediate Oxygen Demand(IOD)

무기 황화물들과 철의 염들과 같은 쉽게 산화되는 물질들은 생물학적 작용 없이 용존산소와 반응한다. 이 IOD는 BOD_u의 추정을 위한 "참값"을 얻기 위해 BOD 결과들로부터 공제된다. 그러나 수용수에 미치는 그것의 영향은 고려되어져야 한다.

4.4 Chemical Oxygen Demand(COD)

BOD의 주요한 주된 결점들 중에서 하나는 5일간의 기다리는 기간이다. COD는 화학적 산화제들에 의해서 공격받는 물질들의 양을 측정한다. 이들은 IOD와 염화물들을 포함하지만 모든 유기화합물들은 포함하지 않는다. 대부분 보편적으로 dichromate 혹은

permanganate가 산화제로서 사용된다. 이들은 종종 폭넓게 다른 결과들을 준다. 화합물들은 생물학적으로 혹은 화학적으로 산화될 수 있거나 혹은 두 가지 모두의 방법으로 산화될 수 없다. 특정 폐수에 대해서 COD를 BOD와 상관관계 시키는 것은 가능하며 플랜트 컨트롤 테스트로서 COD를 사용하는 것은 가능하다.

4.5 Theoretical Oxygen Demand(TOD)

TOD는 화학양론적으로 계산된다. 만약 폐수가 완전하게 산화될 수 있다면 TOD는 COD와 같아야 한다. 그러나 BOD_u보다도 더 큰데 그것은 대략 유기화합물의 10%는 마침내 생분해될 수 없는 cell mass로 되기 때문이며 이것은 BOD에 포함되지 않기 때문이다.

4.6 Total Organic Carbon(TOC)

TOC는 습식 혹은 건식 테스트에서 carbonates에 대한 보정과 함께 총 산화에 의해서 측정된다. 이것은 앞서의 테스트들보다도 오염의 더 믿음직하고 확실한 측정이며 지정된 표준이 될지도 모른다. 그러나 기기의 비용이 높다.

4.7 독성 금속

다음과 같은 독성 금속들이 이들에 포함된다:

Copper	Silver	Selenium
Chromium	Mercury	Lead
Zinc	Cadmium	Nickel
Arsenic	Barium	

산화상태는 중요하다; 예를 들면, 6가 크롬은 3가보다도 더 유독하다. 폐수처리 공정들에서 미생물들에 미치는 독성 영향들은 금속농도 뿐만 아니라 존재하는 미생물의 수에 관련된다; 즉, 미생물들에 대한 금속이온들의 비율은 중요하다.

4.8 철

철(뿐만 아니라 망간)은 물과 접촉하여 물의 변색을 초래한다. DO의 존재 하에서 제1철의 염들은 $Fe(OH)_3$의 침전을 초래한다.

4.9 페놀류

페놀류는 염소의 존재하에서 맛과 냄새를 포함한 많은 거부적인 사항들을 나타낸다. 물의 살균소독을 위한 염소 소독은 5 ppb(0.005 ppm)로 검출될 수 있는 염화페놀들을 형성한다. 살균제로서 높은 농도(200 ppm)는 생물학적 처리공정들에서 바이오매스를 죽인다. 페놀은 1-10 ppm 범위에서 물고기에게 유독하다. 그래서 페놀은 석유화학(뿐만 아니라 석유) 산업의 주요한 오염 문제점들 중에서 하나이다.

4.10 시안화물

무기시안화물들의 높은 독성은 잘 알려져 있다; 치사량은 40mg 이하이다. 다른 위험은 HCN으로의 가수분해이다. 이것은 폐수처리시스템에 위험하다.

4.11 황화물

황화물들은 IOD를 야기한다. 이들은 10ppm 이상에서 바이오매스들에 유독하다. 낮은 pH에서 H_2S가 형성된다. 이것은 극히 유독하며 나쁜 냄새와 맛을 갖는다. 이것은 1-6ppm 범위에서 물고기에 치명적이다.

4.12 Free Chlorine

염소는 유독하며 강한 산화제이다. 이것은 병원균들을 죽여서 유익하며 시안화물들을 산화시킴과 같은 목적들을 위해 사용된다.

4.13 질소와 인

질소와 인은 호수의 부영양화를 가속시키는 영양분들이다. 그러나 관심의 대상이 되는 대부분의 폐수들은 생물학적 처리공정들을 위해 영양분들이 부족하다. 특히 인산염들과 같은 영양분들은 제거되는 대신 첨가되어져야 한다. 질소의 낮은 산화상태들은 산소 요구를 낳는다. 높은 질산염 농도들은 유아에 영향을 미쳐서 "청색증"을 야기시킨다.

4.14 Dissolved Solids

거부될 수 있는 이온들을 제외하고 total dissolved solids에 관한 사양들은 상대적으로 관대하다. 높은 고체양들은 물맛을 손상시키고 몇몇 산업공정들에 대해서 그것(물)을 부적절하게 만든다. 그리고 pH가 변화할 때 침전들을 초래한다. 높은 황산염의 양들은 물을 설사하게 하는 하제로 만든다.

4.15 서스펜션된 고체

높은 서스펜션된 고체의 양은 색깔과 혼탁을 초래하며 수로에서 (1) 감소된 광합성과 산소생산, (2) 물고기의 손상, 그리고 (3) 해저 생명체를 해치는 슬러지 뱅크와 침전물들을 초래한다. 물론 유기 고체들은 BOD에 기여한다.

4.16 pH

pH는 미생물공정들에서 중요한 환경적 인자이며 이 미생물공정들은 CO_2를 방출함으로써 pH에 영향을 미친다.

4.17 온도

온도의 증가는 수중 생물체와 수질에 직간접적 영향을 미칠 수 있다. 직접적인 영향들은 산소의 용해도에 있어서의 감소 그리고 온도에 있어서의 급격한 변화들에 의한 물고기의 죽음이다. 간접적인 영향은 생물학적 산화의 속도에서의 변화인데 대략 10℃에서 두 배가 된다. 비록 이것이 오염물질들을 제거하는 바람직스러운 효과를 나타낸다 할지라도 이것은 더 빠른 산소고갈을 초래하며 oxygen sag curve는 최소의 수용 가능한 수준 밑으로 간다. 비록 초기의 반응들이 가속화 된다 할지라도 폐수에 대한 동화작용 용량은 더 낮은 DO에 의해서 감소될 수 있다. 만약 경쟁자들, 육식동물, 기생충들, 혹은 질병들이 유리하다면 물고기류는 직접적으로 죽이는 온도들 밑에서 전멸할 수 있다.

위의 언급은 잘 혼합된 강을 가정한다. 종종 더 차가운 물 위로 뜨는 따뜻한 물과 함께 층을 이루게 되는 흐름조건이 전개된다. 더 낮은 층은 산소공급으로부터 차단되며 강의 폐수 동화작용 능력은 감소된다.

일반적으로 온도상승은 증가된 오염부하와 동등하다.

4.18 댐(Dams)

비록 댐이 석유화학 산업의 직접적인 책임이 아니라 할지라도 화학폐기물들의 생산업체들은 새로운 댐 때문에 만족스러운 폐기물 처리시스템이 불만족스럽게 된다는 사실을 알아야 한다. 강의 저장고로의 변환은 그것(강)이 야기시키는 와류와 공기노출을 제거시킨다. 또한 층을 이루는 흐름은 연중 언제라도 발생한다. 만약 스트림 물이 저장고 표면의 물보다도 더 차다면 표면의 물 밑으로 빠져 들어가며 산소공급을 받지 못하게 된다. 그래서 동화작용 용량이 감소하게 되며 이것은 큰 BOD 부하와 동등하게 된다. 침전물은 가라앉으며 철 및 망간 화합물들의 용액 그리고 염화메틸수은의 생산을 선호하게 되는데 이것들은 물고기를 유독하게 만들 수 있다. 저장고에서의 물의 계절적인 전도재편이 있게 될 때 표면으로 혐기성 슬러지들의 상승 때문에 비위가 상하게 될 수 있다.

Chapter 5
동반된 액체 및 고체의 분리

API(American petroleum Institute)는 주로 폐수로부터 동반된 오일을 분리시키기 위한 분리장치들에 대한 디자인 방법들을 연구하는 것을 후원하여 발표하였다. API 분리장치로서 알려진 이들 분리장치는 폭넓게 사용되어져 오고 있다. 본질적으로 이들은 1보다 작은 비중들에 의하여 오일방울들이 표면으로 상승하도록 정지 기간을 제공한다. 정지 상태를 제공하는 방법은 챔버의 최소깊이를 지정하는 것이다. 세틀링 거리는 길며 큰 챔버 부피가 요구된다.

분리를 위한 공간요구량을 감소시키기 위해서 내부 플레이트들을 갖는 분리장치들이 개발되었다. 이들에서 오일방울들이 기껏해야 몇 인치의 이동 후 유착할 수 있는 수집표면들로서 비스듬히 기울어진 플레이트들이 제공된다.

가끔 coagulator 타입으로 불리는 다른 타입의 분리장치는 coalescer 타입으로 더 잘 불려진다. 이것에서 작은 오일방울들은 스틸 혹은 유리섬유 혹은 충진된 층에서 유착된다. 더 큰 평균적인 크기의 방울들은 섬유들에 의해서 걸러지게 되므로 빠르게 분리된다.

분리를 가속화시키는 또 다른 방법은 부양에 의해서이다. 이 방법에서 공기는 압력하에 물속에 용해되며, 압력이 풀리면 형성되는 미세한 공기 버블들은 오일방울들에 스스로 부착하게 되며 그들의 표면으로 상승하는 것을 돕게 된다.

최종적으로 수산화알루미늄 혹은 수산화철의 응집이 작은 방울들과 서스펜션된 물질을 잡기 위해 사용된다. 플록들은 부양, 여과 혹은 세틀링에 의해서 제거된다.

이들 방법들을 이 장에서 다루기로 하겠다. 최대 4mgd(2,780gpm)의 폐수를 처리하기 위한 디자인을 나타내었다. 디자인 비율은 대형 석유화학 콤플렉스(B-4) 혹은 현대적인 중간 크기의 석유정제 공장(B-3)으로부터의 방출물에 대략 대응된다. 그러나 제품의 유니트당 폐수의 부피는 매우 가변적이다.

또 다른 타입의 세틀러는 정전기장의 사용에 의해서 방울들의 분리를 촉진한다. 이 타입은 원유를 탈염(desalting)시키기 위해 폭넓게 사용되지만 물로부터 오일방울들을 분리시키는데 효과적이지 못하여서 여기서는 취급하지 않기로 하겠다. 그러나 여기서는 공정장치에서 오일들로부터 수용액 방울들을 제거시킴으로써 그것으로 인해서 오일을 세척할 필요성을 감소시키거나 혹은 제거시킴으로써 그러한 장치들이 폐수처리 문제점을 감소시킨다는 사실을 지적하고져 한다. 정전기장에서 유지되는 높은 유전상수의 유기용매를 거쳐서 물의 방울들을 통과시킴으로써 oil-in-water 에멀젼들에 대해서 이 분리원리를 사용하는 것을 제안하는 특허도 있다(135).

5.1 API 분리장치

API 타입의 rectangular 분리탱크들에 관한 최근의 특허문헌은 적다. 1960년의 한 특허에서는 vertical baffles를 포함하는 디자인을 나타내고 있지만 공정성능이 향상되었다는 증거는 없다(162).

API Manual(98)에서는 직경이 0.015cm(150microns)의 오일방울들의 분리에 기초한 디자인방법을 기술하고 있다. 그 방법은 요구되는 크기의 분리장치와 비중차이 및 물의 온도의 관계를 명백하게 명시하고 있지만 이들 파라미터들에 의한 적당한 디자인값들에 관한 가이던스는 나타내지 않는다. 이들 파라미터들의 영향들은 <표 5-1>에 나타낸 4mgd에 대한 6개의 디자인들에 의해서 지적된다. 가장 큰 변화들은 오일의 비중에 있어서의 변화들로부터 초래되지만 50% 변화는 이들 예들에서 물의 온도 그리고 수반되는 점도의 영향에 대해서 나타내어진다. 터미널 세틀링 속도(V_t)는 다음과 같이 $\Delta S/\mu$에 비례하는데 여기서 ΔS는 비중차이이며 μ는 물의 점도이다.

$$V_t = 0.0241\left(\frac{\Delta S}{\mu, poise}\right),\ ft/\min$$

<표 5-1>

SEPARATORS FOR 4 mgd WASTEWATER

Oil Gravity °API	Terminal Setling Velocity, ft/min	Number	Width, ft	Depth, ft	Length, ft	Residence Time min
			68°F, 0.01 Poise Pure Water			
15	0.085	2	20	7.5	180	146
20	0.16	2	15	5	130	53
25	0.23	2	13	5	100	35
30	0.30	2	13	5	75	26
35	0.36	2	13	5	60	21
			40°F, 0.0154 Poise Pure Water			
25	0.14	2	17	5.5	130	66

물의 오일오염은 decanters에서 수반되는 스팀증류와 세척 단계들에서 발생한다. 가장 무거운 오일들은 일반적으로 폐수를 오염시킬 수 있는 기회가 적다. 휘발성 오일들의 손실(유실)을 방지하기 위한 커버된 섹션들을 제공하려는 증가하는 경향은 전형적인 오일은 비중이 상대적으로 낮다(높은 API 비중)는 사실을 제안해 준다. 덧붙여서 물은 주변 대기 온도보다도 꽤 높은데 그것은 일반적으로 이것이 냉각수이거나 혹은 냉각수에 의해서 냉각되기 때문이다. 한편 분리장치들은 악조건 하에서 바람직스럽게 가동되어야 한다. 산업분야에서의 실제실행을 결정할 만큼 충분히 자세한 문헌은 좀처럼 없지만 Washington 주 Anacortes에 있는 Shell API 분리장치는 81분의 머무름 시간에 대해 디자인되었으며(68, 69) 이것은 플로우에 대해서 "관대한 크기"인 것으로 알려지고 있다. California 주 Benicia에 소재한 Humble unit는 "1시간 가량"의 디자인 머무름 시간을 갖는데 이것은 약간 더 따뜻한 기후를 가능한 반영한 것이다. 이들 머무름 시간들은 디자인이 적어도 0.91의 비중을 예상하고 있다는 것을 지적하고 있지만 Puerto Rico의 Guayama에 소재한 Phillips 석유화학 콤플렉스는 최대 0.88을 예상한다(92). 이 인자는 머무름 시간에서 약 1/3의 감소를 하도록 한다. 머무름 시간은 깊이에 따라서 변화하지만 한계는 디멘젼들의 비율들의 허용될 수 있는 값들에 놓여 있기 때문에 머무름 시간은 주된 주요한 디자인 파라미터는 아니며 머무름 시간(volume for a given flow)은 비용의 적당한 지시계여야 한다.

API 분리장치에의 유입물은 North Dakota의 추운 날씨에서 평균적으로 130°F와 150°F 사이의 값을 나타낸다는 보고가 있다.

[그림 5-1]은 API 분리장치 디자인을 자세히 나타낸다. 4mgd의 물을 처리시키도록

그리고 0.16ft/min의 터미널 속도에서 오일을 분리시키도록 디자인된 API 분리장치에 대한 major equipment list와 utilities summary는 <표 5-2>에 나타내었다. 비록 이것과 이 장에 있는 다른 공정들의 디자인 용량이 4mgd라 할지라도 실제적인 average water rate는 2mgd라고 가정한다. <표 5-3>은 자본 비용 추정값들을 그리고 <표 5-4>는 가동비용 추정값들을 나타낸다. [그림 5-2]는 design rate와 throughput에 따른 가동비용들의 변화들을 나타낸다.

<표 5-2>

API SEPARATOR

MAJOR PROCESS EQUIPMENT AND UTILITIES SUMMARY

Plant Capacity: 2 Million U.S. Gal/Day
Wastewater at 0.5 Stream Factor

Major Process Equipment

Equipment Number	Name	Size	Material of Construction
	Special Equipment		
S-101	Settling chambers	4 mgd	Concrete
S-102	Flight scraper	15×130 ft	Carbon steel
S-103	Flight scraper	15×130 ft	Carbon steel
S-104	Mechanical acreen	6 ft	Carbon steel
		Volume (gal)	
	Thanks		
T-151	Slop oil	60,000	Carbon steel

Pumps

5, including 3 operating, 2 spares, 7 operating bhp.

Utilities Summary*

	Battery Limits Total
Electricity (kw)	6

* No peaks in utilities demands; generating facilities are sized for average consumptions.

<표 5-3>

API SEPARATOR

TOTAL FIXED CAPITAL
Plant Capacity: 2 Million U.S. Gal/Day
Wastewater at 0.5 Stream Factor
CE Cost Index: 140

	Cost	Capacity Exponent Up	Capacity Exponent Down
Battery limits equipment, f.o.b			
Special equipment pumps	$ 71,500	0.90	0.78
	7,800	0.33	0.22
Total	$ 79,300	0.86	0.70
Battery limits investment	$149,000	0.76	0.57
Utilities and tankage			
Tankage	26,700	0.94	0.39
Total	$ 26,700	0.94	0.39
Utilities and tankage investment	$ 41,000	0.85	0.34
BATTERY LIMITS AND UTILITIES COST	$190,000	0.78	0.52
General service facilities at 15% of above	28,500		
TOTAL FIXED CAPITAL	$218,500		

<표 5-4>

API SEPARATOR

OPERATING COSTS

Plant Capacity: 2 Million U.S. Gal/Day
Wastewater at 0.5 Stream Factor
CE Cost Index: 140

	Basis or Unit Cost	Units/1,000 Gal	Total Costs ¢/1,000 Gal	Total Costs Thousand $/Tear
DIRECT OPERATING COSTS				
Labor				
Operating	1/16 man/shift, $4.90/ man−hr	0.0008 man−hr	0.37¢	$2.7
Maintenance	1%/yr of battery limits cost		0.20	1.5
Control laboratory	100% of operating labor		0.37	2.7
Total Laber			0.94¢	$6.9
materials				
Maintenance	1%/yr of battery limits cost		0.20	1.5
Operating	10% of operating labor		0.04	0.3
Total Materials			0.24¢	$1.8
Utilities				
Electricity	1¢/kwh	0.04 kwh	0.04	0.3
Total Utilities			0.04¢	$0.3
TOTAL DIRECT OPERATING COST			1.22¢	$9.0

챔버들의 벽들은 5ft 물깊이에 대해서 7ft의 높이이다. 비록 스틸 분리장치들이 제작되었다 할지라도 선호되는 제작소재는 강화 콘크리트이다. 분리챔버들은 covered 5ft×22ft preseparator, a floating oil skimmer section 12ft×25ft, a forebay 12ft×30ft, 그리고 twin settler 15ft×130ft를 포함한다.

비용데이터는 Beychok(참고도서 B-6, p.177)에서 입수 가능하다. 이 소스는 어떤 주어진 플랜트 크기 혹은 용량에 대해서 비용들에서 4:1 범위라고 얘기하고 있으며 정확성에 대해서 비관적이다. 비록 설비의 크기는 오일의 밀도와 물의 온도에 강하게 의존한다고 알고 있다 할지라도 비용은 유입물 흐름의 단일함수로써 주어진다. Beychok(B-6) 데이터는 FWPCA(B-4, p.171)에 의해서 주어진 데이터와 상당히 일치한다. Eckenfelder 등(153)에 의한 데이터는 어느 정도 약간 다른 함수적 관계를 나타낸다. 마지막 두 개의 소스들은 산업적 고찰들에 기초한다. 디자인 컨디션들에 관한 혹은 평균적인 실제 플로우에 대한 디자인 플로우의 비용 상관관계는 다음과 같다.

$$\text{Cost}=\$58,000(\text{mgd})^{0.84}$$

여기서 mgd는 the flow in millions of U.S. gal/day이다. 이것에 다른 관련되는 설비들에 대한 35~40%가 첨가되며 이것은 총 처리 투자와 단위비용들의 합 사이의 차이에 의해서 발견된다. 만약 2mgd를 처리하는 플랜트를 4mgd를 위해서 디자인한다고 가정한다면 오일 분리의 비용은 아마도 slop oil tank를 포함하여 140의 CE Cost Index에서 $164,000~$170,000이다. 여기서의 비교될 수 있는 추정값은 $190,000이다.

비용은 구조적 디자인뿐만 아니라 유니트 사이트의 보수적인 경향에 분명히 의존한다. 여기서의 추정은 8-in. 강화 콘크리트 벽돌과 6-in. 강화 콘크리트 바닥들의 사용에 기초한다. Preseparator를 제외한 전체 구조상에서의 루프(지붕)들의 사용은 비용에 상당히 추가된다. Slop oil tank는 문헌(69)에 지적된 실제 실행에 따라서 크기규모가 정해진다.

보통 API 분리장치들은 주의 없이 가동된다. 가동비용들은 교대 가동 인력당 1/2시간 그리고 유지보수를 위한 battery limits cost의 2%/year의 가정들에 기초한다. 전체는 B-4에 있는 데이터와 일치한다.

오일 loss와 공기오염을 방지하기 위하여 API 분리장치들을 커버링하는 쪽으로의 경향이 있다. 루프들이 사용되지만 증기공간에서 폭발성 혼합물들의 어떤 위험이 있다. 그 대신에 50~60¢/sq ft의 비용으로 2인치 두께의 부유 커버들이 제공되며 많은 경우들에서 이 해답(문제해결방법)은 오일 컬렉션 시스템을 방해한다.

5.2 Baffled and Tubular Separators

5.2.1 공정에 대한 개괄적인 고찰

API 분리장치들은 믿음직하고 확실하며 바람직스럽게 간단한 반면 요구되는 큰 사이즈는 단지 유치하고 원시적인 것으로 분류될 수 있는 인상을 준다. 이상적인 흐름에 있어서의 세틀링은 단위 표면적당 부피 흐름에 관련되며 액체 깊이에 독립적이라는 Hazen(113)에 의해서 추론된 원리를 사용키 위한 노력이 거의 70년 동안 반복되었다. 그래서 밀집된 표면들은 세틀링 면적을 증가시키거나 혹은 그것을 다른 방법으로 볼 때 세틀링 거리를 감소시킨다. 침전물의 기계적인 수집이 시도되었고 작은 면적이 이것을 어렵게 만들었기 때문에 고체들의 분리를 향상시킴에서의 초기의 노력들은 실패하였다.

이 원리에 따른 고체들의 제거는 shallow depth sedimentation, high-rate sedimentation, 그리고 튜브 세틀러들의 사용 등으로 여러 가지로 불리는 가동에서 Hanson과 공동연구자들에 의해서 성공적으로 개발되어졌다(63, 115-116). 엷은 층을 이룬 흐름의 속도 증감 변화도들을 설명하기 위하여 극단적으로 단순화된 Hazen의 접근방법으로부터 Yao에 의해서 이론이 한층 더 개발되었다(64). Yao의 분석은 입자집합체를 혹은 비중 차이들에 의해서 유발된 흐름들을 설명하지 못한다는 사실에서 이 이론 또한 불충분하다. Hernandez와 Wright(63)는 테스트 데이터의 상관관계를 위한 파라미터를 개발하였다.

[그림 5-3]

MODULE OF STEEPLY INCLINED TUBES

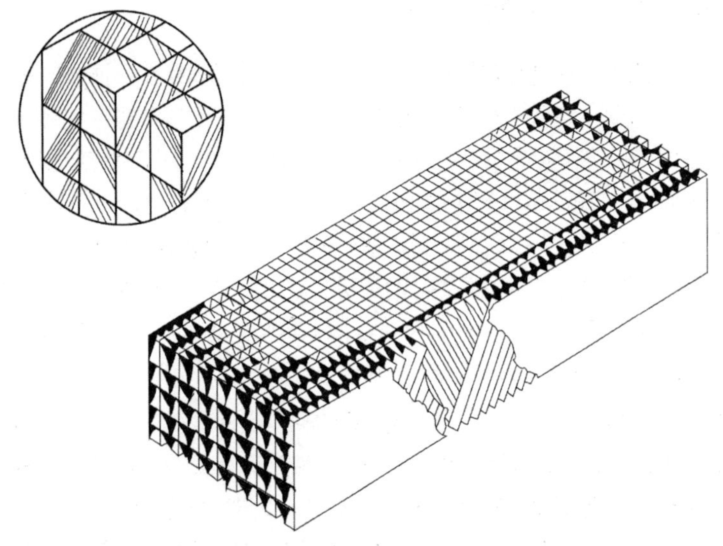

침강을 위해 사용되는 장치설비는 거의 수평적이거나 혹은 가파르게 기울어진 튜브들로써 본질적으로 구성되었다. 침전물은 거의 수평적인 타입의 튜브들에 모이게 되며 보통 대개 빠른 샌드필터를 수반한다. 침전물의 제거는 필터를 back flushing하는 것과 동등한 back washing에 의해서 이루어진다. 그리고 가동은 다소 간헐적으로 때때로 중단된다. 가파르게 기울어진 타입은 셀프클리닝이며 튜브들의 바닥들에서 슬러지로서 침전물은 주된 물의 흐름에 역방향으로 흐른다. 선호되는 장치설비는 [그림 5-3]에 나타낸 것처럼 자체지지 모듈들을 만들기 위해 사출 플라스틱으로부터 형성된 수평에서 각각 60° 가 기울어진 교대로 경사진 rectangular channels로써 구성된다.

비록 튜브타입 세틀러가 오일뿐만 아니라 고체들의 제거를 위해서 사용되었다 할지라도(116) 이 적용의 주요한 개발자들인 Royal Dutch Shell Group B.I.P.M. 그리고 Pielkenrood-Vinitex N.V.는 plate baffles를 선호하였다. ***Titled plate separators(TPS)***(118)로서 알려진 이들은 ***parallel plate interceptors(PPI)*** 혹은 ***corrugated plate interceptors(CPI)***이다. 후자는 더 좋은 성능을 나타내었으며 모듈은 [그림 5-4]에 나타내었다. Corrugated plates는 유리섬유-강화 이소프탈산 폴리에스터이다. 이들은 45° 경사져 있다. 물결모양의 주름은 경질오일과 무거운 슬러지에 대한 alternate channels을 형성한다. 정상적으로 흐름은 오일을 분리시키기 위해서는 하향이지만 만약 주된 분리가 부피가 큰 슬러지라면

상향이다. 정상적인 공간은 약 0.8inch이지만 부피가 큰 슬러지들에 대해서는 1/2 혹은 1/4이며 수많은 플레이트들이 같은 모듈에서 사용된다. 이들 장치들은 오일과 석유화학뿐만 아니라 다른 서비스들에서 사용되었다.

[그림 5-4]

CORRUGATED PLATE INTERCEPTOR

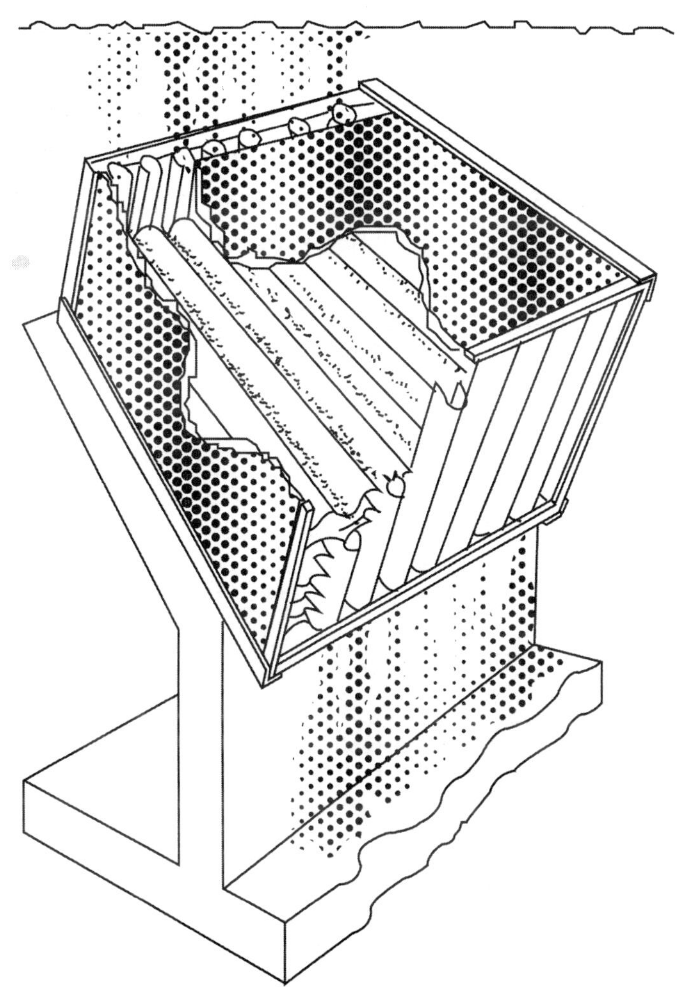

한 특허에서는 흐름을 인도하기 위하여 바람개비들을 갖는 coaxial baffles를 사용한다(193).

5.2.2 150-μ 방울들을 위한 CPI 분리장치

이 공정은 앞서 주어진 API 분리장치의 그것과 비교될 수 있다. 특히 20° API 오일의 150-μ 방울들은 68℉에서 4mgd의 물로부터 분리될 수 있으며 150-μ 방울들에 대해서 0.16 ft/min의 rising drop velocity를 주는 조건들의 어떤 다른 결합은 동등한 결과들을 준다.

이 공정에서 물은 평행한 6개의 CPI 모듈들을 거쳐서 하향흐름으로 통과한다. 분리된 오일은 slop oil tank로 펌프질되며 슬러지는 처분(리)장으로 펌프질된다. <표 5-5>는 major equipment list and utility summary를 나타낸다. <표 5-6>에는 자본비용 추정값을 나타내며 <표 5-7>은 가동비용 추정값을 나타낸다. [그림 5-5]는 design rate와 생산고에 따른 가동비용들의 변화를 나타낸다.

CPI 분리장치는 같은 성능에 대해서 API 분리장치보다도 대략 20% 비용이 덜 드는 것으로 나타났다. CPI 분리장치는 유럽에서 폭넓게 사용되었지만 마케팅은 단지 미국에서 시작되었다. 몇몇 지역들에서는 부지면적에서의 절감이 중요할 것이다; 분리장치 자체는 API 분리장치에 대한 3,900sq ft와 비교되는 단지 210sq ft를 필요로 한다. 비용들의 비교를 위한 문헌상의 값들은 입수하지 못하였다.

<표 5-5>
CPI SEPARATOR FOR 150-μ DROPS

MAJOR PROCESS EQUIPMENT AND UTILITIES SUMMARY

Plant Capacity: 2 Million U.S. Gal/Day
Wastewater at 0.5 Stream Factor

Maior Process Equipment

Equipment Number	Name	Size	Material of Construction
	Special Equipment		
S-101	6-pack CPI separator	4 mgd	Carbon steel
S-102	Mechanical screen	6 ft	Carbon steel
		Volume (gal)	
	Tanks		
T-151	Slop oil	60,000	Carbon steel
	Pumps		
	4, including 2 operating, 2 spares, 3 operating bhp,		

Utilities Summary *

	Battery Limits Total
Electricity (kw)	3

* No peaks in utilities demands; generating facilities are sized for average consumptions.

<표 5-6>

CPI SEPARATOR FOR 150-μ DROPS

TOTAL FIXED CAPITAL

Plant Capacity: 2 Million U.S. Gal/Day
Wastewater at 0.5 Stream Factor
CE Cost Index: 140

	Cost	Capacity Exponent Up	Capacity Exponent Down
Battery limits equipment, f.o.b			
Special equipment pumps	$ 43,100	0.95	0.79
	7,000	0.34	0.25
Total	$ 50,000	0.89	0.70
Battery limits investment	$109,000	0.78	0.58
Utilities and tankage			
Tankage	26,700	0.94	0.39
Total	$ 26,700	0.94	0.39
Utilities and tankage investment	$ 41,000	0.85	0.35
BATTERY LIMITS AND UTILITIES COST	$150,000	0.80	0.51
General service facilities at 15% of above	22,500		
TOTAL FIXED CAPITAL	$172,500		

<표 5-7>
CPI SEPARATOR FOR 150-μ DROPS

OPERATING COSTS
Plant Capacity: 2 Million U.S. Gal/Day
Wastewater at 0.5 Stream Factor
CE Cost Index: 140

	Basis or Unit Cost	Units/1,000 Gal	Total Costs	
			¢/1,000 Gal	Thousand $/Year
DIRECT OPERATING COSTS				
Labor				
Operating	1/16 man/shift, $4.90/ man-hr	0.0007 man-hr	0.37¢	$2.7
Maintenance	1%/yr of battery limits cost		0.15	1.1
Control laboratory	100% of operating labor		0.37	2.7
Total Laber			0.89¢	$6.5
materials				
Maintenance	1%/yr of battery limits cost		0.15	1.1
Operating	10% of operating labor		0.04	0.3
Total Materials			0.19¢	$1.4
Utilities				
Electricity	1¢/kwh	0.02 kwh	0.04	0.3
Total Utilities			0.04¢	$0.3
TOTAL DIRECT OPERATING COST			1.12¢	$8.2

[그림 5-5]

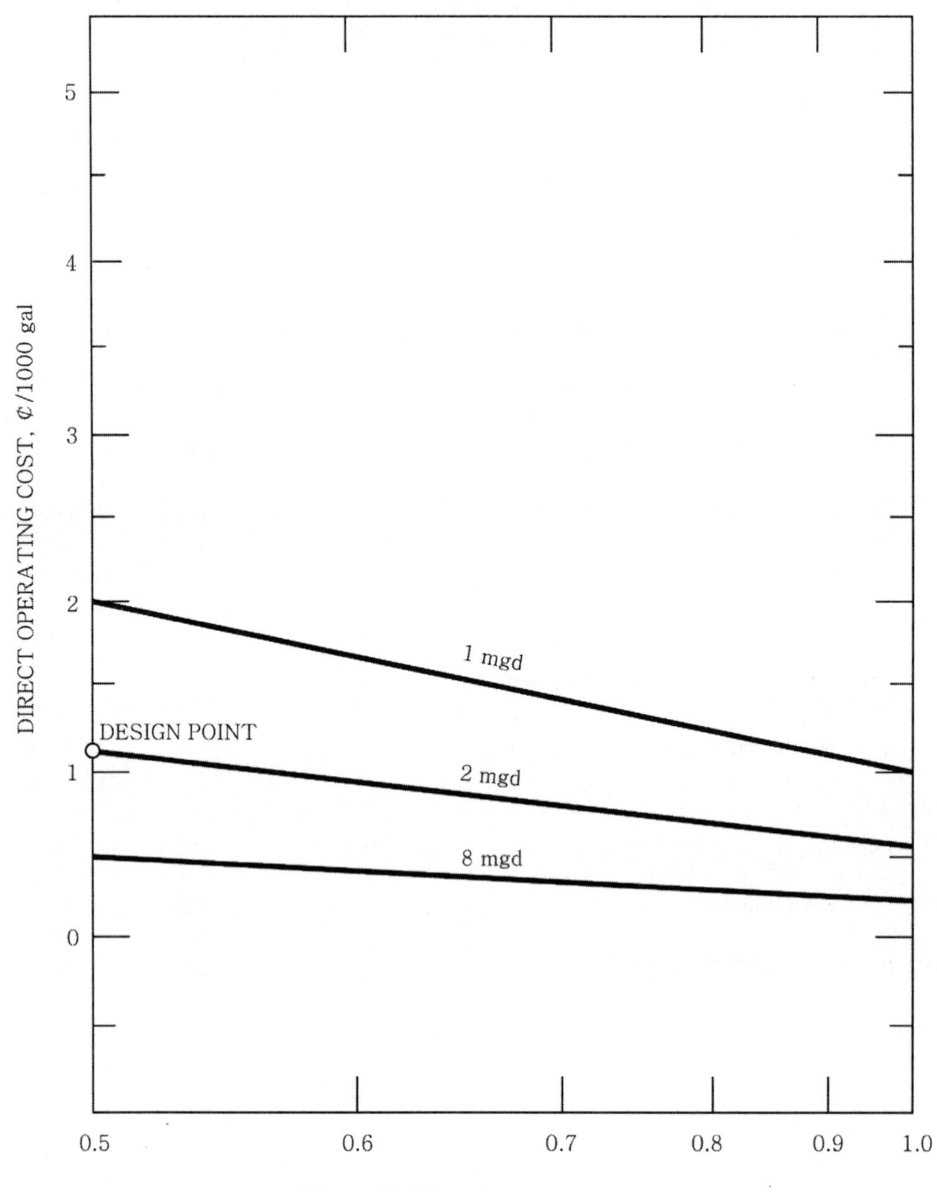

CPI SEPARATOR FOR 150-μ DROPS
EFFECT OF OPERATING LEVEL AND PLANT CAPACITY ON OPERATING COST
DIRECT OPERATING COST, ¢/1000 gal
5
4
3
2
1
0
1 mgd
DESIGN POINT
2 mgd
8 mgd
0.5
0.6
0.7
0.8
0.9
1.0
OPERATING LEVEL, fraction of design capacity

5.2.3 60-μ 방울들을 위한 CPI 분리장치

위에서 기술된 CPI 분리장치는 앞서 주어진 API 분리장치 디자인의 성능에 필적하고자 하였다. 커버가 없는 API 분리장치는 바람의 작용과 밀도흐름의 영향을 받기 쉬우며 대개 150μ 보다도 더 작은 방울들을 제거하기 위해 종종 디자인되지 않는다. 한편 CPI 분리장치들은 60μ 방울들을 제거하기 위해 종종 디자인된다. 결과로서 전형적인 오일의 함유량은 50~100ppm 범위로부터 5~15ppm 범위로까지 감소된다. 그러한 CPI 장치는 이차적인 오일의 제거를 수반하는 API 분리장치와 비교되어져야 한다. 그러나 CPI 분리장치는 에멀젼화된 오일을 제거할 수 없으며 이것은 화학적인 응집제들에 의해서 제거될 수 있다.

60μ 방울들의 제거를 위한 디자이닝은 6을 대신하여 30 CPI packs를 필요로 한다. Major equipment와 요구되는 utilities는 <표 5-8>에 나타내었다. 이 변형체(같은 오일밀도와 물의 온도)에 대한 자본비용과 가동비용은 <표 5-9>와 <표 5-10>에 각각 나타내었다. [그림 5-6]은 design rate와 생산고에 따른 가동비용들의 변화들을 나타낸다. 비교를 위한 문헌상의 비용들은 없다.

<표 5-8>
CPI SEPARATOR FOR 60-μ DROPS

MAJOR PROCESS EQUIPMENT AND UTILITIES SUMMARY

Plant Capacity: 2 Million U.S. Gal/Day
Wastewater at 0.5 Stream Factor

Maior Process Equipment

Equipment Number	Name	Size	Material of Construction
	Special Equipment		
S-101	40-pack CPI separator	4 mgd	Carbon steel
S-102	Mechanical screen	6 ft	Carbon steel
		Volume (gal)	
	Tanks		
T-151	Slop oil	60,000	Carbon steel
	Pumps		
	4, including 2 operating, 2 spares, 3 operating bhp,		

Utilities Summary *

	Battery Limits Total
Electricity (kw)	3

* No peaks in utilities demands; generating facilities are sized for average consumptions.

<표 5-9>
CPI SEPARATOR FOR 60-μ DROPS

TOTAL FIXED CAPITAL

Plant Capacity: 2 Million U.S. Gal/Day
Wastewater at 0.5 Stream Factor
CE Cost Index: 140

		Capacity Exponent	
	Cost	Up	Down
Battery limits equipment, f.o.b			
Special equipment pumps	$162,600	0.95	0.91
	7,000	0.31	0.25
Total	$169,600	0.93	0.87
Battery limits investment	$312,000	0.87	0.79
Utilities and tankage			
Tankage	26,700	0.94	0.39
Total	$ 26,700	0.94	0.39
Utilities and tankage investment	$ 41,000	0.85	0.35
BATTERY LIMITS AND UTILITIES COST	$353,000	0.86	0.73
General service facilities at 15% of above	53,000		
TOTAL FIXED CAPITAL	$406,000		

<표 5-10>
CPI SEPARATOR FOR 60-μ DROPS

OPERATING COSTS
Plant Capacity: 2 Million U.S. Gal/Day
Wastewater at 0.5 Stream Factor
CE Cost Index: 140

	Basis or Unit Cost	Units/1,000 Gal	Total Costs ¢/1,000 Gal	Thousand $/Year
DIRECT OPERATING COSTS				
Labor				
Operating	1/16 man/shift, $4.90/ man-hr	0.0007 man-hr	0.37¢	$2.7
Maintenance	1%/yr of battery limits cost		0.42	3.1
Control laboratory	100% of operating labor		0.37	2.7
Total Laber			1.16¢	$8.5
materials				
Maintenance	1%/yr of battery limits cost		0.42	3.1
Operating	10% of operating labor		0.04	0.3
Total Materials			0.46¢	$3.4
Utilities				
Electricity	1¢/kwh	0.02 kwh	0.04	0.3
Total Utilities			0.04¢	$0.3
TOTAL DIRECT OPERATING COST			1.66¢	$12.2

[그림 5-6]
CPI SEPARATOR FOR 60-μ DROPS
EFFECT OF OPERATING LEVEL AND PLANT CAPACITY ON OPERATING COST

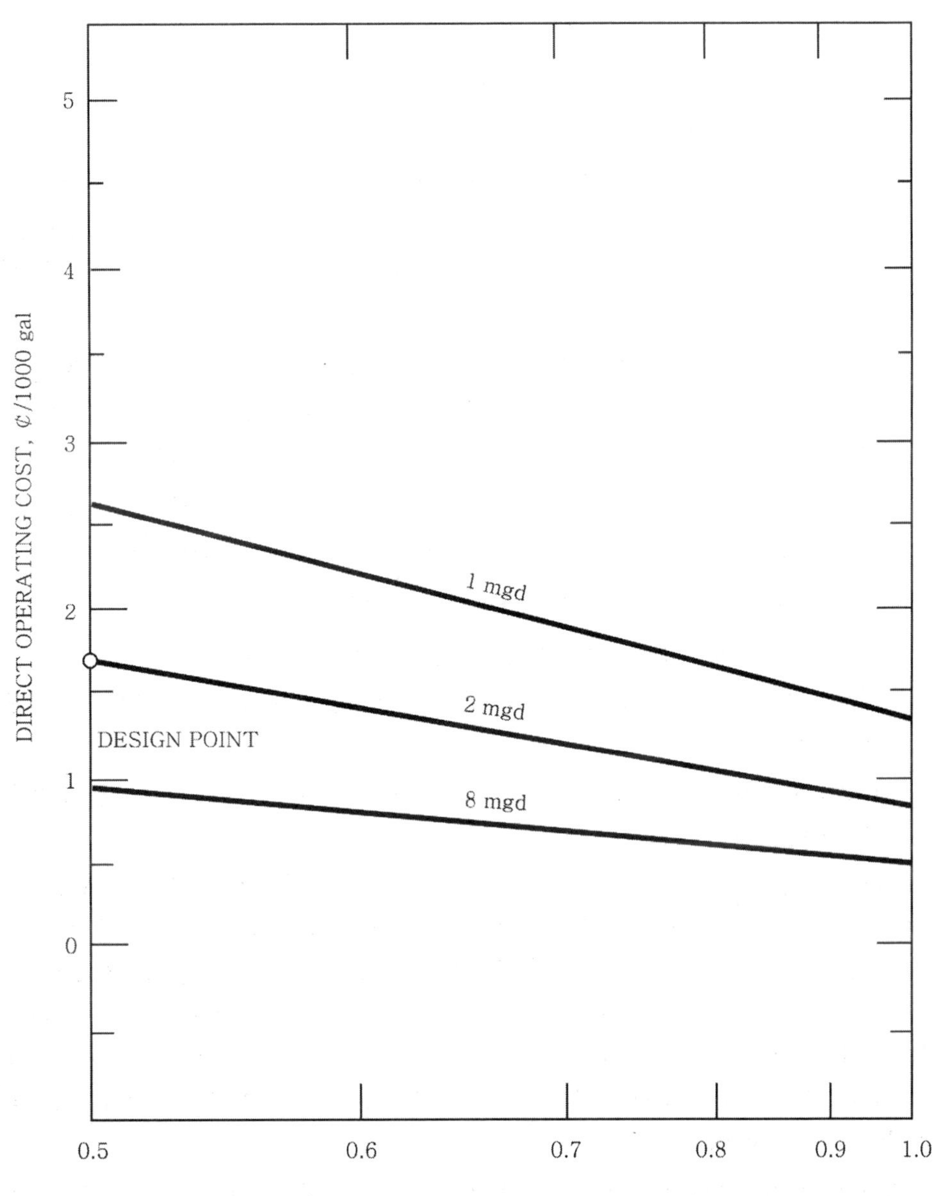

5.3 Coalescers

섬유질 bed 혹은 충진된 bed는 방울들의 유착을 증진시키며 분리를 촉진시킨다. Kintner(B-5)에 따르면 메카니즘은 애매하고 어림짐작으로 생각되지만 다음과 같은 언급된 내용들이 일반적으로 수용되고 있다:

- 섬유질 bed는 밀집되게 충진되어져야 하며 높은 비율의 표면적/부피를 가져야 한다.
- 모세관 오프닝들의 크기는 상대적으로 커야 한다.
- 섬유들은 우선적으로 분산된 상에 의해서 적셔져야 한다.
- 유속(flow rate)은 어떤 일정한 최소값 이상이어야 하지만 어떤 일정한 최대값 이하이어야 한다. 0.25ft/min와 1.0ft/min 사이의 표면속도들이 석유유분들에 분산된 물에 대해서 추천되었다. 이들보다도 훨씬 더 높은 속도들이 성공적으로 사용되었다.
- 더 높은 온도들은 유착을 촉진시킨다.
- 얇은 층들은 굵은 에멀젼들(50μ 방울들)을 분리시키지만 submicron 방울들의 이차적인 에멀젼들을 유착시키기 위해서는 여러 inches의 층이 요구된다. 1인치 이하의 층들은 석유유분들로부터 물을 제거하기 위해 성공적으로 사용되었다.
- 높은 계면장력 시스템은 낮은 계면장력 시스템보다도 더 용이하게 유착된다.
- 계면활성제들, 오물, 그리고 높은 점도는 유착을 방해하는 경향이 있다.
- 큰 방울들은 제일 위의 표면에서 형성되고 성장한다.
- 큰 방울들은 층을 거쳐서 다운스트림의 경계로 떠돌게 되며, 거기서 다른 방울들의 부착에 의해서 성장하게 되며, 그리고 drop-point formation method에 의해서 중지하게 된다.

  Perry(pp.21-19 to 21-20, B-1) 그리고 Treybal(pp.447-8, B-8)에 다른 짧은 고찰들이 기술되어 있다.

대부분의 응용들은 오일들로부터 분산된 물의 제거에 대한 것들이다(66, 112, 114). 2개의 특허들은 물로부터 분산된 오일의 제거를 기술하고 있다. 한 특허(205)는 스트림 크래킹에서 퀜칭 물로부터 오일의 제거에 대한 것이다. 이 특허에서는 8-20 mesh silica bed와 wire mesh mat를 사용한다. 또다른 한 특허(131)에서는 유전지대에서의 물로부터 오일의 제거를 기술하고 있다. 이 특허에서는 충진된 층에서 오일을 용해시키기 위해서 무거운 유기 고체를 사용하며 또한 오일을 통과시키지 않는 경석(pumice) 혹은 perlite의 층을 사용한다.

앞서의 첫 번째 원리의 고찰에서는 작은 섬유들은 그들 사이에 작은 공간들을 갖기 때문에 더 큰 방울들은 이들의 표면필름들의 일그러짐 없이 통과할 수 없어서 유착을 촉진시킨다는 사실을 제안한다. 그러나 매우 작은 방울들은 스트림라인들을 따르는 경향이 있다. 만약 실리지 않는다면 충분한 머무름 시간과 브라운 운동은 이들을(작은 방울들) 계면으로 가져다 놓는다. 그러나 대부분의 안정한 에멀젼들에서 방울들은 25mV 혹은 그 이상으로 하전되어서 유착을 방해하게 된다. 이 전하는 방울들이 전기영동으로 알려진 현상에 의해서 전기장에서 이동하도록 한다. 기전적으로 비슷하지 않은 그래뉼들의 층은 음으로 하전된 방울들이 양극 그래뉼들(anodic granules)에서 유착토록 한다(62). 그래서 계면활성제들에 의해서 안정화된 에멀젼들은 탄소 그리고 알루미늄 혹은 철의 그래뉼들의 층을 거쳐서 이들을 통과시킴으로써 파괴될 수 있다. 양극(anodes)의 전기분해적 소비는 불용성 수산화물의 침전을 초래한다.

비록 coalescers가 오일로부터 물방울들의 제거를 돕기 위해 사용되었다 할지라도 물로부터 오일방울들의 제거를 위한 이들의 상업적 사용에 관한 보고는 적다(111, 110). 어떤 주어진 방출수의 품질을 위한 coalescer-settler 결합된 디자인을 허용하는 정보는 입수되지 못하였다. 폐수는 유니트에 플러그를 형성케 하는 고체들을 또한 포함하기 때문에 coalescers의 아이디어는 종종 거부된다.

<표 5-11>은 coalescing devices에 관한 특허들을 요약해 놓은 것이다.

<표 5-11>

COALESCING DEVICES

PATENT SUMMARY

Reference Number	Assignee	Patent Number	Year	Process
213	Abadie et al	Fr. 2,037,590	1970	Both dissolved and entrained oil are removed by oleophilic ion exchange resin.
208	Chevron Research	U.S.3,471,401	1969	Coarser solids are filtered out. Oil is then coalesced by bats of synthetic fibers, After setting, the oil remaining is limited to that coating the unfiltered fine solids.
205	Gulf Oil	U.S.3,417,159	1968	Stream-cracking quench water is passed through an 8-20 mesh sand bed, than through a wire mesh.
	Owens-Corning and Standard oil (Ind.)	U.S.2,522,378	1950	Crude is mixed with water by a gear pump, heated, settled, coalesced by fiberglass mats, and settled again.
	Purolator	Neth. Appl. 69,14245	1971	Emulsion flows through fibrous coalescer wetted by dispersed phase, then through a section, parts of which are wetted by each phase.
66	Selas Corp.	U.S.2,611,490	1947	After passing through a fibrous coalescer, liquids are separated by flowing over a device permeable to only one of the liquids.
105	Selas Corp.	U.S.2,746,607	1956	Liquids flow through a fibrous coalescer. Each phase then passes through a membrane impermeable to the other phase.
	Shell oil	U.S.3,268,456	1966	Particles made up of dissimilar materials coalesce dispersions.
174	Shell oil	U.S.3,394,064	1968	A bed of electromotively dissimilar materials improves coalescence.
131	N. H. Wolf	U.S.3,554,906	1971	Oil is coalesced by acoarse packing such as raschig rings. A heavy organic solvent dissolves it. Water passes out through perlite or pumice that is impermeable to oil.

5.4 부유(Flotation)

앞서의 3가지 처리방법들, 즉 API 분리장치, CPI 분리장치, 그리고 coalescer는 대개 원천 폐수들에 적용된다. 이들(혹은 이차적인) 처리방법들로부터의 방출물들은 몇몇 경우들에서 수용수로 방출하기에 충분히 순수하지 않다. 비록 두 가지의 다른 처리방법들이 원천 방출물에 효과적이라 할지라도 이들은 보통 세틀러들로부터의 방출물들에 적용되며 또한 이차 방출물들에도 적용된다. 이들 두 가지 처리방법들은 응집제의 첨가 혹은 첨가없는 부유(flotation) 그리고 침강(sedimentation)을 수반하는 응집(flocculation)이다. 이들 방법들에 관해서 이 장의 나머지 부분에서 다루기로 하겠다.

또 다른 가능한 처리방법은 느린 샌드필터, 혹은 진공 프리코팅 필터를 사용하는 여과(filtration)이다. 여과는 석유화학 폐수들에 대해서는 폭넓게 사용되지 않는다. 그래서 여기서는 다루지 않기로 하겠다.

5.4.1 공정에 대한 개괄적인 고찰

부유는 동반된 오일과 고체들을 서로 부착시켜 기체버블들에 의해서 표면으로 이들을 옮기는 처리방법이다. 거품-부유(froth-flotation) 방법은 광석의 선광작업을 위해 오랫동안 사용되었지만 이 방법은 폐수처리를 위해 그렇게 유용하지는 않은데 그것은 비록 shaft aeration이 유리한 점들을 갖는다고 주장된다 할지라도 mechanical aeration이 미세한 입자들에 대해서 그렇게 효과적이지 않은 상대적으로 큰 버블들을 생성시키기 때문이다(199). 그러나 Mechanical aeration은 폐수들로부터 고체들을 제거시키기 위해서 제안되어졌다(119). 여러 가지 가스들에 의한 부유가 가능하지만 대개 공기가 사용된다. 물은 공기로써 포화시키고 압력감소는 100microns 혹은 그 이하의 아주 작은 버블들을 방출한다. 한 가지 방법은 대기압에서 포화시킨 후 물을 진공으로 가져가는 것이지만 일반적인 대개의 방법은 30-60psig에서 포화시킨 후 대기압 상태로 방출시킨다. 포화시킨 후 물을 가열시키는 것은 보통 매우 비용이 많이 든다.

백반(alum), 황산제1철, 그리고 석회 같은 응집제들이 플록들을 형성시키기 위해 일반적으로 사용되며 이들은 서스펜션된 물질을 흡착하거나 혹은 화학적으로 결합시킨 후 공기버블들에 의해서 부양된다. 다원자가 양이온들은 콜로이드 입자들 둘레의 이온성 이중층(ionic double layers)에 대항해서 효과적이다. 이에 관해서는 “Flocculation과 Sedimentation”에 관해서 고찰할 때 논의키로 하겠다. 서스펜션된 물질을 트랩핑시키는 것을 돕기 위해서 여러 가지 음이온성 및 비 이온성 다원자가 전해질들이 또한 사용된다.

가압된 용존 공기 공정들의 3가지 가동 타입들이 있다. 첫 번째는 [그림 5-7(a)]

에 나타낸 바와 같은 full-flow이다. 어떤 응집제와 함께 폐수를 가압하며 펌프질하면서 공기를 첨가시키고 포화를 위해 충분한 시간을 보낸 뒤 부유챔버에서 압력상태를 푼다. 이 방법은 서스펜션된 물질을 완전히 분산된 공기에 대해서 nucleating agent로서 작용토록하며 최소 사이즈의 부유챔버가 가능토록 한다. 그러나 비록 더 낮은 포화 압력이 다른 방법들에서보다도 가능하다 할지라도 펌프용량은 최대이다.

두 번째 가동은 [그림 5-7(b)]에 나타낸 바와 같은 split-flow이다. 단지 플로우의 일부만 공기노출되며 공기노출되지 않은 물에서 플록 성장을 허용키 위해 응집챔버가 추가된다. 2개의 스트림들이 부유챔버에서 재결합된다. 이 방법은 가압펌프의 요구되는 용량을 감소시킨다.

세 번째 가동은 [그림 5-7(c)]에 나타낸 바와 같이 recycle이다. 정화된 방출물의 일부(보통 influent flow의 20-50%)를 가압시킨다. 이 방법의 유일한 불리한 점은 더 큰 플로우 때문에 더 큰 부유챔버가 요구된다는 것이다. 그러나 가압펌프는 더 깨끗한 스트림에서 가동되며 더 작을 수 있으며, 가변적인 유입물에 대한 조절들은 리사이클 플로우가 일정하기 때문에 더 간단하며, 가압펌프에서 에멀젼 형성이 없으며, 그리고 응집은 최적화될 수 있다. 이 방법이 선호되는 것 같으며 이 절에 대한 디자인의 기초가 된다.

[그림 5-7]

AIR FLOTATION PROCESS

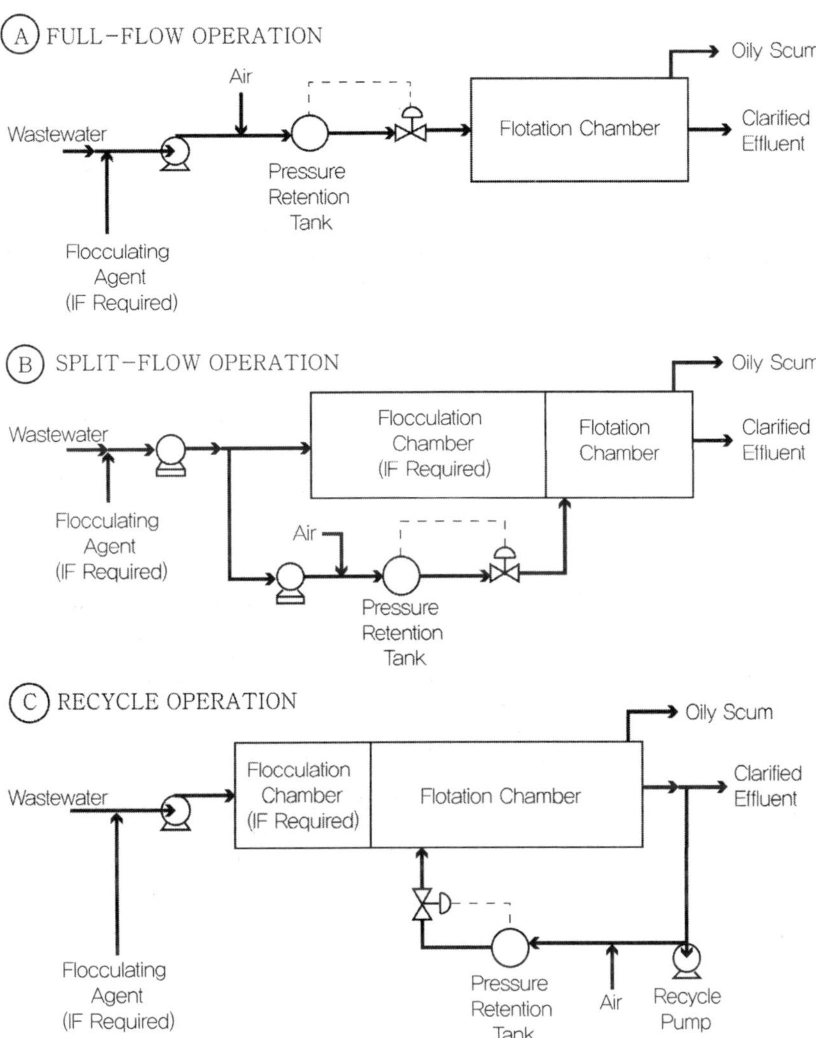

응집제를 포함한 dissolved air flotation은 비록 이 방법이 응집제 없이는 산만하고 매우 변덕스럽고(98) 높은 pH의 방출물들이 보편적으로 응집제들을 비효과적인 것으로 만든다(65) 할지라도 sedimentation보다 더 확실하고 믿음직한 것으로 주장되고 있다(70).

Dissolved air flotation에 관한 특허들은 <표 5-12>에 요약해 놓았다.

<표 5-12>

DISSOLVED AIR FLOTATION

PATENT SUMMARY

Reference Number	Assignee	Patent Number	Year	Process
166	E. H. Baer & K. Xylander	U.K.1,102,312	1968	Flotation after flocculation by electrolytically generated bubbles.
128	R. Born	W. Ger. Offen, 1,816,932	1969	Flotation with flotation agents, such as biologically active sludge.
175	Chain-Belt	U.S.3,015,396	1962	Flotation in apparatus in which a mixing zone is separated from a quiescent zone by a movable baffle.
204	Combustion Engineering	U.S.3,418,236	1968	Flotation after flocculation in a special apparatus.
106	Combustion Engineering	U.S.3,542,675	1970	Flotation after nucleation in a venturi, using particular control system.
533	Dorr-Oliver	U.S.2,888,139	1959	Flotation apparatus is designed for alternate operation as a settler.
133	Dorr-Oliver	U.S. 799,297	1958	Flotation in a vacuum chamber.
206	W. M. Dotts	U.S.3,429,809	1969	A corona wind charges air bubbles at desires polarity to increase their attraction to particulates.
167	T. Eder	W. Ger. 1,017,101	1958	Flotation in at least two steps in intricate apparatus.
	Fuller Co.	W. Ger. 1,253,186	1967	Turbulence at surface and quiescence below improve both flotation and settling.
141	Infilco	U.S.2,813,074	1957	Flotation apparatus. Example on aircraft washing waste.
185	M. M. Krofta	Fr. 1,455,165	1966	Aeration in an exchanger.
182	Kurita Industrial Co.	W. Ger. Offen. 2,027,798	1971	Betonite and lime added before flotation.
139	Monsanto	U.S.2,757,797	1956	Carbon black or soot is removed by dissolved air flotation.
146	Process Engineers	U.S.2,876,863	1959	Enclosed flotation with recovery of volatile hydrocarbons.
191	Purac	U.S.3,433,359	1969	Water is flotated and filtered in same apparatus.
	A. B. Purac	Belg. 666,112	1965	Aeration and flotation first at high pH, then at low, or vice versa.
214	St. Gobain Tech. Nouv.	W. Ger. 1,533,573	1971	Flotation cell for removal of sludge by electrolytically generated bubbles.
140	Union Oil	U.S.2,766,203	1956	Flotation of oil in cells, which are separeted by slotted vertical baffles.
197	Vickers-Ximmer	W. Ger. 1,210,003	1967	providing means for making bubbles smaller.
	L. C. Waterman	U.S.3,625,882	1971	Approatus for flotation of oil from water from desalting of crude oil.
186	K. Xylander	W. Ger. 1,280,773	1969	Further development of 166.

5.4.2 공정에 대한 전반적인 기술

부유공정에 대한 흐름도는 [그림 5-8]에 나타내었다. 4mgd(최대)의 API 분리장치 방출물을 처리하기 위한 플랜트에 대한 major equipment list와 utility summary는 <표 5-13>에 나타내었다.

[그림 5-8]

AIR FLOTATION UNIT

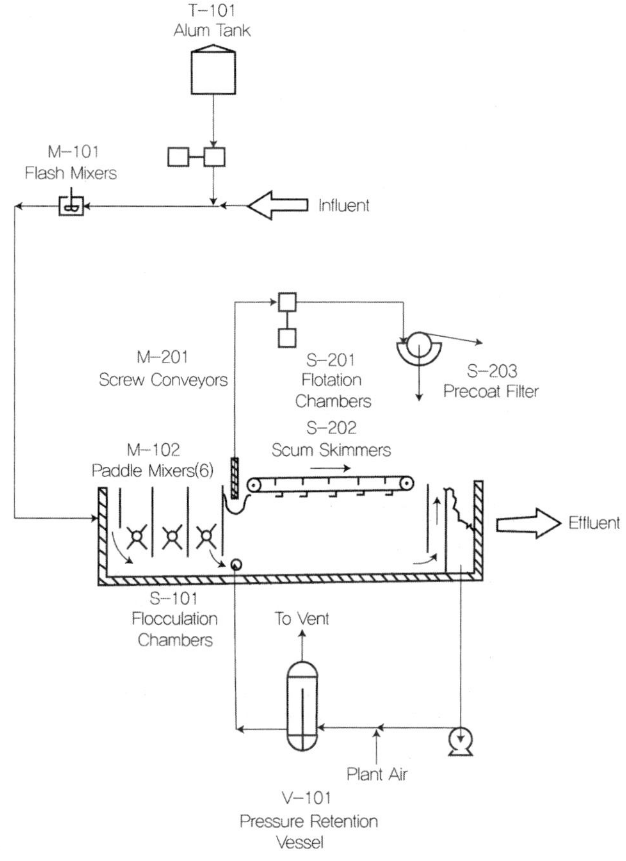

<표 5-13>

AIR FLOTATION

MAJOR PROCESS EQUIPMENT AND UTILITIES SUMMARY

Plant Capacity: 2 Million U.S. Gal/Day
Wastewater at 0.5 Stream Factor

Maior Process Equipment

Equipment Number	Name	Size	Material of Construction
	Special Equipment		
S-101	Flocculation chambers	4 mgd	Concrete
S-201	Flotation chambers	4 mgd	Concrete
S-202	Scum skimmers (2)	14×60 ft	Carbon steel
S-203	Precoat filter	25 sq ft	Carbon steel
		Volume (gal)	
	Tanks		
T-101	Alum	2,500	Rubber lined
	Vessels		
V-201	Pressure retention vessel	3,600	Carvon steel
		Size	
	Miscellaneous Equipment		
M-101	Flash mixers (2)	2 bhp	Carbon steel
M-102	Paddle mixers (6)	1 bhp	Carbon steel
M-201	Serew conveyors (2)	15 ft	Carbon steel

Pumps

100 section -4, including 2 operating; 2 spares, 22 operating bhp.
200 section -4, including 2 operating; 2 spares, 78 operating bhp.

Utilities Summary *

	Battery Limits Total	100 Section	100 Section
Electricity (kw)	100	26	74

* No peaks in utilities demands; generating facilities are sized for average consumptions.

이 공정에서 유입물은 응집챔버들에 들어가기 전에 응집제들과 빠르게 혼합시키게 된다. 여기서 온화한 혼합은 플록성장을 촉진시킨다. 표면으로 상승하는 어떤 오일을 제거하기 위하여 이들 챔버들에 slotted oil skimmers가 제공된다. 물은 조절장치들(baffles) 하에서 용존 기체를 포함하는 리사이클 물과 혼합되는 부유 챔버들로 흐른다. 버블들이 형성되며 응집된 오일과 고체들을 표면으로 부유시킨다. 거품 스키머들은 거품을 거품통으로 이동시키며 여기서 스크류 컨베이어들이 그것들을 방출구로 이동시킨다. 정화된 물은 조절장치들 하에서 버려진다. 정화된 물의 일부는 가압시켜서 공기와 혼합시켜서 부유챔버의 유입구로 리사이클시킨다. 트윈 부유 유니트들이 제공되지만 단일 리사이클 시스템이 사용된다.

이 공정의 성능은 물의 특성에 의존하며 문헌(예, 98)에 기술된 테스트들은 최적의 과정들을 결정키 위해서 실시되어져야 한다. 그러나 적절한 가동으로써 방출물은 유입물에 의존하며 기대되는 성능 범위는 오일의 85-95% 제거와 70-75%의 고체들의 제거이다(B-6).

5.4.3 공정에 대한 세부적인 고찰

이 디자인은 API Manual(98)에, Beychok(B-6)에, 그리고 Hudson and Wolfner(81)에 기초한다. 빠른 혼합은 플록들이 형성되는 시간이 되기 전에 화학물질들을 분산시키기 위해서 중요하다. Mixing intensity는 reciprocal time units에서의 velocity gradient 혹은 rate of shear로서 표현된다. 비록 더 낮은 값들이 더 보편적이었다 할지라도 그 값은 $2000sec^{-1}$ 혹은 그 이상이다. 물은 플록들의 파괴의 위험 때문에 높은 마찰 지역에서 오랫동안 남겨져서는 안 된다. 5-20분의 머무름 시간에서 $100sec^{-1}$ 이하의 velocity gradients가 응집챔버에서 사용된다. 혼합세기와 플록성장을 조절하기 위해서 가변적인 스피드의 믹서들을 사용한다. Power requirements는 현저히 낮으며 물에서 낭비되는 파워는 일반적으로 1hp/mgd 이하이다. Velocity gradient는 임펠러 스피드의 3/2 power로서 변화하여서 5/1 turndown ratio는 velocity gradient에서 11의 ratio를 준다.

디자인은 flocculation chamber에서의 15분의 머무름 시간에 그리고 flotation chamber에서의 20분, 2.5gpm/sq of surface인 flotation에 대한 또 다른 기준에 기초한다. 가동 인력은 화학적인 1회 투입량과 가동조건들을 변화시킬 수 있기 때문에 디자인은 넓은 범위의 물의 특성에 대해서 적합해야 한다. 한편 만약 최적 조건들이 테스트들에 의해서 확립된다면 일정한 질과 양의 물을 상당히 더 작은 설비들에서 처리한다.

비용추정을 위한 디자인 기준은 twin flocculation chambers 14ft×38ft×7ft depth, twin flocculation chambers 14ft×60ft×7ft depth, 그리고 a 4-ft exit section이다. freeboard는 모든 경우들에서 2ft이다.

기대되는 소량은 주기적인 클리닝에 의해서 제거될 수 있기 때문에 바닥 슬러지의 제거를 위한 장치는 제공되지 않았다. Sohio사는 다른 방법으로는 제거가 힘들다는 것을 알았기 때문에 스크류 컨베이어가 거품을 제거키 위해 제공된다(93). 거품은 여과, 건조, 소각되거나 혹은 가능하면 잡초킬러(제초제)로서 사용된다. 이 디자인은 로터리 진공 여과에 의한 거품처리를 포함한다. 비록 여과능력 테스트들이 실질적으로 다른 면적을 지적할 수 있었다 할지라도 입수 가능한 정보에서는 25sq ft의 필터 면적의 추정을 이끌어 내었다. 참고도서 B-1, p.19-86에 있는 데이터는 sewage filtration rate에서 10의 인자에 의한 변화를 나타낸다. 응집 슬러지에 대한 참고문헌 67에 있는 데이터가 더 적절하다. 작은 사이즈들에서 필터 면적에 따른 비용변화는 매우 작다. Filter cost figure는 filtrate pump와 모터, vacuum receiver, mixer, 그리고 진공펌프를 포함한다.

Pressure retention chamber는 그 크기 규모가 2분의 머무름 시간과 3-ft air space에 대한 것이다. Air rate는 0.50scf/100 gal total flow에 대해서 디자인되며 이 값은 리사이클을 포화시키기에 충분한 값 이상이다. Oxygen is about twice as soluble as nitrogen but constitutes only 21% of air. 용존 가스의 구성은 얼마나 많이 벤트되느냐에 의존한다. 용존 산소는 일반적으로 폐수의 질에 유익한 영향을 미치지만 조건들은 BOD와 COD의 광범한 산화에 유리하지 않다. 그러나 서스펜션된 고체들과 액체들의 제거는 BOD와 COD를 감소시킨다.

5.4.4 비용추정

자본 그리고 가동비용 추정값들은 <표 5-14>와 <표 5-15>에 각각 나타내었다. [그림 5-9]는 design rate와 throughput에 따른 가동비용들의 변화를 나타낸다. 비교를 위해 동일시 할 수 있는 발표된 자본비용들은 없다. 몇몇 발표된 비용들은 극히 낮으며 존재하는 유니트에 부유장치를 추가하는 그 증가비용들을 나타내고 있다(B-6, p.277).

여기서의 비용들은 twin flocculation chambers 14ft×38ft, twin flocculation chambers 14ft×60ft, 그리고 4-ft exit section에 기초한다. 깊이는 2ft의 freeboard와 함께 7ft이다. 벽들은 8in. 두께이며 바닥들은 6in. 두께이다.

가동 인력에 대해서 one man-hour per shift가 고려되었다(117). API 분리장치로부터의 방출물에 대한 alum usage(28ppm)는 Simonsen(93)의 보고서에 기초한다. 이차적인 처리 방출물에 대해서는 0.2ppm의 poly electrolyte를 제외하고 30-50ppm이 추천되었다(179).

<표 5-14>

AIR FLOTATION

TOTAL FIXED CAPITAL

Plant Capacity: 2 Million U.S. Gal/Day
Wastewater at 0.5 Stream Factor

CE Cost Index: 140

	Flocculation			Air Flotation			Total		
		Capacity Exponent			Capacity Exponent			Capacity Exponent	
	Cost	Up	Down	Cost	Up	Down	Cost	Up	Down
Battery limits equipment, f.o.b									
Vessels and tanks	$ 7,900	0.35	0.35	$ 7,900	0.35	0.35	$ 7,900		
Special equipment	16,300	0.95	0.95	65,700	0.70	0.56	82,000		
Miscellaneous equipment	21,600	0.33	0.33	2,800	0.60	0.60	24,400		
Pumps	5,200	0.61	0.45	13,800	0.66	0.45	19,000		
Total	$51,000	0.62	0.49	$93,400	0.68	0.56	$144,400	0.66	0.53
Battery limits investment	$97,000	0.55	0.44	$202,000	0.62	0.49	$299,000	0.59	0.47
Utilities and tankage									
BATTERY LIMITS AND UTILITIES COST	$97,000	0.55	0.44	$202,000	0.62	0.49	$299,000	0.59	0.47
General service facilities at 15% of above							44,900		
TOTAL FIXED CAPITAL							$343,900		

<표 5-15>

AIR FLOTATION

OPERATING COSTS
Plant Capacity: 2 Million U.S. Gal/Day
Wastewater at 0.5 Stream Factor
CE Cost Index: 140

	Basis or Unit Cost	Units/ 1,000 Gal	Total Costs ¢/1,000 Gal	Total Costs Thousand $/Tear	Costs (thousand $/year) 100 Section	Costs (thousand $/year) 200 Section
DIRECT OPERATING COSTS						
Labor						
Operating	1/16 man/shift, $4.90/ man-hr	0.0015 man-hr	0.74¢	$5.4	$2.7	$2.7
Maintenance	1%/yr of battery limits cost		0.41	3.0	1.0	2.0
Control laboratory	100% of operating labor		0.74	5.4	2.7	2.7
Total Laber			1.16¢	$8.5	$6.4	$7.4
materials						
Alum	2.20¢/1b	0.20800 1b	0.46	3.3	3.3	0.0
Maintenance	1%/yr of battery limits cost		0.41	3.0	1.0	2.0
Operating	10% of operating labor		0.07	0.5	0.3	0.3
Total Materials			0.94¢	$6.8	$4.6	$2.3
Utilities						
Electricity	1¢/kwh	0.60 kwh	0.60	4.4	1.0	3.4
Total Utilities			0.04¢	$0.3	$1.0	$3.4
TOTAL DIRECT OPERATING COST			3.43¢	$25.0	$12.0	$13.1

[그림 5-9]

AIR FLOTATION
EFFECT OF OPERATING LEVEL AND PLANT CAPACITY ON OPERATING COST

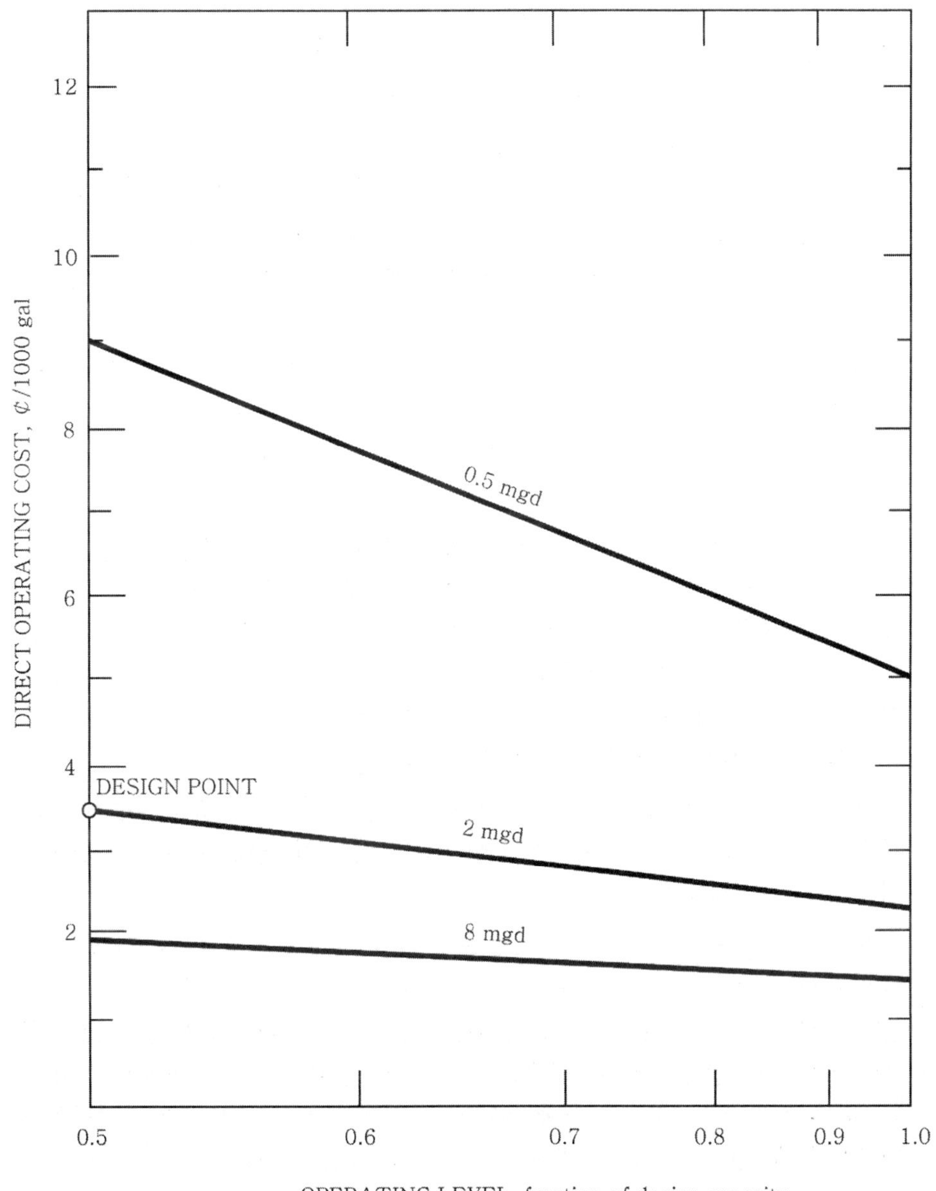

5.5 Flocculation과 Sedimentation

5.5.1 공정의 화학과 물리학

앞서의 절들에서는 비록 에멀젼들이 이 방법으로 분리될 수 없다는 사실이 지적되었다 할지라도 간단한 세틀링에 의해서 분리될 수 있는 고체들과 혼합할 수 없는 액체들의 제거를 다루었다. 또한 응집(flocculation)은 입자들의 제거를 촉진시키기 위해서 이 입자들을 entrapping시키는 수단으로서 부유공정에 사용하였다. 비록 필수적인 것은 아니라 할지라도 응집(flocculation)은 CPI 분리장치에서처럼 60μ 방울들의 제거와 동등한 이들 상대적으로 큰 입자들을 제거키 위해 매력적이다.

에멀젼, 박테리아, 바이러스, 그리고 콜로이드의 제거는 간단한 세틀링에 의해서는 가능하지 않다. 이들의 제거의 이론과 실제에 관한 광범위한 문헌이 있지만 그것의 대부분은 응집(flocculation)과 침강(sedimentation, 혹은 아마도 filtration)에 초점이 맞추어져 있는데 그것은 이들이 도시의 물 공급을 제공하는데 사용되었기 때문이다. 이 때문에 비록 약간의 경우들에서 부유가 응집된 물질을 분리시키는 수단으로써 침강에 비해서 유리하다 할지라도 이것에 관한 기본적인 고찰을 여기서 기술키로 하겠다.

입자들의 표면들은 물과의 반응에 의해서 하전된다. 한 예로써 카르복시기와 아미노기를 갖는 단백질 콜로이드를 생각해보자(99). 높은 pH에서 카르복시기들은 protons의 손실로부터 음으로 된다. 낮은 pH에서 아미노기들은 protons의 획득으로부터 음으로 된다. 어떤 중간 pH에서(isoelectric point라 불리는) 콜로이드에 있는 전체 전하는 제로(영)이다. 비슷한 고려들이 실리카(그것의 다른 원자들은 솔벤트의 다른 부분들을 끌어당긴다)와 같은 무기 고체들의 표면에 적용된다.

비록 오일들이 이온들과 상호작용하지 않는다 할지라도 이들은 술포네이트들과 같은 계면활성 분자들의 유기부분에 대한 솔벤트들이다. 술포네이트들은 오일 방울에 음으로 하전된 표면들을 주는 경향이 있다.

표면전하의 효과들은 입자의 크기에 크게 의존하는데 그것은 단위질량당 표면적은 직경에 반비례하기 때문이다. 크기 범위는 극단적이다. 참고문헌 100은 0.4~50μ 범위의 박테리아. 0.002~0.7μ의 바이러스, 그리고 0.001~1μ의 콜로이드 입자는 150 혹은 60μ 방울들을 제거시켰던 앞서의 목표들과 비교됨을 지적하고 있다. 비록 표면전하가 큰 입자들의 작용들에 적게 영향을 미친다 할지라도 분산된 작은 입자들이 세틀링하는 것과 응집(agglomeration)하는 것을 방해한다.

수처리에서의 보통의 상황은 입자들이 음으로 하전된다는 것이다. 결과로서 포지티브 카운터 이온들은 고정된 위치들에서 표면에 붙잡히게 되어 ***Helmholtz(71)***

혹은 ***Stern(73) layer***라고 불리는 층을 형성하게 된다. 이 정지된 층의 외각 가장자리와 물의 벌크 사이의 전기적 전위는 ***psi potential***이라 불린다(71). 비록 이론적 중요성에도 불구하고 그것은 불행히도 쉽게 측정될 수 없다.

그러나 큰 실제적인 유익한 점은 전기영동 이동도(electrophoretic mobility)에 관련된 다른 전위의 추구로부터 초래되었다. 입자가 직류전위(direct current potential)에 의해서 양극(anode) 쪽으로 밀리게 될 때 입자는 net positive charge를 포함하는 물의 확산층으로 느리게 나아가게 된다. 확산층의 외각 가장자리(outer edge)는 slipping plane이라 하며 이 slipping plane과 벌크유체 사이의 전위를 ***zeta potential***이라 한다. Zeta potential은 특별한 기기에서 입자들의 전기영동적 속도를 현미경적으로 관찰함으로써 결정된다(90).

비슷하게 하전된 입자들은 coulombic forces에 의해서 서로 반발하기 때문에 반대로 하전된 이온들은 안정화 전하를 중화시킴으로써 유착을 촉진시킨다(78). Schulze-Hardy rule은 첨가된 이온들은 원자가(valency)에 따른 효과를 증가시키지만 어떤 주어진 원자가에서 화학종들에 따른 효과는 증가시키지 않는다(100). 비록 법칙이 무기 coagulants를 선택하는 수단으로서 성공적이라 할지라도 수반되는 메카니즘은 더 이상 받아들여지지 않는다(99). 예를 들면, Al^{3+} 이온들은 수화되며 이들 수화금속이온들은 protons를 잃어버린다. 이들 금속원자의 착물들을 ***리간드(ligands)***라 부른다. 수산화물의 용해도는 낮으며 용해성 화학종의 수는 너무 낮아서 탈안정화를 초래할 수 없다. 그럼에도 불구하고 물의 정화의 성공은 zeta potential을 zero 가까이로 가져다 놓는 것과 상관관계 된다.

1μ보다도 더 큰 입자들은 alum coagulation에 의해서 제거될 수 있지만 콜로이드들(0.001~1μ)은 제거될 수 없다(73). 이 효과는 같은 용액에서 다른 zeta potentials을 갖는 다른 입자들에 관련된다. 더 큰 입자들의 더 큰 관성력들은 그들이 플록과 접촉토록 하는 ***(orthokinetic flocculation)*** 반면 콜로이드들은 브라운 운동에 의해서 플록으로 다가간다***(perikinetic flocculation)***.

콜로이드들의 실제 제거는 화학적 브릿징 메카니즘에 의해서 작용하는 것으로 생각되는(99) 긴 사슬의 중합체 응집제의 사용을 필요로 한다. 중합체는 입자들 사이에 혹은 입자와 플록 사이에 브릿지로서 작용하여서 그들을 함께 붙잡아서 그들이 세틀링할 수 있다. 양이온 다원자가 전해질들은 전기적으로 음인 콜로이드들을 붙잡을 수 있다. 음이온 polyelectrolyte는 만약 이원잣가 금속이온들이 존재한다면 이 능력을 또한 가진다. 비이온성 중합체들은 또한 사용된다(72, 60).

많은 참고문헌들은 coagulants의 리스트들, 비용, 그리고 특성들에 관해서 제공해 준다(74, 76, 77, 79, 83, 84, 85, 88, 89). 덧붙여서 "활성 실리카 졸"이 고찰된다; 그것은 플록을 강하게 하며, 세틀링을 촉진시키며, 그리고 여과능력을 향상시킨다(80). 벤토나이트와 같은 다른 coagulant aids도 사용된다(98).

콜로이드에 있는 전하들의 분석에 관한 더 새로운 방법은 ***콜로이드 적정***이라고 불린다(82). 음으로 하전된 콜로이드에 과량의 양으로 하전된 중합체를 첨가한다. 과량(여분의 양)은 음으로 하전된 중합체로써 역적정한다. 이 방법은 zeta potential 측정보다도 더 빠르고 더 확실한 것으로 알려져 있다(86).

만약 처리의 주된 목적이 불용성 오일을 제거하는 것이라면 앞서의 절에서 기술한 것처럼 polyelectrolytes 없이 alum에 의한 부유가 적용된다. polyelectrolytes는 부유과정 동안 단독으로 또한 사용되어졌다(94). 일반적으로 alum 혹은 석회는 오일 에멀젼들을 파괴시키기 위해 먼저 사용된다(61).

많은 다른 참고문헌들이 인용될 수 있었지만 이미 주어진 것들은 기술적 문헌고찰에서의 coagulants에 관한 특허들은 <표 5-16>에 리스트해 놓았으며 sedimentation에 관한 특허들은 <표 5-17>에 열거해 놓았다.

<표 5-16>

COAGULANTS

PATENT SUMMARY

Reference Number	Assignee	Patent Number	Year	Coagulant(s)
120	Allied Chemical	U.S. 3,537,990	1970	Cationic, anionic, or nonionic wax dispersion.
87	Allied Chemical	U.S. 3,493,501	1970	Cationic or anionic water-based emulsion organic latex.
171	American Cyanamid	U.S. 2,980,609	1961	Polyelectrolyte with free amine groups attached chain.
144	Armour	U.S. 2,862,880	1958	Hydrophobic polyamines.
165	E. H. Baer et al	U.K. 1,120,311	1968	Metal hydroxide precipitated and redissolved a number of times.
168	H. O. Boldt et al	W. Ger. 1,069,803	1959	$Fe(OH)_3$ flocs. For oil-in-water emulsions.
97	R. E. Burton	U.S. 3,238,124	1966	Redwood bark.
194	Calgon	U.K. 1,142,795	1969	Copolymer of acrylamide and diallylamine.
125	Calgon	U.S. 3,489,681	1970	Copolymer of diacatone acrylamide and various comonomers.
172	E. D. Cann et al	U.S. 3,377,271	1968	Regenerable floc of $Mg(OH)_2$ or $Zn(OH)_2$.
173	E. D. Cann et al	U.S. 3,377,272	1968	Sulfer oxide salt of Al or Fe. Includes coagulent recovery.
158	J. R. Clark	U.S. 3,328,828	1967	Inorganic coagulant, fly ash, and polyelectrolyte.
207	Cleveland Technical Center	U.S. 3,446,731	1969	Fly ash with alum and/or $FeCl_3$.
196	Deutsch Gold-und Silber	U.K. 1,184,214	1970	Pyrogenic silica, alum, and protein.
134	Dow Chemical	U.K. 805,526	1958	Fe or Al salt and polyacrylamide.
180	Dow Chemical	W. Ger. 1,107,605	1961	Bentonite and polyacrylate.
	Dow Chemical	Belg. 622,154	1963	Polyelectrolytes.
137	Ecremeuses Melotte	U.K. 987,978	1960	$FeSO_4$, in solution oxidized by sir. Removal by flotation.
152	Farbwerke Hoechst	U.S. 3,235,493	1966	Polymeric hydrooxycarbixylic acid.
103	General Nills	U.S. 3,498,912	1970	Polyvslent metal ion and cationic derivative of polygalactomannan gum.
138	H. Gockel	U.K. 1,032,725	1966	Acid, $FeSO_4$, Alkali, and polyacrylamide.
212	Hercules	Fr. 2,027,494	1970	Various acrylamide copolymers.
145	W. C. Horton	U.S. 2,866,759	1958	Mixtures of inorganics.
	ICI	Berg. 615,800	1962	Acrylamide/methacrylamide copolymers.
136	ICI	U.K. 982,891	1965	Acrylamide/methacrylamide copolymers.

<표 5-16> (Concluded)

COAGULANTS

PATENT SUMMARY

Reference Number	Assignee	Patent Number	Year	Coagulant(s)
96	Jhons-Manville	U.S. 3,235,492	1966	Polyelectrolyte, floc former, and filter aid. Followed by filtration.
126	Krupp	W. Ger. offen 1,802,827	1970	Bentonite and $CaCl_2$ or $MgSO_4$.
122	Lonza	Swiss 479,491	1969	Na polymetaphosphate and bentonite. For pyrolysis quench water.
176	Monsanto	U.S. 3,157,559	1964	Copolymers containing half-amides of olefinic anhydrides.
104	Monsanto	U.S. 3,516,932	1970	Polyacrylamide.
148	Nalco	U.S. 3,130,167	1964	Coagulating clay and polyelectrolyte.
151	Nalco	U.S. 3,174,928	1965	Condensation product of NH_4OH and epichlorohydrin.
147	Nalco	U.S. 3,492,224	1970	Polymer with pyrrolidone group in side chain.
161	National Aluminate	U.K. 826,770	1960	Hydrophilic alkalene polyamine polyfunctional halohydrin polymer.
159	Parson et al.	U.S. 3,388,060	1968	Inorganic coagulant, a polyelectrolyte, and acidtreated fly ash.
156	Petrolite	U.S. 3,194,758	1965	Polyalkyleneoxy chain surfactant.
121	Rederiaktiebola-get Nordstjernan	W. Ger. Offen 1,902,590	1969	Cationic polymer reacted with poly (alkylene acid amide)
163	Rohm & Haas	U.K. 842,910	1960	Polyelectrolyte.
154	Siegener A.G.	W. Ger. 1,196,137	1965	Polyelectrolytes followed by cement or gypsum, then more polyelectrolyte.
109	W. Squindo	U.S. 3,546,113	1970	Zn salt and buffering solution.
170	Stamicarbon	U.S. 2,919,246	1959	$FeCl_3$ and paraffin oil. User vortex for dispersion and contacting.
181	Union Carbide	U.S. 3,014,896	1961	Cationic polyelectrolyte.
182	Union Carbide	U.S. 3,020,230	1962	Poly(ethylene oxide)
95	Union Carbide	U.S. 3,224,965	1965	Flocculating agent and chrysotile asbestos.
102	Water Engineering Ltd.	U.K. 1,054,251	1967	Al or Fe ions in acid solution alkali, and polyelectrolyte.
209	Western Mechanical	Fr. 2,023,065	1969	SO_2, air. Fe. alum.
149	A. Yoshhara et al.	U.S. 3,163,598	1961	Zinc salt. Includes recovery of coagulant.

<표 5-17>

SEDIMENTATION

PATENT SUMMARY

Reference Number	Assignee	Patent Number	Year	Coagulant(s)
157	Chiyoda Kako Kensetau Kabushiki Kaisha	U.S. 3,313,725	1967	Separation of floc sludge blanket in two steps to increase sludge density.
91	City of Detroit	U.S. 3,534,861	1970	Infuent flows first along bottom of tank to assure rapid settling.
210	Dorr	U.S. 2,669,357	1954	Circular apparatus.
142	Dorr-Oliver	U.S. 2,825,691	1958	Circular clarifier using recycle of slower setting sludge.
150	Dorr-Oliver	U.S. 3,164,279	1965	Flocculation is done under controlled mixing conditions by recipprocating horizontal flexible elements.
203	Dorr-Oliver	U.S. 3.328,827	1967	Circular designs provide for recycle of floc to mixing zone.
198	Dorr-Oliver	Fr. 1,473,056	1967	Recycled sludge is used as coagulant in one of several circular clarifiers.
	Dorr-Oliver	U.S. 3,349,030	1967	Circular clarifier designed to minimize counter-current flow.
192	Dow Chemical	U.S. 3,435,618	1968	Method of dissolving a polyelectrolyte.
184	Eimco	Fr. 1,443,683	1966	Flocculation by rocking paddle agitator.
202	Eimco	U.S. 3,333,695	1967	Circular designs provide for preferential removal of densest sludge.
177	Fuller Co.	U.S. 3,236,384	1966	Appratus providing for sludge recycle to control concentration of solids in flocculation chamber.
143	General Filter	U.S. 2,838,180	1958	Improved system for removing sludge blanlet from large clarifiers.
183	R. H. Gould	U.S. 3,036,715	1962	Clarifier designed to minimize sludge residence time.
190	Jeffrey Galion	U.S. 3,313,422	1967	Improved collector for rectangular settlers.
169	H. Jung	W. Ger. 1,275,003	1968	Method of removing floating material from settler.
211	W. A. Kivell	U.S. 3,025,966	1962	Circular apparatus.
200	W. A. Kivell	U.S. 3,314,547	1967	Circular apparatus with improved scum skimmer.
201	Lakeside Engineering	U.S. 3,327,867	1967	Scum skimmer for circular clarifier.
188	Lakeside Engineering	U.S. 3,302,792	1967	Apparatus provide for grit removal during storm conditions.
	R. Lautrich	W. Ger. 1,249,178	1968	Feeding arrangements for clarifiers.
129	Mackrie, S. & V.	W. Ger. Offen. 1,955,320	1970	Apparatus including provision for filtration through a turbulent floc blanket.
107	Neptune Microfloc	U.S. 3,545,619	1970	Sedimentation integrated with filtration.

<표 5-17> (Concluded)

SEDIMENTATION

PATENT SUMMARY

Reference Number	Assignee	Patent Number	Year	Coagulant(s)
123	Pall Corp.	U.S. 3,481,868	1969	Sludge-blanket clarifier with a conocal mixing inlet and hydraulic pulse sludge collection system.
195	Passavant	U.K. 1,163,599	1969	Circular apparatus featuring a worm conveyor for gentle circulation of flocs.
124	Passavant-Werke	U.S. 3,487,017	1969	Apparatus has mixing chamber, two flocculation chambers to promote desirable floc characteristice, and a sedimentation chamber. Floc recycle is controlled.
108	Passavant-Werke	U.S. 3,545,620	1970	Improvement of 124.
155	Phillips Petroleum	U.S. 3,170,868	1965	Mixing is controlled according to temperature difference between influent and mixing zone
187	Phillips Petroleum	U.S. 3,297,568	1967	Clarifier integrated with preseparator and surge pond.
	Shell oil	U.S. 3,346,122	1967	Design patent of corrugated plate interceptor.
178	H. Southeimer et al.	U.S. 3,246,762	1966	Flocculation by recycled slurry that has not undergone sedimentation.
160	SOGREAH	Fr. 1,496,746	1967	Apparatus including sludge collectors rotated by reaction jets.
	Soc. Aux. des Distributions d Eau	W. Ger. 1,250,373	1968	Rectangular clarifier with controllable baffle.
127	Steinmueller	W. Ger. Offen. 1,813,886	1970	Apparatus provides for sedimentation, flocculation, and filtration of oil-containing wastewater.
164	K. Strojirna et al.	U.K. 865,315	1961	Clarifier using conical inserts to control sludge blanket.
189	Toyo Engineering	U.S. 3,306,449	1967	Circular apparatus with coagulation mixing by fluid energy and compressed air.
130	Union Corp.	W. Ger. Offen. 1,959,049	1970	Apparatus with swimming rabblers.
170	Walker Process Equipment	U.S. 3,285,415	1966	Improved sludge collector.

5.5.2 공정에 관한 전반적인 기술

응집 그리고 침강 공정에 대한 흐름도는 [그림 5-10]에 나타내었다. 응집시스템은 용존공기 부양공정에 대해 기술된 것과 같다. 응집된 물질은 슬러지 세틀러에서 세틀링된다. 슬러지는 sump에 버려지며 제거를 위해 precoat filter로 펌프질시킨다. 정화된 물은 방출구로 흘려보낸다. API 분리장치 배출물 4mgd(최대)를 처리키 위한 플랜트에 대한 major equipment list와 utilities summary는 <표 5-18>에 나타내었다.

[그림 5-10]
FLOCCULATION AND SEDIMENTATION UNIT

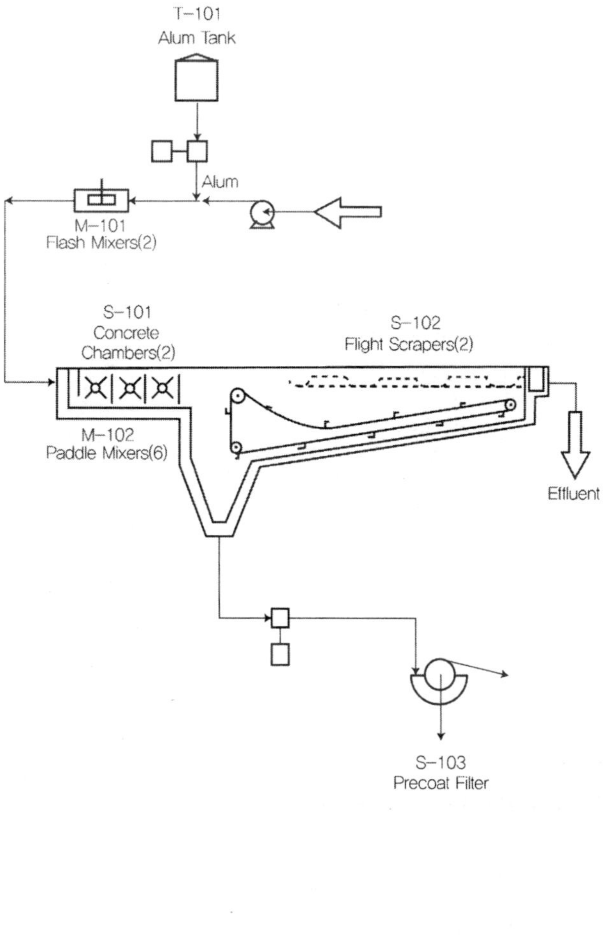

<표 5-18>

FLOCCULATION AND SEDIMENTATION

MAJOR PROCESS EQUIPMENT AND UTILITIES SUMMARY

Plant Capacity: 2 Million U.S. Gal/Day
Wastewater at 0.5 Stream Factor

Maior Process Equipment

Equipment Number	Name	Size	Material of Construction
	Special Equipment		
S-101	Concrete chambers	4 mgd	Concrete
S-102	Flight scrapers	20×93 ft	Carbon steel
S-103	Precoat filter	25 sq ft	Carbon steel
		Volume (gal)	
	Tanks		
T-101	Alum tank	2,500	Rubber lined
		Size	
	Niscellaneous Equipment		
M-101	Flash mixers (2)	2 bhp	Carbon steel
M-102	Paddle mixers (6)	1 bhp	Carbon steel
	Pumps		

6. including 3 operating, 3 spares, 22 operating bhp.

Utilities Summary *

	Battery Limits Total
Electricity (kw)	36

* No peaks in utilities demands; generating facilities are sized for average consumptions.

이 공정의 기대되는 성능은 dissolved air flotation에 비교될 수 있지만 어느 정도 열등하다. 즉, 다시 말해서 75-85% 오일의 제거 그리고 55-70% 고체들의 제거(B-6). 그러나 단지 평행한 테스트들만이 비교를 증명할 수 있었다. 또한 이 공정은 디자인에서의 변화 없이 다른 물질들의 사용에 의해서 더욱 향상되는 것 같다. 이들 물질들에는 polyelectrolytes, 활성 실리카, 그리고 weighting agents가 포함된다. 만약 극단적인 정화와 콜로이드들의 높은 제거가 필요하다면 여과를 수반해야 한다.

5.5.3 비용추정

자본 및 가동비용 추정값들은 <표 5-19>와 <표 5-20>에 각각 나타내었다. [그림 5-19]은 design rate와 throughput에 따른 가동비용들의 변화를 나타낸다.

<표 5-19>

FLOCCULATION AND SEDIMENTATION

TOTAL FIXED CAPITAL

Plant Capacity: 2 Million U.S. Gal/Day
Wastewater at 0.5 Stream Factor

CE Cost Index: 140

	Cost	Capacity Exponent	
		Up	Down
Battery limits equipment, f.o.b			
Vessels and tanks	$ 7,900	0.35	0.35
Special equipment	112,500	0.81	0.70
Miscellaneous equipment	21,600	0.33	0.33
Pumps	10,200	0.50	0.35
Total	$ 152,200	0.72	0.59
Battery limits investment	$ 271000	0.65	0.50
Utilities and tankage			
BATTERY LIMITS AND UTILITIES COST	$ 271,000	0.65	0.50
General service facilities at 15% of above	40,700		
TOTAL FIXED CAPITAL	$ 311,700		

<표 5-20>

FLOCCULATION AND SEDIMENTATION

OPERATING COSTS

Plant Capacity: 2 Million U.S. Gal/Day
Wastewater at 0.5 Stream Factor
CE Cost Index: 140

	Basis or Unit Cost	Units/ 1,000 Gal	Total Costs ¢/1,000 Gal	Total Costs Thousand $/Tear
DIRECT OPERATING COSTS				
Labor				
Operating	1/8 man/shift, $4.90/ man-hr	0.0015 man-hr	0.74¢	$5.4
Maintenance	1%/yr of battery limits cost		0.37	2.7
Control laboratory	100% of operating labor		0.74	5.4
Total Laber			1.85¢	$13.5
materials				
Alum	2.20¢/1b	0.20800 1b	0.46	3.3
Maintenance	1%/yr of battery limits cost		0.37	2.7
Operating	10% of operating labor		0.07	0.5
Total Materials			0.90¢	$6.5
Utilities				
Electricity	1¢/kwh	0.22 kwh	0.22	1.6
Total Utilities			0.22¢	$1.6
TOTAL DIRECT OPERATING COST			2.97¢	$21.3

[그림 5-11]

FLOCCULATION AND SEDIMENTATION
EFFECT OF OPERATING LEVEL AND PLANT CAPACITY ON OPERATING COST

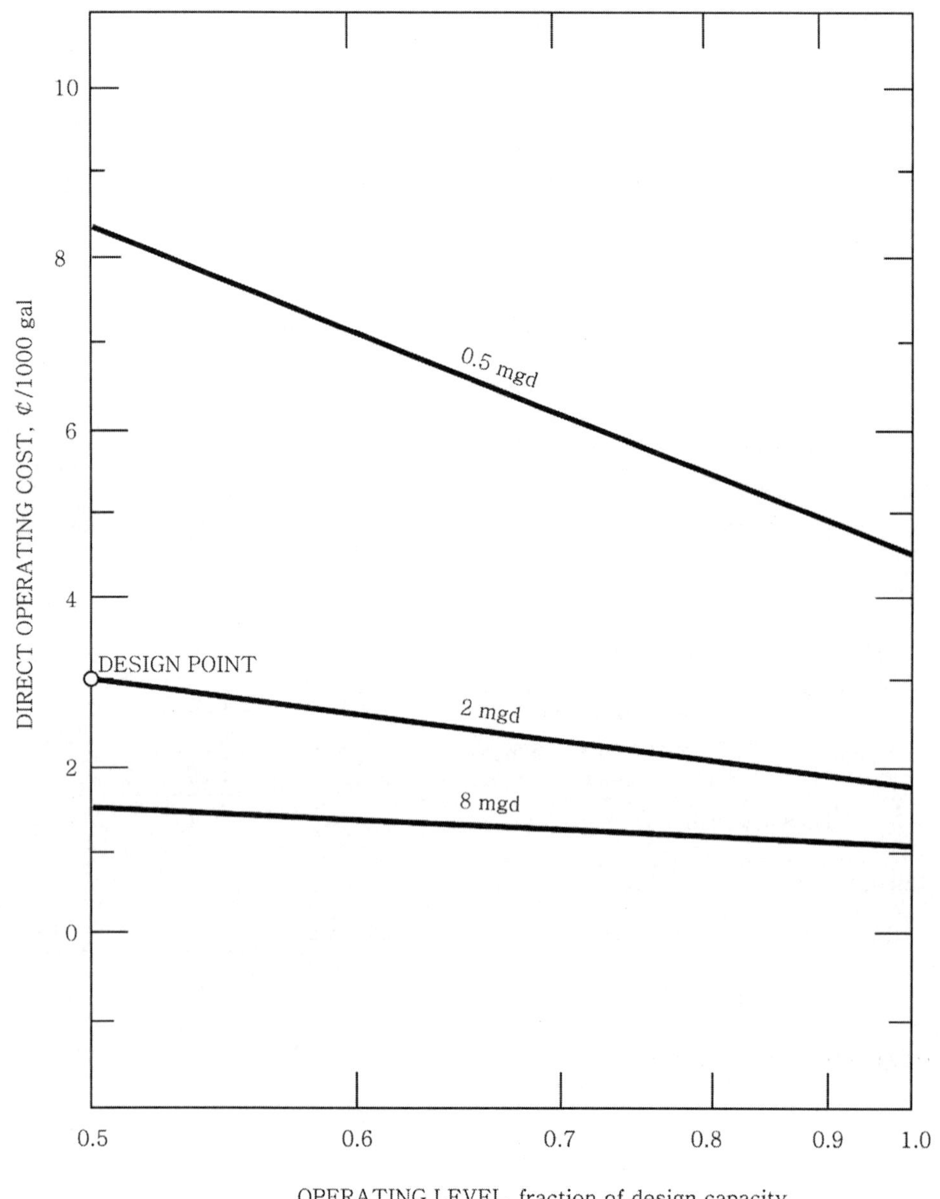

자본비용은 B-4, p.176 그리고 참고문헌 153에 있는 비용들과 비교된다. 비용함수들은 동일하다:

$$\$thousand=60(thousand\ sq\ ft)^{0.61}$$

적절한 비용인덱스가 120.7이며 관련된 비용들에 대해서 35~40%가 추가되는 것을 가정하면 CE Index 140에서 자본비용은 $212,000~$220,000이다. precoat filter 없이 battery limits cost는 약 $230,000~$240,000이다. 문헌상의 비용함수가 기초한 많은 유니트들은 rectangular보다는 오히려 circular unit이었다.

5.6 대체방법들의 비교

앞서 나타낸 바와 같은 CPI 분리장치는 같은 오일 제거 효과에 대해서 디자인된 API 분리장치보다도 현저하게 덜 값비싼 것으로 나타났다. 더 엄격한 제거 요구조건들에 대한 다른 비교들이 가능하다.

60μ 방울들을 제거하기 위한 CPI 분리장치에 대한 여기서의 추정값은 battery limits에 대해서 $312,000이다. 만약 에멀젼의 문제점이 없다면 성능은 일차적인 분리 플러스 공기부양 혹은 응집-침강과 경쟁적이다. 이들 추정값들에 가장 낮은 비용의 대체 방안은 응집-침강을 수반하는 150μ 방울들에 대한 CPI 분리장치이며 battery limits에 대해서 총 $380,000을 요구한다. 그러나 만약 요구조건들이 응집없이 일차적인 세틀링과 공기부양에 의해서 충족될 수 있었다면 비용은 battery limits에 대해서 $311,000이다.

Beychok(B-6, p.251)는 공기부양은 더 작은 챔버들에 기초하여 침강보다도 비용이 덜 든다고 제안하고 있다. 비록 비용들이 너무 가까워서 명확한 비교를 할 수 없다 할지라도 이들 연구들은 챔버의 유리한 점은 확실하게 하여 확인하지만 비용의 유리한 점은 확실하게 하지 못하였다.

만약 에멀젼들 혹은 콜로이드들이 존재한다면 응집이 요구된다. 이것은 CPI 분리장치들의 사용을 배제하지는 않는데 이것은 침강단계에서 사용될 수 있었다. 그러나 그러한 시스템의 요구조건들과 비용들은 정의되지 못하였다.

Chapter 6
활성 슬러지

6.1 생물학적 공정의 화학

생물학적 처리과정 동안 일어나는 화학반응들은 생화학 반응들인데 즉, 다시 말해서 생물체들은 반응들을 초래할 뿐만 아니라 물질밸런스의 일부이다. 게다가 반응들은 생물체들을 위한 자양분들을 요구하며 유해물질들 혹은 치사조건들로부터의 생물체들의 죽음에 의해서 중단된다.

물의 정체는 대개 주로 세포질(원형질)의 수반되는 성장과 함께 유기 화합물들의 산화의 결과이다. 이 원형질은 스스로 부분적으로 분해할 수 있어서 유입물의 오염물질들의 파괴는 만약 이 원형질이 제거되지 않는다면 정제를 완료시키지 못한다. 이 제거는 endogenous respiration 혹은 신진대사라고 불리는 것에 의해서 부분적으로 달성될 수 있으며 생체세포들의 에너지 요구량들은 다른 원형질의 산화에 의해서 공급된다. 미생물들("bugs")은 오염물질들을 "먹은 후" 그들은 서로를 "먹는다"고 일반적으로 얘기되고 있다. 이 과정에서는 물로 역으로 자양분들을 방출하며 이들은 호수의 부영향화를 촉진시킨다. 원형질(세포질)은 슬러지 형태이며 이 슬러지는 다른 방법들로서 제거된다. 그러나 그것의 처리는 비용이 많이 들며 전체 비용들은 최적화된 디자인으로써 최소화되어져야 한다.

전체적인 반응은 물속에서의 자유 용존산소와 함께 호기성 조건들이 혹은 혐기성 조건들이 존재하느냐의 여부에 의존한다. 호기성 조건들 하에서 만약 최소의 요소들을 무시한다면 전체적인 정제반응은 다음과 같이 쓸 수 있다:

$$\text{Organic matter} + \text{microbes} + O_2 \rightarrow$$
$$\text{more microbes} + CO_2 + H_2O + \text{energy}$$

만약 반응이 완료되고 미생물들이 제거된다면 물은 정제되며 CO_2의 형성 때문에 pH의 하강 그리고 대개 무시될 수 있는 열적 효과를 수반한다.

원형질은 작은 비율의 다른 원소들을 포함하는데 가장 중요한 것은 질소와 인이다. 원형질의 실험식은 $C_{55}H_{77}O_{22}N_{11}P$이다. 다른 원소들에는 황, 나트륨, 칼륨, 철, 그리고 몰리브덴이 포함된다. 많은 석유화학 폐수들은 질소와 인이 불충분하며 이들 자양분들은 총 세포합성에 비례하여 첨가되어져야 한다. 합성상을 위해 적절한 개략적인 무게비율들은 $BOD/N/P=100/5/1$이다. 만약 호기성 접촉이 연장되어서 내생의 신진대사가 현저하고 중요하다면 더 적은 양의 자양분들이 요구된다. 미량 영양소들(예를 들면, 50ppm의 pepton)은 요구되는 박테리아의 스트레인들의 전개를 빨리하기 위해서 첨가된다. Waste outfall은 적당한 박테리아의 좋은 소스이다.

물론 자양분들은 약간의 폐수들에서는 과량으로 존재한다. 이들은 수로에서 바람직스럽지 못한 효과를 초래한다. 생물학적 반응 시퀀스는 질소의 제거를 위해 가능하다. 암모니아는 Nitrosomonas에 의해서 nitrate로 산화된다:

$$2NH_4^+ + 3O_2 \rightarrow 2NO_2^- + 2H_2O + 4H^+$$

Nitrate는 Nitrobacter에 의해서 nitrite로 산화된다.

$$2NO_2^- + O_2 \rightarrow 2NO_3^-$$

이들 nitrifiers는 자급 영양인데 이것은 이들이 세포질의 소스로써 무기탄소(CO_2 혹은 그것의 유도체들)를 사용한다는 것을 의미한다. 반응들은 많은 에너지를 요구하여서 낮은 세포수율들이 초래된다. Nitrosomonas의 성장속도는 느려서 질소 제거를 위한 이 방법의 매력을 감소시키게 된다. 최종 제거단계는 혐기성 조건들을 요구한다. 이런 타입의 공정에 관해서 고찰키로 하겠다.

혐기성 조건들 하에서 화학적으로 결합된 산소는 반응들에 참여한다. Nitrates는 용존산소 뿐만 아니라 N_2와 적은양의 N_2O와 같은 최종 생성물들을 형성한다. 그래서 행해질 수 없다 할지라도 용존산소와 같은 정제를 행할 수 있다. 반응은 다음과 같다:

$$\begin{gathered}\text{Organic matter} + NO_3^- + \text{bacteria} \rightarrow \\ \text{more bacteria} + N_2 + HCO_3^- + CO_2 + H_2O + \text{energy}\end{gathered}$$

호기성 반응들을 촉진시키는 것과 같은 박테리아는 또한 이것을 촉진시킨다; 호기적으로 혹은 혐기적으로 성장하는 박테리아는 다른 환경에서도 살 수 있는 것으로 일컬어진다. 반응은 denitrification이라 불린다. 비슷한 반응이 nitrites와 함께 일어난다. 자양분 제거에 대한 이 반응의 사용에서 carbonaceous source가 일반적으로 추가되어져야 한다.

Sulfates는 매우 특정적인 박테리아에 대해서 산소를 제공한다:

$$\begin{gathered}\text{Organic matter} + SO_4^{2-} + \text{sulfate-reducing bacteria} \rightarrow \\ \text{more bacteria} + SH^- + HCO_3^- + CO_2 + H_2O + \text{energy}\end{gathered}$$

Hydrosulfide는 그것의 자체의 산소수요를 갖기 때문에 이 반응은 정제를 완성시키지 못한다. 또한 불쾌한 냄새들을 초래하여서 만약 반응기가 둘러 싸여져 있지 않다면 혐기성 조건들은 sulfurous 폐기물들에 대해서 선호되지 않는다.

혐기성 박테리아는 또한 폐기물들을 파괴시킴과 동시에 유기 화합물들의 산소를 사용할 수 있다. Feed는 종종 슬러지이며 첫 번째 단계는 extracellular enzymes에 의한 그것의 용해성 화합물들로의 전환이다. 그러나 알코올과 글리콜의 양이 높은 액체 폐기물들은 적절한 생물체들이 그러한 화합물에 대해서 느리게 발육하기 때문에 첫 번째 단계로써 혐기적으로 처리된다. 혐기성 박테리아의 공격의 첫 번째 단계는 산-형성 박테리아에 의해서 촉진된다.

$$\text{Organic matter+microbes} \rightarrow \text{more microbes+organic alcohols, aldehydes, and acids} + CO_2 + \text{energy}$$

기질(substrate) 농도가 높을 때 반응속도는 일반적으로 Active mass of microbes (active VSS)에 비례하지만 O_2 공급이 알맞게 제공될 때 박테리아는 최대 성장속도를 넘을 수 없기 때문에 기질농도에 독립적이다. 어떤 제한된 기질농도 이하에서 속도는 종종 기질농도에 비례하여 떨어진다. 속도는 증가하는 VSS에 의해서 증가되지만 VSS의 활성 분율은 VSS를 증가시키기 위해 사용되는 높은 슬러지 리사이클들에서 떨어진다. 석유화학 플랜트들에 대해서 사용되는 활성 슬러지 공정의 가장 일반적인 형태는 완전하게 혼합된 종류이다. 농도는 최종 방출물의 그것이며 이것은 낮아야 한다. 그래서 속도는 기질농도에 1차이어야 하며 만약 active VSS 값이 매우 높게 취해지지 않는다면 active VSS에서 1차이어야 한다.

박테리아 신진대사의 속도는 세포 단백질의 번성이 시작되는 점에서 최대가 되면서 온도에 따라서 증가한다. Mesophilic microbes는 약 40℃(104℉)에서 죽으며 thermophilic microbes는 약 70℃(158℉)에서 죽는다. 생존가능 범위 내에서 속도상수는 온도가 매 10℃(18℉)씩 증가함에 따라서 두 배가 되지만 이 규칙은 항상 정확하지는 않다. 속도상수의 온도의존성은 θ^{T-20}에 비례하는 것으로 표현되는데 여기서 T는 ℃로 나타낸 온도이며 θ는 다른 시스템들에서 1.047로부터 1.135까지 변화한다. 증가되는 미생물 활동도에 저항적인 작업은 증가하는 온도에 따른 산소의 감소하는 용해도이다.

본 고찰에서의 대부분의 자료는 참고문헌 98과 참고도서 B-11로부터 입수되었다.

6.2 공정에 대한 개괄적인 고찰

<표 6-1>은 주로 활성 슬러지 공정들에 관련된 특허들을 요약해 놓은 것이며 <표 6-2>에는 aerators를 포함한 주로 기기장치에 관련된 특허들을 요약해 놓았다. 구별 차이들은 항상 명확하지 않으며 aerators는 다른 공정들에도 적용될 수 있다. 약간의 aerating systems는 확장된 aeration 타입을 위해 쓰여진다.

활성슬러지 공정들의 여러 변형체들이 사용되었다. 도시 하수를 처리하는데 가장 일반적으로 사용되었던 진통적인 공정은 [그림 6-1(a)]에 개략적으로 나타내었다. 유입물은 리사이클된 슬러지와 혼합되어 rectangular aerator의 한 쪽 끝으로 투입되며 탱크를 거쳐서 그것이 통과하는 동안 균등하게 aeration된다. Length-to-width 비율이 점점 더 커질수록 점점 더 밀접하게 액체는 플러그 흐름에 다가간다. 공기에 대한 요구는 헤드 끝에서 더 크며 tapered aeration variant가 사용되는데 degree of aeration은 탱크의 길이를 따라서 감소한다.

유기 함유량이 너무 높을 때 헤드의 끝에서 aeration 장치설비가 항상 충분하지는 않으며 [그림 6-1(b)]에 나타낸 것처럼 step aeration이 사용된다. 유입물은 유기부하를 분배(산)시키기 위해서 여러 지점들로 투입된다. 비록 도시하수가 상대적으로 균등한 경향이 있다 할지라도 산업폐수들은 공정상의 혼란, 가동시작, 그리고 가동중단과 같은 상황으로부터 조성에 있어서의 갑작스런 변화를 겪기 쉽다. 적당한 균등화 용량의 부재에서 미생물들은 그러한 변동에 의해서 죽게 되며 다른 적절한 바이오매스를 성장토록 하기 쉬워서 긴 기간이 요구된다. 그러므로 [그림 6-1(c)]에 나타낸 바와 같은 완전하게 혼합된 활성슬러지 공정이 선호된다. 여기서 유입물은 mixing aerators 가까이로(에서) 투입되어서 쇼크부하들은 total mixed liquor에 의해서 희석되며 이것 자체는 최종 방출물의 낮은 농도의 그것과 같다. 많은 경우들에서 완전히 혼합된 시스템은 단일(일반적으로 원형) 탱크에 결합된다; 특허 요약들에서는 발명자들의 독창력은 더 확실하고 경제적인 배열들을 찾기 위해서 도전하고 있다는 사실을 지적하고 있다.

리사이클 슬러지는 혐기성 조건들의 어떤 연장된 기간 없이 되돌려져야 하는데 이것은 그것의 활성(동)도를 감소시킨다. Integral units는 이것을 피하지만 이들은 슬러지를 어떤 큰 정도로 농축시킬 수 없어서 리사이클 비율은 어떤 주어진 VSS 농도를 얻기 위해서 커야 한다. 몇몇 경우들에서 슬러지 aerator를 수반하는 분리 세틀러는 농축된 진한 활성 슬러지를 제공키 위해 사용되었다. 이것은 또한 [그림 6-1(d)]에 나타낸 contact stabilization 혹은 “biosorption” 공정에서도 사용되었다. 이 공정은 suspended 혹은 colloidal oxygen demand를 포함하는 폐수들에 대해서 특히 유용하다. 이 공정에서는 생화학적 산화를 완료하기 위한 aeration은 그렇게 큰 탱크를 요구하지는 않는다.

<표 6-1>

ACTIVATED SLUDGE PROCESSES

PATENT SUMMARY

Reference Number	Assignee	Patent Number	Year	Coagulant(s)
297	Air Reduction	Fr. 2,054,012	1971	A long closed passage is used for contact with activated sludge and pure O_2.
295	Aktiebolag Vatten-buggnadsbyran	W. Ger. Offen. 2,017,671	1970	Part of the primary sludge is used to make an active culture, which is added to the aerator.
255	C. Beer	U.S. 3,517,810	1970	Two-phase split culture activated sludge process permits both synthesis for removal of nitrogen and phosphorus and reduction in sludge wasted.
425	B. P. Chemicals	W. Ger. Offen. 2,133,132	1972	Phenol plant effluent is treated with SO_2 before activated sludge treatment.
403	Degremont	U.S. 3,470,092	1969	Activated sludge system using extended seration with two vessels that alternate as aerators and settlers.
284	Deutsche Geratebau	Fr. Dem. 2,004,513	1969	Wastewater is both aerobically and anaerobically treated in chambers of a single apparatus.
392	Dorr-Oliver	U.S. 3,472,765	1969	Raw wastewater (no primary clarifier) is serated with high solids content. Solids are separated by membrane.
313	Dorr-Oliver	U.S. 3,133,130	1964	Diffuser aerators promote backflow of sludge to head end of unit to improve distribution.
312	Dorr-Oliver	U.S. 3,133,017	1964	Similar to 313 with more intricate apparatus.
241	Dow Chemical	U.K. 1,221,812	1971	Anionic polymer in primary settler, then activated sludge treatment, reduces amount of cationic reagent needed for waste sludge treatment.
233	FMC Corp.	U.S. 3,235,487	1966	Anaerobic detention of recycle sludge reduces sludge wastage rate.
366	Friedrichsfelder Abwasser-und Verfahrenstechnik	W. Ger. 1,279,561	1968	One-stage process. Waste is added and water withdrawn from stirred aeration tank, maintaining constant amount and concentration, using adapted microorganisms.
390	N. Grant	U.S. 3,464,918	1969	Supernatant liquor from anaerobic sludge digestion is treated by separate sludge process.
330	Infilco	W. Ger. 1,096,295	1960	Nold fungi are added to water, which is aerated at low pH.
314	L. S. Kraus	U.S. 3,168,165	1965	Aerobic and anaerobic treatment in different portions of the same apparatus.
383	Kurita Industral Co.	U.S. 3,402,125	1968	Aeration in a vessel containing layers of nwts (" fixed activated sludge process." similar to trickling filter) prevents sludge bulking problems in subbsequent activated sludge vessel.
278	Kurita Industral Co.	Fr. 1,374,228	1969	Activated sludge under high pressure and solids contents speeds up the process.
388	Kurita Industral Co.	U.S. 3,444,706	1969	Activated sludge in high concentration is aerated under pressure. Separation is by flotation, giving ~3 times usual sludge concentration.
251	Lyco Systems	U.S. 3,498,459	1970	Equivalent of 284
401	Metallhuttenwerke Lubeck	U.K. 1,088,695	1967	Sludge is mixed with raw influent before primary settler, Sludge exits from there and is washed.

<표 6-1> (Concluded)

ACTIVATED SLUDGE PROCESSES

PATENT SUMMARY

Reference Number	Assignee	Patent Number	Year	Coagulant(s)
396	Neptune-Microfloc	Fr. 2,057,305	1971	After aerated purification, water is filtered. Filter is periodically backwashed, washing going to aerated chamber. Tube settlers used to recycle sludge.
276	Ommium d'Assainissement	Fr. 1,567,182	1969	Control of biological process by analysis of instantaneous respiratory metabolism.
238	J. Pav	U.K. 1,031,964	1966	Aeration is promoted by mechanical vibration. Sludge is separated by flotation.
365	A. Schrelber	W. Ger. 1,278,958	1968	Sedimentation without metal salts. After coarse separation and biotreatment, active floc is added.
328	Schumacher sche Fabrik	U.S. 3,436,341	1969	Wastewater is added in disminishing amounts in direction of flow, with air being added in proportion to wastewater addition.
419	SNAM	Belg. 762,923	1970	O_2 is supplied in proportion to CO_2 generated.
308	Socony Mobil Oil	U.S. 2,854,418	1958	A defoamant is added to sewage treating processes.
308	Socony Mobil Oil	U.S. 2,854,417	1958	Defoamants are added during sewage treating.
321	Socony Mobil Oil	U.S. 3,152,983	1964	Selected cultures are effective in degrading oil in API separator effluents.
305	Taxaco Development	U.S. 2,769,750	1956	Inert clay adsorbents accelerate bacterial attack on hydrocarbons.
273	Union Carbide	U.S. 3,547,812	1970	Activated sludge process with relatively pure O_2, high DO, high NLVSS, and mechanical mixing in covered chambers. Correlation of pilot plant data given.
	Union Carbide	U.S. 3,547,811	1970	Cyclic activated sludge process using O_2 in submerged bells with several control systems.
300	Union Carbide	Fr. 2,054,078	1971	Pilot plant results of activated sludge process using pure O_2 gave results superior to those using air. Several flow schemes and designs are proposed. Concurrent flow of gas and liquor between stages is found to cost less than countercurrent flow.
299	Union Carbide	Fr. 2,054,077	1971	In pilot plant, pure O_2 activated sludge process gave lower sludge yield than air process. Three other flow sheets give proposed refinements. Recycle of stabilized but not autooxidized sludge is preferred.
298	Union Carbide	Fr. 2,054,076	1971	Activated sludge process using high O_2 gas. Experiments show conditions for rapid setting sludge with high MVSS($\geq$380mm O_2, $\geq$0.25kg BOD/day/kg MLVSS).
245	Wartman and Cie	U.K. 1,024,559	1966	Immediate separation of aerated sludge gives better separation. Apparatus designed for this and for high internal circulation.

<표 6-2>

ACTIVATED SLUDGE APPARATUS AND AERATORS

PATENT SUMMARY

Reference Number	Assignee	Patent Number	Year	Coagulant(s)
370	M. Anstalt	Fr. 1,467,794	1967	Propeller draws water through a tube to circulate and serate the water.
411	Allis-Chalmers	Fr. 2,025,424	1970	Rotating partially submerged discs. Periodic high speed rotation removes solids from discs.
338	Amcodyne	U.S. 3,236,767	1966	Improved seration chamber with novel flow pattern.
325	American Radiator	U.S. 3,269,542	1966	Aeration by spraying on a honeycomb, followed by a reaction tank containing cells of honeycomb.
354	Ames Crosta Mills	U.S. 3,284,058	1966	Surface aerators.
316	Ames Crosta Mills	U.K. 1,028,708	1966	Surface aerators.
349	Ames Crosta Mills	W. Ger. 1,232,493	1971	Propeller surface aerator.
414	BASF	Fr. 2,047,493	1971	Water jet entrains air in mixing tube.
291	Bell Maschinenfabrik	Swiss 184,004	1976	Plant equipped to rotate activated sludge in chamber. Recycled sludge contacts outsides air.
253	U. E. Bowes	U.S. 3,528,911	1970	Solar heat driven mixer-aerator.
264	Chicago Bridge and Iron	W. Ger 2,001,801	1970	Aerating chamber with a double-roil flow pattern.
417	Chicago Bridge and Iron	NL 70. 12231	1971	Aeration apparatus.
345	Czech. Acadamie	U.K. 1,101,244	1968	Eductor device mixes influent with recycled sludge and air.
352	N. Danjes	Neth. Appl. 66. 05318	1966	Aerator designed to prevent coalescence of bubbles.
397	N. Danjes	Neth. Appl. 66. 12850	1967	Apparatus with mechanical impeller to create desired flow pattern with partial recirculation of water.
333	N. Danjes	W. Ger 1,273,138	1968	Concentric preclarifier, aeration chambers with circulation, and postclarifier.
400	Degrement	U.S. 3,339,741	1967	Device with communicating aerating and setting Zones with flow controlled to prevent drop of O_2 content in settling zone.
285	Deutsche Babeock and Wilcox	Fr. Dem. 2,005,691	1968	Back-pressure controlled aerating basic is operated on a time cycle.
256	Drysdale & Co.	U.S. 3,522,881	1970	Two-chamber aerobic treatment designed so that second chamber intermittently and automatically acts as a settler.
257	Drysdale & Co.	U.S. 3,521,517	1970	Multichamber aerobic contactor operates intermittently and automatically.
378	Esso standard S.A.	Fr. 1,537,023	1968	Control settler is coaxial with conical aerator, providing simple sludge recycle.
261	Ktabi. J. Remacle	Belg. 752,285	1970	Rotating helix contactor.
266	H. L. Fifer	U.S. 3,529,725	1970	Concentric chamber reactor suitable for applications where height is limited.

<표 6-2> (Continued)

ACTIVATED SLUDGE APPARATUS AND AERATORS

PATENT SUMMARY

Reference Number	Assignee	Patent Number	Year	Coagulant(s)
287	Firma A. Rieber	W. Ger. Off. 1,804,574	1970	Vaccum from aerating rotor recycles sludge from settler.
367	Friedrichsfelder	W. Ger. 1,283,198	1968	General purpose reactor suitable for widely varying flows.
405	H. Geiger	W. Ger. 1,254,546	1967	Flat aeration pipe.
418	H. Hartman	Fr. Ad. 82,406	1963	Biooxidation on rotating partially submerged discs.
373	H. Hartman et al.	Fr. 1,504,670	1967	Rotating drum contactors in a through.
359	Hitach Chemicals	U.S. 3,428,555	1969	Apparatus uses rotating discs for aeration and circulation.
	J. Horn et al.	E. Ger. 56,496	1967	Aeration by jet nozzles. Jets promote water circulation.
350	Ingenieursbureau	Neth. 113,161	1966	Apparatus with ring-shaped aeration basin having means for circulation waste forizontally.
329	Ingenieursbureau	Neth. Appl. 67,09194	1969	Aerator and tank designed to promote circulation.
372	J. Joncour	Fr. 1,503,878	1967	Impeller inside a pyramid.
395	J. R. Kaelin	Belg. 656,587	1965	Deep aeration basin with suface aerator. Sludge from bottom is sprayed on surface.
292	J. R. Kaelin	W. Ger. 1,959,262	1970	Aeration rotor.
286	J. R. Kaelin	Fr. Dem. 2,009,464	1970	Surface aerator.
374	Kloeckner-Humboldt-Deutz	Fr. 1,505,047	1967	Aeration by a vortex in a tube.
344	Koppers	U.K. 1,084,963	1967	Plant has several tanks adaptable to various purposes.
412	Koppers	Fr. 2,023,455	1970	System for automatic batchwise process.
346	Macleod & Miller	U.K. 1,145,302	1969	Apparatus provides aeration, settling, and sludge aeration.
371	Mecana S.A. Schmerikon	Fr. 1,487,668	1967	Helical apparatus in a through.
258	Menzel & Co.	U.S. 3,537,583	1970	Apparatus includes aerating, settling, and thickening tanks designed for automatic return of water from thickening to aerating tank.
413	Metallhuttenwrke Lubeck	U.K. 946,827	1964	Circular apparatus with tangential inflow.
331	Metallhuttenwrke Lubeck	W. Ger. 1,254,096	1967	Circular apparatus with an archimedian screw for sludge dewatering and removal.
334	Metallhuttenwrke Lubeck	W. Ger. 1,275,002	1968	Circular apparatus with central exit: one feed is tangential to circulate and mix the contents.
384	Met-Pro	U.S. 3,408,288	1968	Apparatus includes sludge blanket clarifier with a porous retainer.
304	Nederlandshe Organisatie	Neth. 88,506	1958	Aerator design.

<표 6-2> (Continued)

ACTIVATED SLUDGE APPARATUS AND AERATORS

PATENT SUMMARY

Reference Number	Assignee	Patent Number	Year	Coagulant(s)
281	National Research Development Corp.	U.S. 3,466,241	1969	Apparatus giving aerobic treatment by rotating discs.
409	Neptune Microfloc	Fr. 1,603,772	1968	Sreaply inclined tube settlers used in activated sludge and other processes.
369	Omnium d Assainissement	Fr. 1,464,017	1966	Modular units in parallel, with sludge pumped between units, using central control.
351	Felix Opheis, Sthalfallenbau and Stahlbau.	Neth. Appl. 65,08576	1967	Apparatue with tangential inlet and conical settler.
368	Felix Opheis, Sthalfallenbau and Stahlbau.	Neth. Appl. 66,11096	1968	Portable appratus including [reclarifier, aeration basin, and postclarifier, with sludge recycle.
332	Dr. C. Otto	W. Ger. 1,269,961	1968	Apparatus for neutralization in a U-tuve, aeration, settling, and sludge recycle.
326	Pacific Flush Tank	U.S. 3,271,304	1966	Apparatus featuring a venturi aerator.
355	Pacific Flush Tank	U.S. 3,298,526	1967	Package plant with venturi aeration.
319	Passavant-Werke	W. Ger. 1,214,165	1966	Aeration through long narrow slits.
364	Passavant-Werke	W. Ger. 1,248,569	1967	Porous aerators with pressure-opening valves to prevent blockage.
294	Passavant-Werke	Fr. 1,598,796	1970	Annular aeration vessel with aerators mounted on a revolving bridge.
236	Powell Duffryn Engineering	U.K. 1,048,905	1966	Multistage apparatus designed for rolling motion of liquor, induced by brush aerator.
375	Produits Chimique et Cellulose	Fr. 1,511,602	1968	Roter throws water onto walls of chamber.
306	G. L. Ram et al.	U.S. 2,781,310	1957	Intricate aeration reactor.
394	Schmitz-Lenders	W. Ger. 1,459,510		Annular aeration tank.
302	A. Schreiber	U.K. 976,805	1964	Intricate apparatus designed for effective aeration.
358	A. Schreiber	U.S. 3,336,016	1967	Designs for aeration with horizontal circulation.
249	A. Schreiber	U.S. 3,495,712	1970	Circular apparatus with moving aerator.
379	A. Schreiber et al.	Fr. 1,504,576	1967	Aeration with mixing to keep sludge suspended in a basin.
320	Simon-Carves	Neth. Appl. 65,12457	1966	Aerators.
343	Simon-Carves	U.K. 1,051,533	1966	Aerators for frothing liquids.
361	Simon-Carves	U.K. 1,151,213	1969	Rectangular aeration tank design.
347	R. F. Simonin	Fr. 1,446,404	1966	Liquid pump for aeration.
269	L. Smolski	W. ger. Off. 1,907,278	1970	Helical tibe aerator.
407	Soc. Ind. du	Fr. 1,483,787	1967	Aerator aspirates sludge from separation zone.

<표 6-2> (Concluded)

ACTIVATED SLUDGE APPARATUS AND AERATORS

PATENT SUMMARY

Reference Number	Assignee	Patent Number	Year	Coagulant(s)
260	Soc. Nouvelle	U.S. 3,540,589	1968	Horizontal hollow rotating aerator contains raschig rings as bacterial supports.
283	Soc. Parisienne de Canalisations	Fr. 1,589,389	1968	Aerator consists of bollows shaff and impeller.
	L. & C. SSteinmuller	U.S. 3,232,434	1966	Upflow tower with air injection.
277	Stenberg-Flygt	Fr. 1,570,116	1969	Integrated apparatus provides equalization, acration, sedimentation, and aeration of separated sludge before recycle.
270	Stenberg-Flygt	W. Ger. Offen 1,929,453	1970	Aeration apparatus.
268	Stenberg-Flygt	W. Ger. Offen 1,904,206	1970	Plant including receiving, aerating, settling, and sludge aeration chambers, with controlled flows.
	Tatabanyai Szenbanyak	W. Ger. Offen 2,001,338	1970	Apparatus with sludge return from clarifier sump to a vertical tube in the reactor with a mixer at the top; sludge recycle is controlled by adjustable slits.
381	Welles Products	U.S. 3,320,160	1967	Aeration system based on moving floating aerators.
393	Wibau-Westdeutsche	U.S. 3,476,682	1969	A settler-septic tank is followed by an aeration vessel providing recirculating sludge.
362	T. Wiefrig	W. Ger. 1,244,675	1967	Settling chambers of increasing cross section, with water drawn off by channels.
376	Yeoman Bros	Fr. 1,530,339	1968	Aeration system for controlled DO level.
398	Yeoman Bros	U.S. 3,341,450	1967	Aeration design, with performance data.
404	B. Zink et al.	U.K. 1,145,840	1969	Three-tank aeration plant.

[그림 6-1]
ACTIVATED SLUDGE PROCESSES

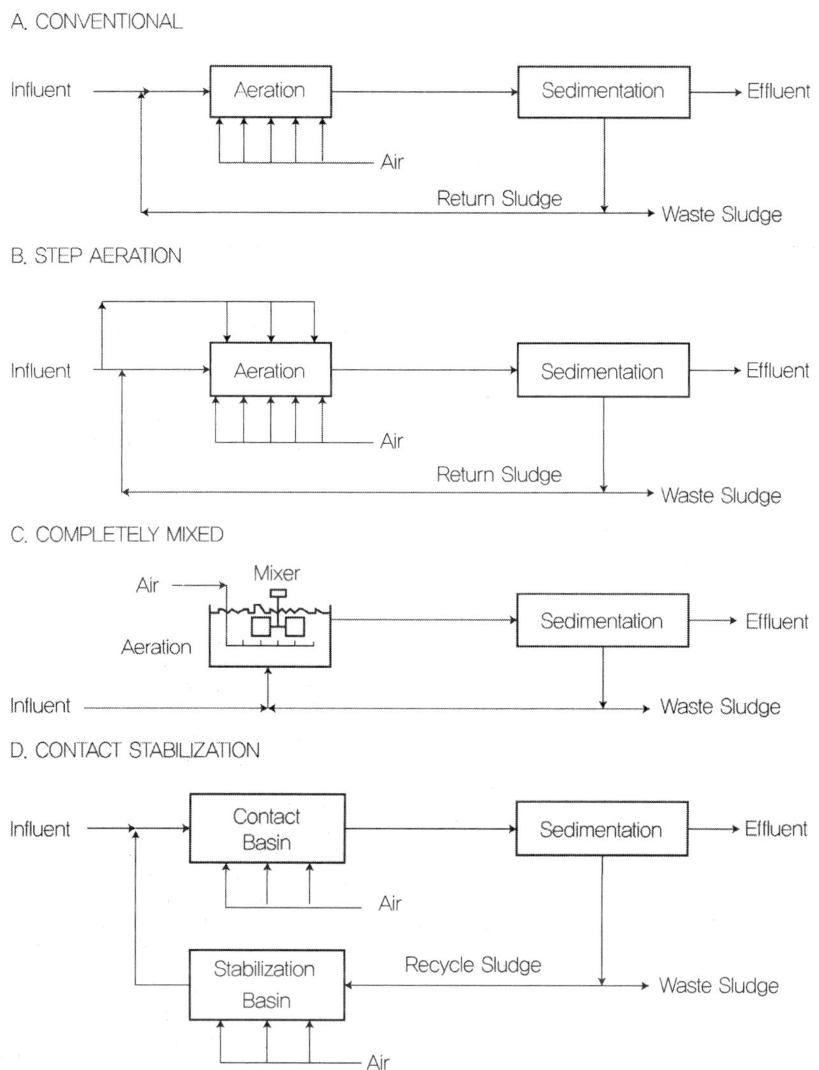

Chen 등(420)은 중간 정도의 longitudinal mixing은 활성슬러지 공정에 대해서 최적인데 이 방법은 바이오매스의 성장으로부터 자동촉매적이라고 발표되었다.

다른 일반적으로 사용되는 항들은 이들의 이들 공정들과의 관계를 나타내기 위하여 여기서 언급되어져야 한다. Extended aeration은 endogenous respiration을 최대로 하기 위한 그리고 슬러지 수율을 최소화하기 위한 연장된 머무름 시간과 관련된다.

Oxidation ditch는 공정의 확장된 aeration타입이다.

<표 6-3>은 슬러지 처리에 관련된 특허들을 요약해 놓은 것이다. 이들의 거의 모두는 생물학적 슬러지들에 관련되지만 몇몇은 sedimentation과 다른 정화가동들로부터의 슬러지들에 관련된다.

<표 6-3>

SLUDGE TREATMENT

PATENT SUMMARY

Reference Number	Assignee	Patent Number	Year	Coagulant(s)
263	R. Abend	W. Ger. Offen. 1,904,643	1970	Filtration through leaf filter with shield for first and last leaves.
389	W. J. Bauer	U.S. 3,449,247	1969	Wet oxidation in a file-open well.
327	W. Bucksteeg et al.	U.S. 3,275,547	1966	Sludge in heated above 600°C without air to make smolder coke, part of which is added to influent.
377	Chem. Werke Albert	Fr. 1,534,998	1968	Sludge is drained in a vessel with a lining that can be moved and cleaned ouring operation.
356	T. R. Crom	U.S. 3,298,670	1967	Rotating digestive cover breaks up foam blanket.
391	Czech, Academie	U.S. 3,464,919	1969	Specific cultures flotate an easily dewatered mass. Culture settles and is recycled.
301	Dorr-Oliver	U.K. 801,144	1958	Gas formed in anaerobic digestion is scrubbed to remove CO_2 to raise the pH before recycling.
309	Dorr-Oliver	U.S. 2,889,929	1959	Influent enters in anaerobic sludge bed and flows to superjacent clarifier. Sediment returns to lower chamber.
231	Dorr-Oliver	U. S. 3,226,317	1965	Anaerobic digestion with recycle from solid bowl and nozzle centrifuges used to increase residence times.
234	Dorr-Oliver	U.S. 3,248,323	1966	Solid bowl centrifuge separates digested solids from undigested greases, which are recycled to digester via settler or thickener.
323	Dorr-Oliver	U.S. 3,252,896	1966	Scum is dispersed in sludge to prevent sludgging in subsequent processing.
380	Dorr-Oliver	U.S. 3,319,587	1967	Sludge is extruded into fluid bed incinerator, with provisions to prevent coking of feed pipe during shutdown and increasing cross section of bed to increase residence time of sludge.
399	Dorr-Oliver	U.S. 3,351,030	1967	Mixed primary and secongary sludges are dewatered and incinerated in a fluid bed.
252	Dorr-Oliver	U.S. 3,504,795	1970	Settler with perforated wall improves separation of water from sludge.
267	Dorr-Oliver	Fr. 1,588,068	1970	Sludge is thickened up to 260 g/l by continuous freezing and melting.
428	Dorr-Oliver	U.K. 1,270,803	1972	Sludge is settled. Water is drawn off through a pervious wall.
385	Dow Chemical	U.S. 3,409,546	1968	Sludge is dewatered after conditioning with amino-condensation polymer and cationic resin.
336	Dow Chemical	U.S. 3,397,139	1968	Activated sludge process using anionic polymer in primary settler and cationic resin in sludge to be dewatered.
339	Dow Chemical	U.S. 3,240,737	1966	Flocculated sludge may be redispersed for further processing.

6.3 공정에 대한 전반적인 기술

활성 슬러지 공정에 대한 흐름도는 [그림 6-2]에 나타내었다. Major equipment list와 utilities summary는 <표 6-4>에 나타내었다. Equalization basins이 제공되며 다른 설비들은 비록 단기간의 흐름변화들이 있다 할지라도 플랜트가 2mgd에서 연속적으로 가동되도록 제작된다.

[그림 6-2]

ACTIVATED SLUDGE

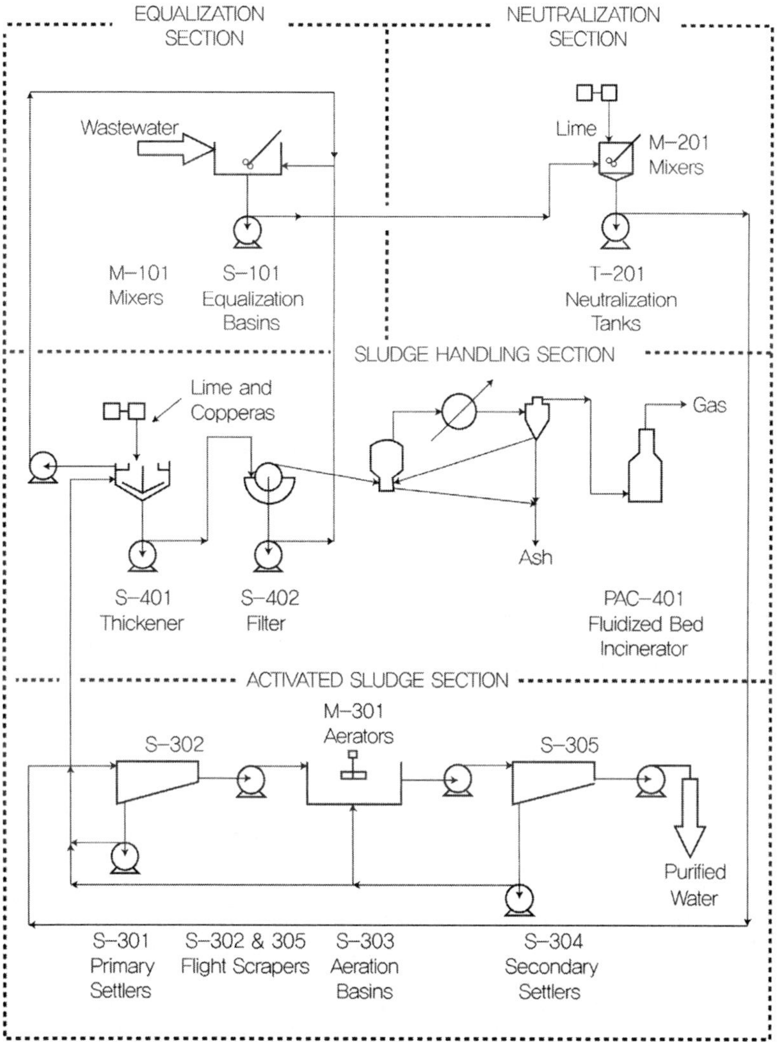

EQUALIZATION SECTION
NEUTRALIZATION SECTION
Wastewater
Lime
M-201 Mixers
M-101 Mixers
S-101 Equalization Basins
T-201 Neutralization Tanks
SLUDGE HANDLING SECTION
Lime and Copperas
Gas
Ash
S-401 Thickener
S-402 Filter
PAC-401 Fluidized Bed Incinerator
ACTIVATED SLUDGE SECTION
M-301 Aerators
S-302
S-305
Purified Water
S-301 Primary Settlers
S-302 & 305 Flight Scrapers
S-303 Aeration Basins
S-304 Secondary Settlers

<표 6-4>

ACTIVATED SLUDGE

MAJOR PROCESS EQUIPMENT AND UTILITIES SUMMARY
Plant Capacity: 2 Million U.S. Gal/Day
Wastewater at 1.0 Stream Factor

Major Process Equipment

Equipment Number	Name	Size	Material of Construction
	Special Equipment		
S-101	Equalization basins	2 mgd	Concrete
S-301	Primary settlers	2 mgd	Concrete
S-302	Flight scraper	14×67 ft	Carbon steel
S-303	Aeration basins	2 mgd	Concrete
S-304	Secondary settlers	2 mgd	Concrete
S-305	Flight scraper	16×77 ft	Carbon steel
S-401	Thickener	600 sq ft	Concrete
S-402	Rotary filter	430 sq ft	Carbon steel
		Volume (gal)	
	Tanks		
T-101	Neutralization tanks(2)	16,700 ea	Rubber lined
		Size	
	Miscellaneous Equipment		
M-101	Mixers(2)	20 bhp	304 ss
M-201	Mixers(2)	1 bhp	304 ss
M-301	Aerators(2)	60 bhp	Carbon steel
	Package Units		
PAC-401	Fluidized bed incinerator	0.4 tph	Brick

<표 6-4> (Concluded)

ACTIVATED SLUDGE

MAJOR PROCESS EQUIPMENT AND UTILITIES SUMMARY

Plant Capacity: 2 Million U.S. Gal/Day
Wastewater at 1.0 Stream Factor

Maior Process Equipment

Equipment Number	Name	Size	Material of Construction
	Pumps		
	100 section −2, including 1 operating, 1 spare	13 operating bhp	
	200 section −4, including 2 operating, 2 spare	13 operating bhp	
	300 section −10, including 5 operating, 5 spare	68 operating bhp	
	400 section −10, including 1 operating, 1 spare	2 operating bhp	

Utilities Summary *

	Battery Limits Total	100 Section	200 Section	300 Section	400 Section
Electricity (kw)	748	44	12	661	31

* No peaks in utilities demands; generating facilities are sized for average consumptions.

첫 째로 폐수는 조성에서 뿐만 아니라 흐름에서의 변화들을 고르기 위해서 믹서들이 장착된 equalization basins로 들어간다. 다음으로 석회와 혼합시켜서 pH를 조절시키는 중화탱크로 펌프질 한다.

원래 존재하거나 혹은 중화단계에서 형성된 서스펜션된 고체들은 일차 세틀러들에서 세틀링시킨다. 이후에 물은 세포성장을 촉진시키기 위해서 첨가되는 자양분들과 함께 surface aerators에 의해서 aeration basins에서 리사이클된 슬러지로써 생물학적으로 처리시킨다. 혼합된 용액은 이차 세틀러들에서 세틀링시킨다. 정제된 물은 receiving watercourse로 흐른다. 슬러지의 대부분은 aeration basins로 리사이클시키며 동시에 여분의 슬러지와 일차 세틀러들로부터의 슬러지는 슬러지 처리 시스템으로 펌프질한다.

슬러지는 thickener에서 먼저 농축시킨다. Overflow는 플랜트의 헤드로 되돌려 펌프질해서 보낸다. Underflow는 석회와 copperas의 첨가 후 로터리 진공필터에서 더 이상 농축시킨다. 여과액은 또한 플랜트의 헤드로 되돌려 펌프질시킨다. 약 25%의 고체들을 포함하는 필터 케이크는 유동층 소각 장치에서 태운다.

생물학적 처리 플랜트의 성능은 폐수의 조성에 의존한다. 이 디자인은 1,250으로부터 50mg/1(평균 ~25) 이하로까지 BOD_5의 감소를 위한 파일럿 테스팅에 기초한다. 폐수들은 다음과 같은 가동들로부터 유래된다: 메탄 chlorination(예, 사염화탄소의 생산), 탄화수소의 열분해(올레핀과 아세틸렌의 제조), 열가소성 플라스틱(올레핀과 염화비닐에 기초한), 수지와 dispersions(비닐 아세테이트에 기초한), 그리고 용매들(에스터들과 알코올들과 같은).

플랜트 성능은 아래에 요약해 놓았다:

Water Flow	2mgd(1,390gpm)
BOD_5 in influent	1,250ppm
BOD_5 in effluent	$<$50ppm(average 25)
BOD_5 removed	20,400 lb/day
COD in influent	2,690ppm
COD in effluent	250ppm
COD removed	40,400 1b/day
Excess sludge, weight ratio to BOD_5 removed	0.45
Excess sludge rate	9,200 1b/day
Nutrient requirements, basis BOD_5 removed:	
P	0.4 wt%
N	2.5 wt%
Nitrogen phosphate 20/20 added	2,500 1b/day
Lime added, neutralization	1,600 1b/day
Lime added, dewatering	8,400 1b/day
Copperas added, dewatering	1,600 1b/day

6.4 공정에 대한 세부적인 고찰

오일 분리장치들은 average rate가 2mgd라고 가정할 때 최대 4mgd를 위해 디자인되었다. 보통의 통상적인 조건들 하에서 extended aeration은 내생호흡에 의해서 바이오매스에 있어서의 감소를 초래하기 때문에 그러한 과정은 생물학적 처리시스템에 대해서 매우 적합치는 않다. 그래서 필요한 미생물들은 최대 부하의 동화작용을 위해 즉시 입수 가능하지는 않다. Feed의 변동을 없애 주기 위해 equalization tank를 제공하는 것이 더 좋다. 만약 중화작용이 요구된다면 그러한 탱크는 또한 바람직스러운데 그것은 산성 및 염기성 폐수들이 서로를 중화시키고 그로 인해서 화학약품에 대한 요구를 감소시키기 때문이다.

그러므로 활성 슬러지 시스템은 average rate에 대해서 디자인된다. 시스템은 석유화학 플랜트처럼 높은 stream factor에서 가동할 수 있으며 가동중단 없이 많은 보수를 할 수 있다. 융통성을 증가시키기 위하여 슬러지 처리에 대해서를 제외하고서 twin unit를 사용한다. 슬러지는 슬러지 처리시스템의 수리를 허용키 위해서 전체적으로 리사이클 시킬 수 있다. 그러나 aerators는 상당한 유지보수를 요구하며 설비된 용량은 용존산소의 요구량을 공급하기 위해 필요한 것보다 더 크다. 그러므로 100% sream factor가 average rate에서 가정된다.

Equalization basins은 공정폐수들(그러나 storm waters는 아님)을 균등화시킬 수 있도록 디자인된다. Separate sewers는 storm water를 위해서 제공되어져야 한다. 만약 이들이 오염되어진 것 같으면 holding basins이 제공 되어져야 한다. 또한 만약 냉각수가 분리시스템에 있다면 process leaks의 경우에 blowdown에 대한 holding capacity가 제공되어져야 한다. 이 디자인에서는 equalization basin은 6hr half-full의 용량을 갖는다.

몇몇 연구자들은 API 분리장치가 surge basin으로서 행동하여서 equalization을 제공하는 것으로 주장하고 있다. 이것은 일반적으로 옳지 않다. Inflow에 있어서의 변화는 즉시 outflow에 있어서의 변화를 초래한다. 그것은 holdup이 본질적으로 일정하기 때문이다. 또한 분리장치가 세틀러로써 가동되기 위해서는 믹싱이 차단되어져야 한다. 그래서 농도변화들이 효과적으로 완화되어 평등하게 되지 못한다.

앞서 지적했던 바와 같이 생물학적 처리시스템의 디자인은 특정한 폐수에 관련되어져야 하며 파일럿 테스팅이 요구된다. 여기서의 디자인은 Hoechst 플랜트에 기초한다 (221). 이 플랜트는 3가지 이유들 때문에 채택되었다: 이것은 석유화학 콤플렉스로부터의 실질적인 폐수이며, 성능은 파일럿 플랜트 테스팅에 의해서 결정되었으며, 그리고 많은 자세한 사항들이 equipment sizing에 대해서 입수 가능하였기 때문이다. 그러나 어느 점에서 여기서의 디자인이 Hoechst사의 디자인보다도 더 보수적이다. Hoechst plant에는 없는 본 디자인에서의 두 가지 주된 항목들은 equalization basin과 소각장치이다; 후자는 Hoechat plant에 계획된 추가사항이다.

본 디자인의 세틀러들은 sedimentation process에서처럼 sloping bottom rectangular type이다. 이 타입은 3/4의 머무름 시간에서 flat bottom 타입과 동등한 성능을 주는 것으로 나타났다. 그래서 머무름 시간은 Hoechst 플랜트에서의 2시간과 비교해서 일차 세틀러에서 1.5시간이다. 이차 세틀러에서의 실제적인 머무름 시간은 1.5로부터 2.3까지 변화될 수 있는 리사이클 슬러지 비율에 의존한다. Fresh feed에 기초한 명목상의 머무름 시간은 본 디자인에서 2.25시간이다.

본 디자인뿐만 아니라 Hoechst에 의한 디자인은 50-25mg/1 of BOD_5의 방출물들 혹은 96~98% 제거를 요구한다. 2개의 인자는 그러한 성능에 도달할 수 있다는 확신을 준다. 하나는 파일럿 테스팅이 이것과 한층 더 강한 폐수들로부터 언급된 residual BOD_5를 시종일관 나타내었다는 것이다. 다른 하나는 근본적인 환경적 상황이다. 잘 혼합된 aeration basin 속에 있는 미생물들은 방출물 조건들 하에서는 존재한다. 그러나 유입물 조건들에서는 존재치 않는다. 이들 미생물들은 특별한 residual BOD_5에서 생존할 수 있으며 유입물 농도는 만약 유해물질들이 존재하지 않는다면 관련되지 않는다. 더 진한 유입물은 더 긴 머무름 시간을 요구하지만 도달할 수 있는 방출물에는 영향을 미치지 않는다. 그래서 "the activated sludge process should be thought of as limited in effluent quality but not in percentage reduction of pollutants." 그러한 디자인에 대한 실제적인 상업적 가동 결과들은 입수하지 못하였지만 3,250으로부터 25ppm까지 BOD_5의 감소 혹은 99.2% 제거를 위한 또 다른 플랜트가 디자인되었다(427).

Aeration basins의 디자인은 [그림 6-3]에 더 자세히 나타내었다. 이것은 여러 시험적인 디자인들을 검토한 후 채택될 것이며 Hoechst 디자인보다도 더 보수적이지만 몇몇 컨설탄트들의 디자인처럼 보수적이지는 않다. 디자인의 개발에 관해서 약간 더 자세히 기술키로 하겠다.

[그림 6-3]
AERATION BASINS

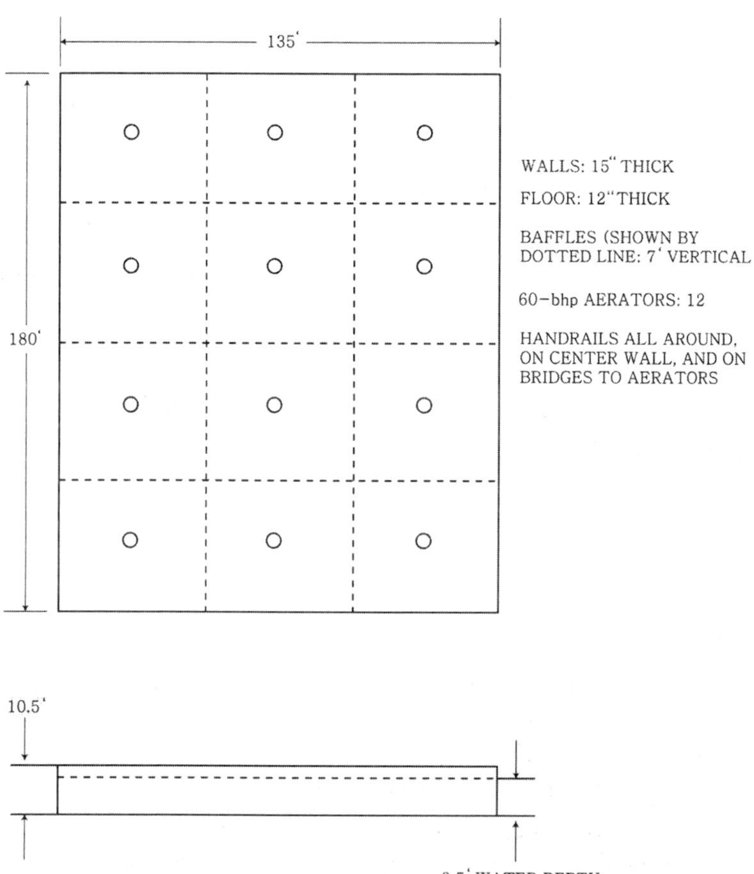

전통적인 저속의 surface aerators는 공간이 함께 너무 밀집되어 있을 때 좋지 못하게 실행되었다(429). 문제점들 중에는 고체들의 퇴적 그리고 낮은 DO의 영역들이 있다. 예를 들면 여러 소스들에서는 100hp aerators에 대해서 55ft의 최소공간을 추천한다; 한 제조업체에서는 70ft를 추천한다. 다른 사이즈들에 대한 스페이싱은 대략 파워의 square root에 비례한다; 즉, 단위 표면적당 파워는 일정하다. 본 디자인에서 baffles는 aerators 사이의 불리한 역 상호작용들을 방지하기 위해 사용된다.

최소 스페이싱에 덧붙여서 최소 물깊이가 부식 혹은 불안정한 가동을 방지하기 위해서 요구된다. 50~75hp 유니트들에 대해서 8.5ft의 최소깊이가 추천되었으며 100hp에 대해서는 9ft가 추천되었다. 더 얕은 깊이들은 draft tubes의 사용에 의해서 가능하지만 이들은 더 낮은 산소이전 효율성들을 갖는 고속 유니트들과 함께 대개 사용된다. 더 큰 유니트들에 대한 증가된 깊이 때문에 단위부피당 허용될 수 있는 파워 input은 감소한다.

본 디자인의 각 60bhp aerator는 45×45×8.5ft의 cell 속에 있어서 3.5hp/1,000 cu ft 혹은 0.47hp/1,000gal이 사용된다. 참고문헌 221에 따라서 Hoechst 디자인은 단위부피당 20% 더 많은 파워를 적용한다. 다른 Hoechst unit는 본 디자인보다도 단위부피당 40% 더 많은 파워에 대해서 디자인되었는데 이 유니트는 약 51ft의 공간의 100hp aerators 그리고 약 7.5ft의 깊이를 갖는다(427). 이들 aerators는 비록 이들이 저속 유니트들이라 할지라도 draft tubes를 갖는다.

요구되는 파워는 용해되는 산소와 용해효율성에 의해서 결정된다. 요구되는 산소는 제거되는 BOD에 의해서 결정된다. 유기물질들에 있어서의 그리고 내생호흡의 양에 있어서의 차이들 때문에 비율은 일정하지 않지만 전형적으로 약 1.25 1b of O_2/1b BOD removed 이다. 이 숫자는 "Correction to standard conditions(20℃, pure water, zero DO) from operating conditions(30℃, mixed liquor, 2ppm DO) gave a requirement of 2.1 1b/1b, with 2.25 being used for design."라는 Hoechst사의 언급과 잘 일치한다. 보정은 다음과 같은 식에 의해서 이루어진다:

$$\frac{N_a}{N_o} = \alpha \left[\frac{\beta C_{SS} - C_L}{C_S} \right] (1.025)^{T-20}$$

이 식에서

$\frac{N_a}{N_o}$	=	ratio of oxygen actually transferred to oxygen transferred at standard conditions.
α	=	a constant for specific waste.
β	=	ratio $\frac{\text{Solubility of oxygen in waste}}{\text{Solubility of oxygen in pure water}}$
C_{SS}	=	Solubility of oxygen in pure water at specified waste temperature
C_L	=	design concentration of DO in waste
C_S	=	Solubility of oxygen in pure water at 20℃ and 1 atmosphere standard condition, or 9.17ppm
T	=	temperature, ℃

이 식은 질량이전에 대한 추진력으로서 DO 결손을 인정하고 있다. 마지막 괄호속 표현은 액체 운반성질들에 미치는 온도의 영향에 대한 실험적 보정이다.

Hoechst 디자인(221)은 약 0.2kwh/1b O_2 dissolved at standard conditions(3.7~3.8 1b dissolved per hp hr)을 허용한다. 이것은 API(239, p.13-23)에 의해서 인용된 효율범위의 상단 끝이다. 몇몇 컨설턴트들은 디자인값으로써 3.51b/hp hr을 사용한다.

비정상적인 흐름에 대한 혹은 보수를 위해 가동중단 중인 aerators에 대한 Hoechst 자료에서의 설비는 없다. 비록 다른 소스들이 이 값이 매우 높다고 지적한다 할지라도 한 컨설턴트는 aerators는 시간의 약 20% 아래에 있다고 언급하였다. 덧붙여서 특정한 경우에 시스템에 대한 간편한 layout을 취하는 것이 바람직스럽다. [그림 6-3]의 layout은 이들 요구사항들을 충족시키며 평균값 위로 약 30%의 여분을 준다. 이것은 DO에 있어서의 현저한 떨어짐 없이 basin 당 1 혹은 2개의 aerators가 가동중단 되는 것을 허용케 된다. DO를 1ppm으로 감소시킴은 용량을 20% 증가시킨다.

이들 고려사항들에 따라서 채택된 디자인은 Hoechst에 의해서 보고된 것보다도 17% 더 작은 단위부피당 파워 input를 가지며 10.8시간과 비교되는 19.75시간(raw waste basis) 혹은 Hoechst에 의해서 보고된 것보다도 82% 더 긴 머무름 시간을 갖는다(221).

충분히 흡족한 DO가 주어졌을 때 단위부피(space loading)당 BOD의 산화속도를 조절하는 두 개의 주된 인자들은 서스펜션된 고체들의 농도(MLSS) 그리고 고체들의 loading, 혹은 BOD applied per day per unit of solids이다("A more fundamental parameter is the food to microorganism ratio, or F/M"). 너무 높은 solids loading은 세틀링될 수 없는 필라멘트성 슬러지를 초래하며 너무 높은 MLSS는 또한 세틀링의 어려움들을 초래한다. 이들 두 가지 모두 Hoechst pilot scale tests에서는 높았다. 고체들의 농도는 약 5,000ppm이었으며 solids loading은 0.7 1b BOD_5/day/1b MLSS보다도 더 작았다. 본 디자인의 증가된 머무름 시간은 두 가지 모두 감소되도록 허용케 할 것이다. 성공적인 파일럿 테스트들 때문에 비록 대규모로 입증된 사실은 없다 할지라도 본 디자인이 믿음직하고 확실한 것으로 여겨진다.

슬러지에 대한 thickeners에 관한 가장 좋은 고찰은 Sparr와 Grippi(216)에 의해서 이루어졌다. 정화장치들에 대립되는 것으로 농축장치들(thickeners)은 overflow보다는 오히려 underflow와 더 관계된다. Thickeners는 일반적으로 스크레이퍼들을 운반하는 arms에 장착된 "picket fence"를 갖는데 이 "fence"는 정화장치들에서는 사용되고 있지 않다. 그것의 목적은 물과 가스들이 빠져나가는 것을 허용함으로써 컴팩션을 돕고 촉진시키기 위해 슬러지 블랭킷에서 온화한 저어주는 작용을 주는 것이다. Thickeners의 적당한 깊이는 아직 논쟁중인 미해결 상태이다; 어떤 엔지니어들은 9~10ft의 side water depth를 갖는 탱크들을 선호하는 반면 다른 엔지니어들은 이 값의 적어도 2배를 추천한다. 디자인 기준은 폐활성슬러지에 대하여 400~800gal/day/sq ft로서 주어진다. 만약 일차 하수 슬러지가 같은 vessel에서 농축된다면 그 rate는 더 높을 수 있다. 기준은 solid loading에 대해서도 또한 주어지지만 2개의 기준이 농도를 계산하기 위해 사용될 수 있기 때문에 이들은 반드시 양립할 수는 없거나 혹은 하나는 제한된다. Eckenfelder(p.R-1 of B-11)에 따르면 6시간의 최소 detention time 그리고 400~800gal/day/sq ft의 overflow rate가 사용된다. 이들 기준들은 13~27ft의 최소 깊이를 포함한다.

Dissolved air flotation는 또한 슬러지를 농축시키기 위해 사용되고 있다(p.R-2 of B-11, pp.33-45 of B-14). 이 방법은 일반적으로 비중 농축장치들에서의 세틀링보다도 더 높은 농도를 준다.

Freezing and heat treatment는 또한 탈수를 위해 슬러지를 컨디셔닝시키는 방법들로서 제안된다(215, 244, p.R-8 of B-11). The Porteus and the Zimpro heat treating processes는 화학적 첨가제들 없이 하수 슬러지들의 겔 구조를 파괴시키기 위해 사용되고 있다.

Rotary vacuum filter는 200~400 l/m^2hr의 filtration rates를 나타내는 Hoechst data를 기초로 하여 크기규모를 정하였다.

Filter presses는 유럽에서 하수 슬러지들에 대해서 사용되었다. 이들은 petrochemical excess activated sludge에 대한 좋은 선택인 것으로 나타나지 않았다. 그러나 Thomas는 이들이 슬러지 컨디셔닝 이후에 경쟁력이 있는 것으로 믿고 있다(424).

원심분리장치들은 슬러지를 탈수시키기 위해 로터리 필터들을 대신하여 사용된다(219, 220, 229, p.R-2 of B-11). 필터들은 최근에 입수가능한 장치가 여과만큼 많은 폐활성 슬러지를 농축시킬 수 있을 것 같지 않고 고체들은 autothermic이지 않기 때문에 선호된다(243). 그러나 만약 오일성 슬러지들과 같은 높은 열량값의 다른 물질들이 같은 소각장치에서 처리되어져야 한다면 원심분리장치들이 가장 좋은 선택이며 이들은 필터들에 플러그를 형성하는 슬러지들을 처리할 수 있다. 추가적인 연료 없이 어떤 주어진 슬러지를 태울 수 있는 능력은 연소공기를 가열하기 위해 제공되는 열교환의 양에 또한 의존한다는 사실을 언급하여야 한다. 원심분리장치들은 또한 다른 처리방법들과 합쳐진다.

Lurgi and Powell Duffryn의 Carbo-Floc process는 높은 고체들의 함유량을 갖는 케이크를 만들기 위해 lime dosing, thickening, carbonation, 그리고 centrifuging을 사용한다(224, 225). 이 공정은 석유화학 플랜트들에서 선호되지 않는 것 같다.

비록 소각에 의해서 얻어지는 것만큼 많은 감소는 아니라 할지라도 슬러지는 고체들의 부피에 있어서의 커다란 감소와 함께 습식시스템에서 또한 부분적으로 산화될 수 있다. Zimmermann 혹은 Zimpro 공정은 산화제로써 공기를 사용한다(218). 슬러지는 공기와 혼합시켜서 열교환에 의해서 가열시키며 만약 필요하다면 산화가 일어나는 적당한 온도로 스팀에 의해서 가열시킨다. 아마도 30분의 머무름 시간 후에 반응기 방출물은 220~320℃이며 이때의 압력은 물을 액체상으로 유지하기 위해 충분한 압력에서 이루어진다. 공정 디자인은 고체들의 처리의 어려움, COD의 30%로부터 70%로까지의 감소로 변화되고 있는 산화의 양에 따라서 개조될 수 있다. 액체는 여과 혹은 배수법(drainage)에 의해서 고체 잔류물로부터 쉽게 분리된다. 잔류 액체는 BOD가 높으며(아마도 5,000ppm) 처리를 요구한다. 그러나 질소 함유량은 암모니아로 전환되며 이것은 미생물들에게 자양분을 주어 배양케 되기 때문에 공정은 활성 슬러지와 잘 합쳐진다. Zimpro

공정은 값이 비싸며 전문 가동 인력을 필요로 한다.

Zimpro 공정은 또한 폐수에 직접적으로 사용된다. Zimpro는 오염물질을 제거하고 농축시키기 위하여 파우더 타입의 활성탄 흡착을 삽입하고 활성탄을 재생시키기 위해서 습식 공기산화를 사용하는 방법을 제안하였다. 이 공정은 활성탄 흡착을 고찰한 제 11 장에서 논의하기로 하겠다.

다른 습식 산화공정은 BIF Purifax process인데 이 공정은 대기 중 온도와 낮은 압력에서 산화제로서 염소를 사용한다(423). 그러므로 이것은 더 낮은 비용의 설비이지만 더 높은 화학적 비용들을 갖는다.

농축된 슬러지를 처리하는 가장 일반적인 방법은 언급된 것들 중에서 하나는 아니고 혐기성 침지(anaerobic digestion)이다. 그러나 이 공정은 일차적인 슬러지를 포함하는 도시 폐수들에 대해서 더 적합하다. 과량의 활성 슬러지는 일차 슬러지만큼 반응성이 크지는 않다. Anaerobic digesters가 어떤 석유화학 플랜트에서 사용되었지만 같은 반응들이 stabilization ponds에서 일어난다는 사실은 의심스럽고 확실치 않다.

미국에서 슬러지를 위한 가장 초기의 유동층 소각 장치들이 정부보조금의 지원으로써 Copeland System과 American Oil Company에 의해서 공동으로 개발되었다(B-13, 222). 다른 제조업체들이 이 분야에 참여하였으며 비슷한 유니트들이 유럽의 플랜트들에 설치되었다(228, 243). Experimental Station of Marienau에서의 개발 작업이 기술되어졌다(240). Copeland Systems는 디자인은 특정 폐기물(폐수) 속의 염소화된(염화) 탄화수소들은 HCl을 발생시키며 가스로부터 최소량의 제거는 대체로 실질적으로 충분히 비용들에 추가될 수 있다. Hoechst 플랜트에 기초한 현재의 디자인은 이 인자를 참작하지 않으며 낙관적이다. Copeland 소각 장치는 일반적으로 1400-1600℉에서 가동되지만 2000℉까지 허용될 수 있다. 온도를 조절하기 위하여 torch oil 혹은 물 스프레이가 사용된다. 오일성 슬러지를 포함하는 슬러지는 층으로 연속적으로 투입된다. 뭉쳐진 회분은 스크류 컨베이어에 의해서 제거된다. Overhead 가스들은 dry cyclone, Venturi scrubber, 그리고 wet scrubber를 거쳐서 통과한다. 그러므로 가스는 포화되고 비록 못마땅한 고약한 냄새가 나는 연기기둥은 아니라 할지라도 가시적인 연기기둥을 생성시킨다. 만약 이것이 불쾌하고 못마땅하다면 증가된 비용으로 재가열이 필요하다. 이 디자인의 슬러지의 heating value가 알려져 있지 않기 때문에 아마도 추가적인 연료가 요구된다.

비록 유동층 소각 장치들이 선호되는 것 같다 할지라도 rotary drum furnaces, multiple hearth furnaces, 그리고 slagging furnaces(225, 254)를 포함하는 여러 다른 실행할 수 있는 방법들이 입수가능하다. 만약 폐기물이 오일성 슬러지들을 (아마도 석유 및 석유화학 플랜트들에서) 포함한다면 유동층은 특히 적합한데 이들 오일성 슬러지에 대해서 rotary drum은 나쁜 냄새를 주는 것 같으며 multiple hearth는 폭발성 위험물을 준다. Slagging furnace는 매우 낮은 열효율을 갖지만 가장 낮은 자본비용을 그리고 최소의 고체폐기물

부피를 갖는다. 유동층 퍼니스들의 자본비용은 rotary drum furnaces보다도 더 낮으나 multiple hearth furnaces보다도 더 높은 경향이 있다.

모래층들에서의 건조, 바다에 버림, 그리고 다른 throw-away 방법들이 슬러지 처리를 위해서 사용되었다. 처리된 슬러지는 농업적으로 사용될 수 있다. 슬러지 처리의 전반적인 문제와 관련된 주된 참고문헌들에는 B-11, B-14, 그리고 B-15가 포함된다.

6.5 비용분석

자본비용과 가동비용은 각각 <표 6-5>와 <표 6-6>에 나타내었다. [그림 6-4]는 design rate와 throughput에 따른 가동비용들의 변화를 나타낸다.

[그림 6-4]

ACTIVATED SLUDGE

EFFECT OF OPERATING LEVEL AND PLANT CAPACITY ON OPERATING COST

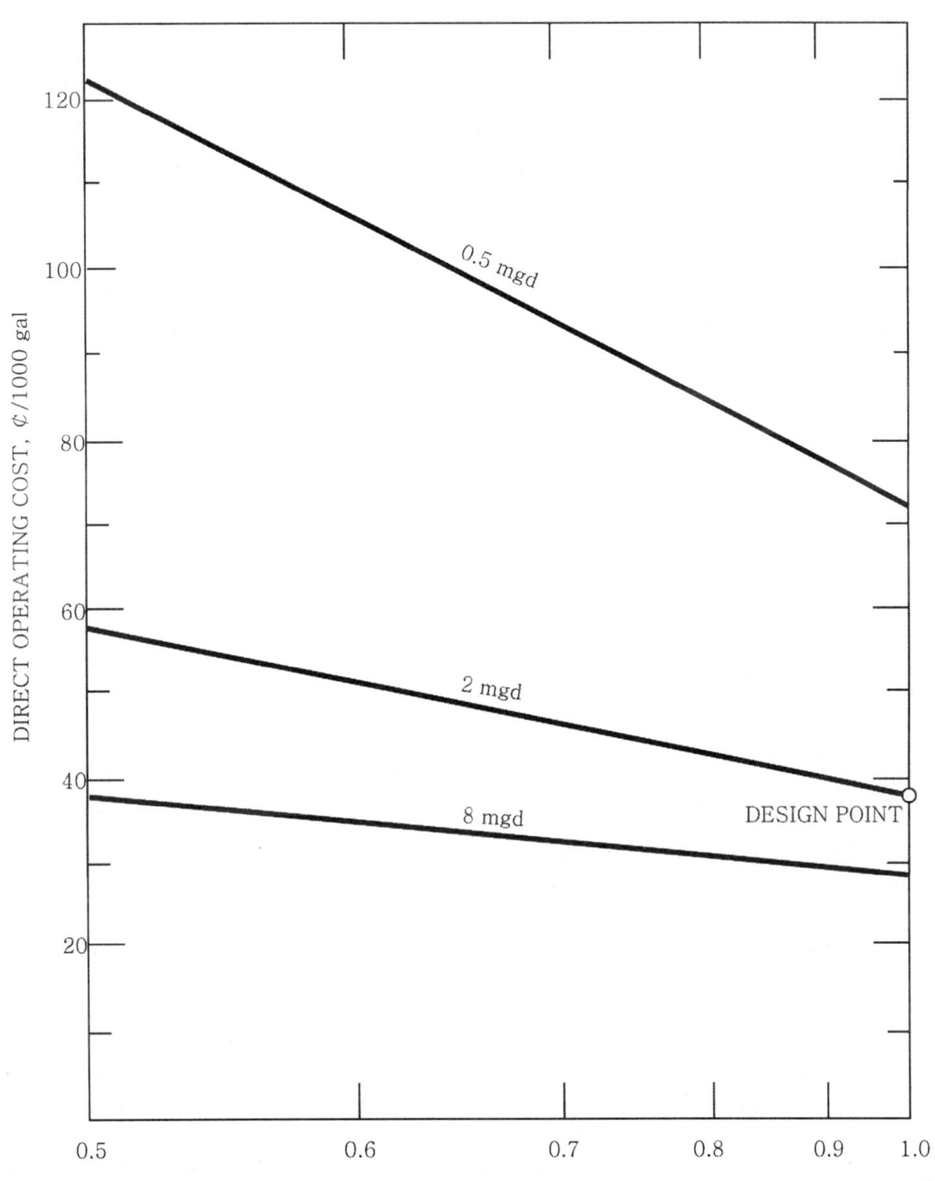

문헌에 있는 비용들은 이들 추정값들의 타당성을 판단하기 위해 사용될 수 없는데 그것은 일차 및 이차 세틀러들을 포함하는 활성 슬러지 섹션은 140의 CE Cost Index로 조정하였을 때 $375,000(315)~$1,750,000(217) direct installed costs로 계산된다. 다행스럽게 이 공정과 경쟁적인 공정들에 대한 실제적인 컨설턴트 추정값들을 포함하는 훌륭한 소스들이 있다. 콘크리트 두께는 비용에서 중요한 항목이다. 활성 슬러지 유니트들은 여기서 사용된 것처럼 실제적으로 15-in, 벽들 그리고 12-in.(평균) 바닥들로써 건설되었다. 강도 요구조건들이 다른 곳에서는 비용에 미치는 영향은 상당하다. 다른 중요한 인자는 강화 콘크리트 건설비용이다. 최근의 비용들은 시멘트와 골재의 좋은 공급원을 갖는 대규모 프로젝트에 대한 $120/cu yd로부터 덜 산업화 된 지역에서의 $220로까지 변화하였다. 여기서는 140의 CE Cost Index로 단계적으로 확대된 $185/cu yd, direct installed cost의 계산값을 사용하였다. 벽돌과 바닥들 단독에 대하여 계산된 부피 위로 다양한 콘크리트에 대해 8%의 여유 허용을 사용하였는데 만약 단지 벽들과 바닥들의 부피만을 고려한다면 이것은 $200/cy yd와 동등하다. Grating, handrails, weirs, baffles, controls, 그리고 instruments와 같은 관련된 항목들을 따로따로 개별적으로 계산하였으며 그 결과들에 기초하였으며, 1.35 installation factor로써 관여하였다. Aerator의 비용에 platforms, installation, 그리고 electrical connection의 비용들이 추가되었다. Direct installed cost(임시비용과 fees는 제외)에 대한 적당한 인자는 2.5로서 계산되었다.

Equalization cost는 더 높은데($108,500 compared with $84,000 for basins only at CE Cost Index 140 from ref. 315) 그것은 평균적인 건설보다도 더 비용이 많이 드는 데 기인된다. 여기서의 비용은 트윈 콘크리트 챔버들(each 15 ft deep and 67 ft square)에 기초한다. 이것은 부지가 부족한 곳에서 적절하다. 많은 equalization basins는 얕은 ponds이다. 약간은 고무와 같은 낮은 비용의 재료로써 라인이 설치된다. 참고문헌 226에 따르면 reservoir는 30~70₵/sq ft의 설치비용으로 고무로써 라이닝될 수 있다. 그래서 낮은 equalization cost는 참고문헌에 의해서 나타내진 것보다도 훨씬 더 작을 수 있다. 콘크리트 건설에 대한 다른 비용들은 문헌상의 비용들과 일치하였다.

Neutralization cost는 참고문헌 217과 적절히 비교되지만 참고문헌 315보다는 훨씬 더 적다. 여기서의 유니트는 0.4시간의 머무름 시간에서 충분히 작아서 고무-라인된 스틸 탱크들 속에 알맞게 포함된다. 참고문헌 217의 neutralization unit는 여기서의 것과 같은 산업폐기물 처리 플랜트에 있다. 더 높은 비용($96,000 at CE Cost Index 140 compared with $72,000 battery limits)은 알칼리들 뿐만 아니라 산들의 중화를 위한 설비를 부분적으로 반영한다.

유동층 소각 장치의 비용은 British article(242)에 기초한다. 그러나 한 발표된 비교에서 "Manufacturer B"로부터의 비용은 "Manufacturer A"로부터의 그것의 4.5배였다(426).

Aerobic digestion, thickening, 그리고 vacuum filtration 혹은 centrifuging에 의한 슬러지 처리비용은 $970,000이다(315).

트렌드는 고체폐기물의 양을 감소시키기 위하여 소각의 증가된 사용 쪽이지만 다른 처리 방법들이 많은 상황들에서 더 값싸게 될 수도 있다. 슬러지 처리에 관한 특허문헌의 대부분은 anaerobic digestion을 고려하고 있지만 이것은 역시 처리되어야 하는 일차 슬러지의 많은 양을 갖는 하수처리 플랜트들에 대해서 더 적합하다. 또 다른 대체방안은 안정화 후에 슬러지를 매립하는 것이다. 만약 요구조건이 관대하다면 수로에 들어오는 잔류 고체들에 대한 extended aeration이 가능하거나 혹은 주기적인 제거를 수반하는 stabilization pond에서의 세틀링이 적합하다.

여기서의 추정값들의 신뢰성은 성분비용들을 비교함으로써 역시 판단된다. 일차 세틀러는 한쪽 끝에서 14ft의 높이이고 다른 쪽 끝에서 8ft 높이인 벽들을 갖는 14ft×67ft의 2개의 평행한 유니트들이다. Concrete, excavation, 그리고 flight scrapers의(단지 이들 항목들에 대해서는) 비용을 추정하면 $42,000이었다. 같은 index로 조정하였을 때 참고문헌 315에서는 파이핑, 펌핑, 엔지니어링, 그리고 임시비용을 제외하고서 일차 정화장치에 대해서 $34,000의 비용을 주고 있다. 2차 세틀러는 한쪽 끝에서 16ft의 높이 그리고 다른 쪽 끝에서 9ft의 높이의 벽들을 갖는 16ft×77ft의 2개 유니트들이다. 대응되는 비교는 여기에서는 $55,000의 추정값과 참고문헌 315로부터의 $51,000 사이에서 이루어진다. 활성 슬러지 비용에 있어서의 변화는 폐수의 높은 BOD에 의해서 필요로 하게 되는 aerator 용량에서의 차이에 일차적으로 주로 관련된다. Heochst project의 총비용은 3.15배의 용량을 갖는 플랜트에 대해서 $6.2백만으로써 발표되어졌다(248).

가동비용 추정에서 소각 장치로부터의 회분의 처리의 매우 가변적인 비용은 포함되지 않았다. Power cost는 보수적으로 줄잡아 설비되는 용량에 기초한다.

Chapter 7

순수 산소 활성 슬러지

7.1 공정에 대한 개괄적인 고찰

"순수 산소(pure oxygen)"이라는 항은 공기가 갖는 것보다도 더 높은 산소농도를 갖는 가스를 사용하는 공정들을 포함하는 것을 의미한다. 지금까지의 적용들에서 농도들은 90%를 넘었다.

활성 슬러지 공정들에서 활성 슬러지의 높은 농도들(MLVSS)은 두 가지 관점으로부터 바람직스럽다. 첫째로, 박테리아 호흡이 BOD 감소의 일차적인 주된 메커니즘이기 때문에 이들은 빠른 반응들을 촉진시킨다. 둘째로, 독성은 독성물질의 농도에 뿐만 아니라 생물체들에 대한 독성물질의 비율에 관련되기 때문에 이들은 쇼크 부하의 영향을 더 작게 해 준다. 그러나 전통적인 공정들에서는 농도는 두꺼운 슬러지를 세틀링시키는 어려움에 의해서 혹은 바람직스럽지 못한 다른 환경에서도 살 수 있는 혹은 혐기성 박테리아 그리고 실모양의 생물체의 성장을 차단하기 위해서 그것을 충분히 공기 노출시키기 어려움에 의해서 제한된다. 두 가지 방법들은 가동의 제한을 확대시키는 것으로 밝혀졌다.

공기 대신 산소의 사용은 더 높은 용존 산소의 함유량들을 가능케 하여서 지협적인 혐기성 조건들의 위험이 작다. 또한 슬러지는 더 높은 세틀링 속도를 갖는 것으로 밝혀졌다. 비록 정상적인 슬러지 농도보다도 더 높은 농도를 취급 처리할 수 있다 할지라도 이 인자는 지금까지 여전히 제한되고 있다.

Kurita Industrial Company(433, 434)는 산소 용해도를 증가시키기 위하여 가압 하에서 공기를 사용한다. 압력을 풀었을 때 용액으로부터 방출되는 가스는 슬러지를 표면으로 뜨게 한다. Kurita는 훨씬 더 높은 슬러지 농도들을 이 방법으로 처리할 수 있다고 확신하였다. 그러나 압력반응기(고압 반응기)는 대기압 플랜트들에서 사용되는 낮은 비용의 제작타입을 불가능하게 한다.

3가지의 순수 산소활성 슬러지 공정들이 제안되었는데 그 중에서 ***the Unox process of Union Carbide***는 오늘날 으뜸 공정이다. 이 공정은 광범위하게 보고되어졌다(435-442, B-17). 이들 중에서 하나는 석유화학 분야에의 적용에 관해서 기술하고 있다(439). 오리지널 결정적인 명확한 기술은 New York주 Batavia에 소재한 개발 유니트에 관련된 것이다(435).

산소비용 때문에 그것의 효율적인 사용은 필수적이며 Unox process는 이 인자를 염두에 두고서 디자인된다. 공정은 cocurrent flow를 사용하여 4개의 단계들에서 산소와 유입물 그리고 리사이클된 슬러지를 접촉시키는 것으로써 구성된다. 단계들 사이에서의 backmixing은 대체로 충분히 차단된다. 물론 단계들은 산소 손실을 막기 위해서 커버된다. 가스들 특히 CO_2는 공정에 의해서 생성되며 산소농도뿐만 아니라 가스의 부피는 단계들 사이에서 감소된다. 접촉시킴은 surface aerators 혹은 sparged aerators에 의해서 이루어진다.

The Simplox process of Cosmodyne는 aeration을 위해 diffuser와 spargers를 사용한다(435). 산소는 공정 속으로 sparging시키며 블로우어들은 혼합된 용액을 접촉시키기 위해 diffusers를 거쳐서 가스공간으로부터 가스를 순환시킨다.

Airco process는 이것을 거쳐서 가스와 혼합된 용액을 순환시키는 tubular contactors를 사용한다(438).

이들은 활성 슬러지 공정들이기 때문에 이 절에서 고찰된 변형공정들은 앞서 나타낸 <표 6-1>에 요약 정리해 둔 그들의 특허들에 귀속되었다.

7.2 공정에 대한 전반적인 기술

플로우의 관점으로부터 여기에 나타낸 Unox process는 제6장에서 기술된 활성 슬러지 공정과 같다. [그림 7-1]은 aeration chambers와 oxygen generation plant의 레이아웃 스케치이다. <표 7-1>은 과량의 여분 슬러지 생성을 제외하고서 앞서 기술된 활성 슬러지 플랜트(제6장의 6.3절을 보시오)와 같은 성능에 대해 디자인된 플랜트에 대한 major equipment list와 utilities summary를 나타낸다. 과량의 슬러지는 0.30 1b/1b BOD removed 혹은 6.100 1b/day로 가정된다.

[그림 7-1]

UNOX SYSTEM

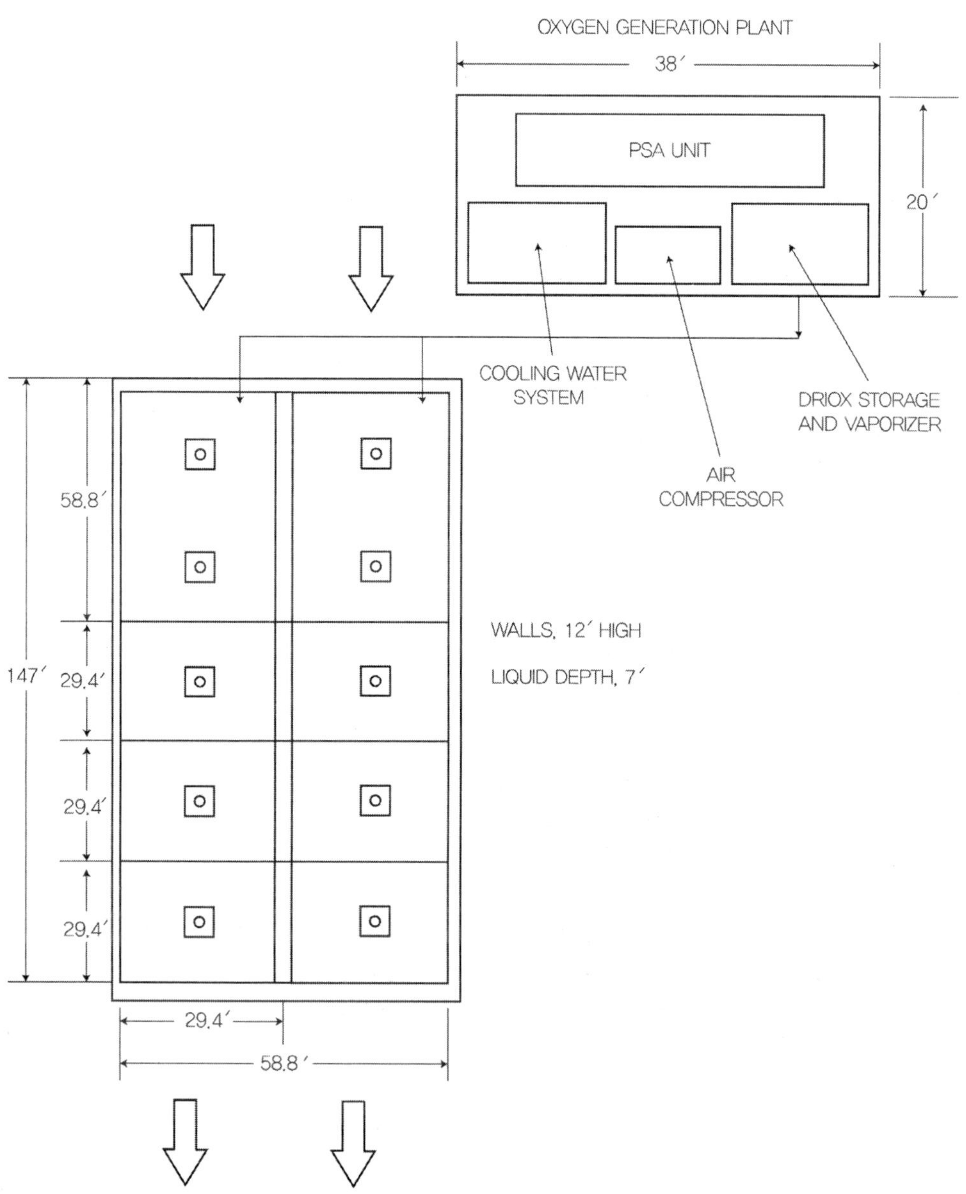

<표 7-1>

UNOX PROCESS

MAJOR PROCESS EQUIPMENT AND UTILITIES SUMMARY
Plant Capacity: 2 Million U.S. Gal/Day
Wastewater at 1.0 Stream Factor

Major Process Equipment

Equipment Number	Name	Size	Material of Construction
	Special Equipment		
S-101	Equalization basins	2 mgd	Concrete
S-301	Primary settlers	2 mgd	Concrete
S-302	Flight scrapers	14×67 ft	Carbon steel
S-303	Aeration basins	2 mgd	Concrete
S-304	Secondary settlers	2 mgd	Concrete
S-305	Flight scraper	16×77 ft	Carbon steel
S-401	Rotary filter	300 sq ft	Carbon steel
		Volume (gal)	
	Tanks		
T-201	Neutralization tanks (2)	16,700 ea	Rubber lined
		Size	
	Miscellaneous Equipment		
M-101	Mixers (2)	20 bhp	304 ss
M-201	Mixers (2)	1 bhp	304 ss
	Package Units		
PAC-401	Unox System	2 mgd	Concrete
PAC-402	Fluidized bed	0.27 tph	Brick

<표 7-1> (Concluded)

UNOX PROCESS

MAJOR PROCESS EQUIPMENT AND UTILITIES SUMMARY

Plant Capacity: 2 Million U.S. Gal/Day
Wastewater at 1.0 Stream Factor

Maior Process Equipment

Equipment Number	Name	Size	Material of Construction
	Pumps		
	100 section −2, including 1 operating, 1 spare	13 operating bhp	
	200 section −4, including 2 operating, 2 spare	13 operating bhp	
	300 section −10, including 5 operating, 5 spare	53 operating bhp	
	400 section −6, including 3 operating, 3 spare	1 operating bhp	

Utilities Summary

	Battery Limits	100 Section	200 Section	300 Section	400 Section
Average consumptions					
Cooling water(gpm)	10			10	
Electricity (kw)	558	44	13	471	30
Peak utility demands					
Electricity (kw)	696	44	13	609	30

7.3 공정에 대한 세부적인 고찰

Aeration system 이외에 이 디자인은 공기 활성 슬러지 디자인과 동등하거나 혹은 비슷하며 앞서 언급한 코멘트들은 적절하고 꼭 들어맞다. Aeration system은 다음과 같은 디자인 파라미터들을 갖는다.

Retention time	
Net influent, hr	5.4
Total flow, hr	4.3
MLVSS, ppm	7.900
Sludge recycle rate, % net influent	25%
Mean biomass loading(1b BOD_5/1b MLVSS/day)	0.7
Volumetric organic loading(1b BOD_5/1,000 cu ft/day)	347
Average DO level, ppm	6
Oxygen transfer coefficients	
Alpha	0.85
Beta	0.95
Average oxygen absorption efficiency	88%
Oxygen generated(tons/day)	18

공기 활성 슬러지 공정과 비교할 때 Unox process는 3가지의 주요한 유리한 점들을 갖는다: (1) 더 낮은 전체적인 파워 요구량, (2) 감소된 aeration basin 부피, 그리고 (3) 향상된 처리 특색들과 함께 감소된 슬러지 수율. 이들 유리한 점들과 결정인자들을 더 자세히 차례로 고찰키로 하겠다. 주요한 불리한 점들은 (1) aeration basins을 밀폐시키기 위한 필요성 그리고 (2) 산소공급에 대한 필요성.

더 전통적인 활성 슬러지 공정에 대한 Unox process의 관계를 이해하기 위하여 생화학적 산화의 기본적인 문제들을 고찰하는 것이 가장 좋다. 산소를 용해시키기 위한 그리고 용해된 산소를 사용키 위한 두 가지 목적들을 위해 파워가 요구된다. Diffuser aerators를 사용하는 시스템들에서 두 가지 function 모두는 압축공기에 의해서 실행된다. 한편 surface aerators는 기계적으로 혼합시키고 용해를 촉진시킨다. Spargers를 갖는 mixing impellers는 어느 정도까지는 다소 두 기능들을 분리시킨다. Union Carbide사는 이 분리가 가끔 Unox process에 대해서 바람직하며 이 공정에서 가스 플로우는 공기 활성 슬러지 공정들에서의 그것의 1~2%라는 사실을 알았다. Union Carbide사는 산소를 믹서의 hollow shaft를 거쳐서 rotating sparger로 재순환시키는 장치를 개발하였다. 그러나 pitch blade turbine surface aerators는 깊은 탱크들에 대해서를 제외하고서 최근에 선호된다. 액체 혼합과 가스의 재순환을 위한 총 파워는 공기 활성 슬러지 공정에 대한 0.2~0.3hp/1,000gal과 비교하였을 때 일반적으로 0.08~0.14hp/1,000gal of mixed liquor이다(431). 고려 중인 높은 강도(세기)의 폐수에 대해서 그 값들은 Unox process에 대해서 0.43이며 공기 활성 슬러지에 대해서는 0.47이다. 단위부피당 더 낮은 파워는 단위부피당 더 높은 산소 용해도에도 불구하고 power/unit dissolution을 Unox에 대해서 훨씬 더 작게 만들고 있다.

희석제로서 질소의 효과는 확산이 이 약간 용해성인 가스에 대해서 조절된 액체상이기 때문에 산소의 부분압력을 더 낮추어 준다. 일반적인 조건들에 대해서 공기 중의 산소의 10%보다도 더 작은 양이 용해되어서 창출된 계면영역은 산소를 용해시키기에 효과적이지 못하다. 그러나 공기로부터 산소를 분리시키기 위한 파워는 Unox 공정에 대항해서 투입되어져야 한다. 이것이 과도하게 되는 것을 막기 위해서 high degree of utilization이 이루어지는 것이 필수적이다. *3가지 주된 특질들(이들은 거의 Unox process를 정의한다)은 산소의 효과적인 사용을 달성키 위해 사용된다: (1) 액체표면으로부터 달아나는 산소의 재사용을 가능케 하기 위하여 시스템을 커버링한다; (2) 공정은 staged cocurrent flow를 사용하여서 산소농도는 수요가 inlet에서 가장 높은 곳에서 가장 높으며 벤트가스는 feed의 작은 부분이다; (3) 산소 feed control은 본질적으로 생화학적 사용량에 바로 반응하는 respirometer이다.*

공기 분리로부터의 산소의 순도는 공정을 최적화시키기 위한 변수이다. McWhirter는 이 인자를 조사하였다(432). 효과적인 산소발생(이후에 고찰 예정)과 사용에 따른 요구되는 전체적인 파워는 일반적으로 공기 활성 슬러지 공정에 대해서보다도 현저하게 더 작다.

감소된 aeration basin 부피는 두 가지 인자들의 결과인데 이 두 가지 인자들은 향상된 슬러지 세틀링 특성들에 관련된다. 한 인자는 훨씬 더 높은 MLVSS 수준들에서 가동이 가능토록 하는 것인데 이것은 단위부피당 더 높은 oxygenation rates를 초래한다. 다른 관련된 인자는 세틀링된 슬러지 속의 더 높은 고체들의 농도인데 이것은 더 낮은 리사이클 비율들에서 더 높은 MLVSS를 달성하는 것을 가능케 한다. 그래서 유입물은 리사이클된 슬러지에 의해서 덜 희석되며 더 높은 oxygenation rates를 초래한다. 높은 DO level은 이들 조건들 하에서 슬러지 특성의 약화(저하)를 막는데 도움이 된다.

생성되는 과량의 슬러지는 일반적으로 공기 활성 슬러지 공정에 대해서 보다도 Unox process에 대해서 더 적다. 이 적용에 대한 감소량에 관한 직접적인 정보는 입수되지 못하였지만 그것은 1/3까지 감소된다는 합리적인 가정을 하였다. 게다가 슬러지는 더 높은 농도로 세틀링하여서 농축장치를 제거하였으며 필터와 소각 장치는 크기가 감소되었다.

Union Carbide는 작은 설비들에 산소를 공급하기 위해 pressure swing adsorption(PSA)를 그리고 큰 산소수요들을 위해(more than 75ton/day) cryogenic units를 추천한다. 이것은 아마도 108,000 1b/day of BOD에 대해 충분히 큰 양이다(예를 들면, BOD removed 1,300ppm에서 10mgd). 그래서 만약 많은 양의 산소가 다른 목적들을 위해 필요하지 않다면

cryogenic unit의 사용은 화학 플랜트에서는 있음직하지 않다.

PSA unit는 공기로부터 질소와 다른 오염물질들을 제거하기 위해 분자체 흡착제(molecular sieve adsorbent)를 사용한다. 그래서 90~95%의 O_2를 공급하게 된다. 흡착은 약 40psig에서 일어나며 탈착은 대기압으로 간단히 감압함으로써 이루어진다. 유니트는 자동적으로 가동한다. 흡착제는 매우 안정하며 활성도의 손실 없이 12년까지 가동되었다.

PSA unit에 대한 backup으로써 액체산소 저장과 기화장치가 제공되며 용량은 24시간 이상의 공급량이다. 만약 필요하다면 이 시스템은 자동적으로 가동된다.

Unox process는 밀폐된 용기를 사용하기 때문에 안전의 관점에서 특별한 주의가 기울여진다. 밀폐된 용기 속의 산소 혹은 공기에 대해서 같은 주의가 기울여진다. 분석 장치는 휘발성 연소물질들을 검출하기 위해서 사용되며 잠재적으로 위험한 조건에 도달되기 전에 플러싱 시스템을 잘 가동시키기 위해 사용된다. 덧붙여서 디자인 표준들은 스파크의 소스들을 제거토록 한다.

수반되는 낮은 휘발성의 가연성 물질의 약간의 양은 위험하지는 않은데 그것은 그것이 분산된 상으로서 존재하고 어떤 가능한 연소가 전파되질 않기 때문이다.

7.4 비용추정

자본비용과 가동비용은 <표 7-2>와 <표 7-3>에 각각 나타내었다. Design rate와 throughput에 따른 가동비용의 변화들은 [그림 7-2]에 나타내었다. 제6장에서의 비용에 관한 고찰은 여기에서도 관련된다.

[그림 7-2]
UNOX PROCESS
EFFECT OF OPERATING LEVEL AND PLANT CAPACITY ON OPERATING COST

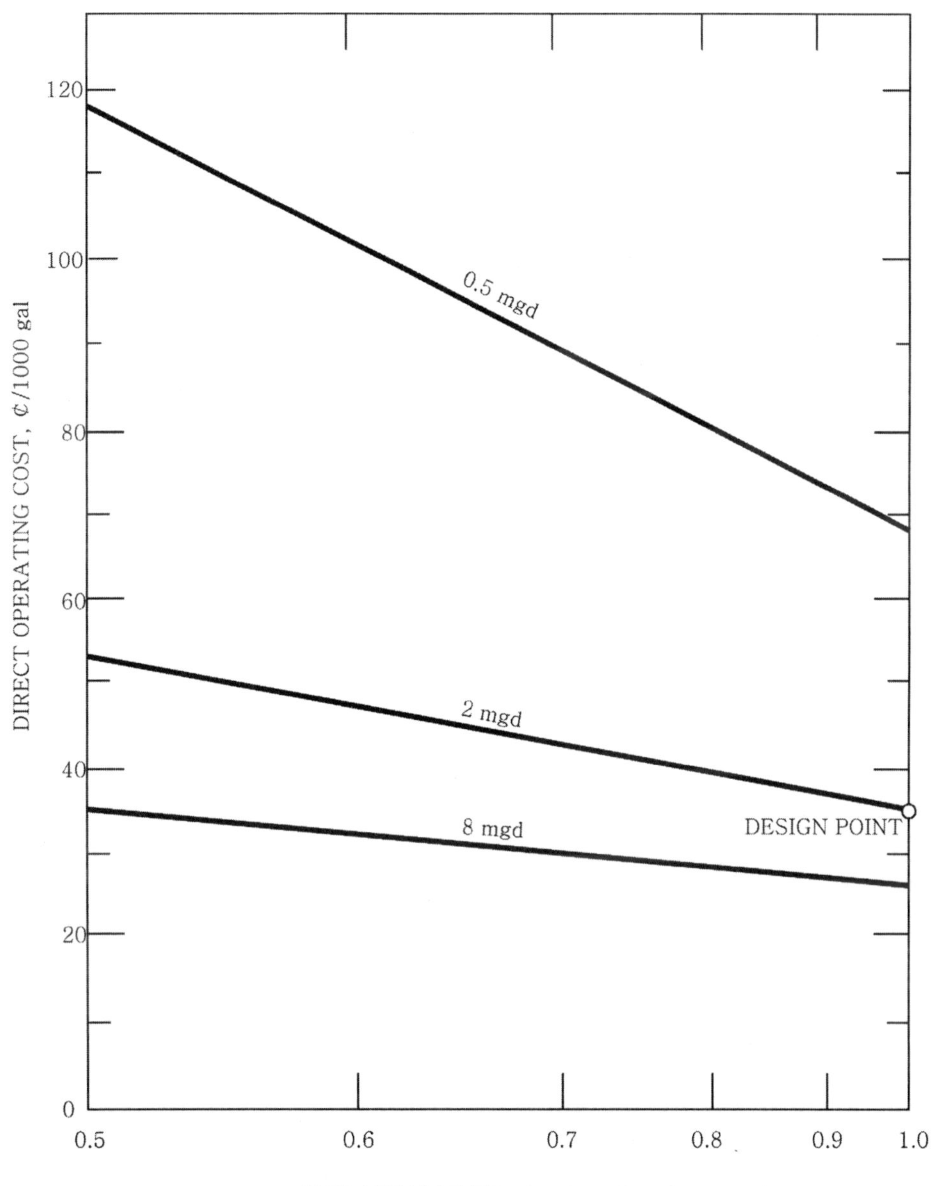

이들 추정값들에 따르면 자본비용들은 공기 활성 슬러지 공정의 그것들과 비슷하다. 가동비용은 더 낮은 파워요구량 때문에 Unox에 대해서 유리함을 나타낸다.

Chapter 8
Aerated basins와 Ditches

8.1 공정에 대한 개괄적인 고찰

Aerated basins 혹은 lagoons는 일반적으로 슬러지의 리사이클 없이, 그리고 아마도 슬러지의 완전한 서스펜션 없이, 퇴적물들에서 혐기성 조건들을 갖는 extended aeration activated sludge processes이다. 이들은 특히 부지가 값싸고 입수 가능한 곳에서 활성 슬러지 공정을 대신하여 사용된다. Aerated basins과 기계적으로 Aerated lagoons는 또한 suppressed type activated sludge로서 알려진다. 덧붙여서 aeration은 방출물에 대한 용존산소 명세를 만족시키기 위해서 요구된다. 이 경우에 처리는 post aeration이라 불리어진다. 그러나 이것은 생물학적 처리가 아니며 단지 충분한 머무름 시간만이 산소 용해를 허용키 위해 필요하다. Pasveer sloot type으로써 알려진 산화 ditches는 드문 물리적 형태의 extended aeration processes이다. 관련 특허들은 <표 8-1>에 요약해 놓았다.

Pasveer sloot는 네덜란드의 A. Pasveer에 의해서 개척된 시스템이다. Aerators는 수평축들을 갖는 회전체들로써 구성된다. Angle iron과 같은 여러 가지 종류의 extensions가 회전체들에 마운트되는데 이들은 물에 부분적으로 잠긴다. 둘레에 작은 블레이드들을 갖는 케이지 디자인이 선호된다. 회전체들은 공기를 물에 주입시키며 또한 그것이 ditch 둘레를 느리게 흐르도록 하는데 이것은 레이스트랙을 닮았다. 이 기본적인 아이디어에 대한 여러 변형들이 있다(443). Ditches는 input, aeration, settling, 그리고 discharge(혹은 discharge와 동시적인 input)에서 순환적으로 가동된다. 이들은 간헐적인 세틀링을 위한 사이드 채널들을 갖는다. 이들은 교대적 흐름을 가지며 레이스트랙의 일부에 settlement channels을 갖거나 혹은 이들은 분리된 정화장치와 슬러지 리턴 그리고 처리시스템을 갖는다. Aerators의 수와 스페이싱은 폐수의 강도에 따라서 변화한다.

전형적인 머무름 시간은 약 5ft의 액체깊이로써 여러 날이다. 그래서 부지에 대한 요구량은 통상적인 활성 슬러지 공정들과 비교해서 크다. 긴 머무름 시간은 낮은 슬러지 수율들을 초래하며 호기성 환경은 기생충들과 같은 생물체 종류들을 한층 더 많이 부양하였다(452). 긴 머무름 시간은 또한 들어오는 폐수의 커다란 희석을 제공하여서 쇼크 부하는 덜 까다롭게 된다. 긴 머무름 시간의 또 다른 효과는 denitrification이 일어난다는 것이다. 비록 물의 정제가 그로 인해서 촉진된다 할지라도 가스의 방출은 특별한 조건들의 세트들 하에서 약간의 폐수들에 대해서 비세틀링 슬러지들을 초래한다. 정상적으로 nitrification은 완전하지만 회전체들의 담금 깊이를 변화시킴으로써 산소 투입을 변화시킬 수 있는 능력 때문에 denitrification에 따른 문제는 없다.

<표 8-1>

AERATED BASINS AND DITCHES

PATENT SUMMARY

Reference Number	Assignee	Patent Number	Year	Remarks
448	M. Danjes	U.S. 3,330,413	1967	Rectangular basin with travelling serator.
446	Dorr-Oliver	U.S. 3,485,750	1969	Aerated lagoon recieves recycle from settling pond to supply O_2 and nutrients.
444	J. N. Hinde	U.S. 3,234,123	1966	Lagoons are aerated by slit plastic pipes creating walls of bubbles in laminar flow.
445	Lakeside Equipment	U.S. 3,534,857	1970	Basically a design for shop-fabricated, extended aeration system adjustable for varying flows.
451	Pielkenrood-Vinitex	Ned. 69,16672	1971	Application of corrugated plate separator to Pasveer sloot.
450	O. C. Smith	U.S. 3,320,928	1967	Body of water is aerated by submerged bubblers, with surface domes to catch air for recycle.
449	Union Tank Car	U.S. 3,462,360	1969	Aerobic treatment by concentrated algae and bacteria without mechanical aeration.
447	University of California	U.S. 2,867,945	1959	Symbiotic treatment by algae.

8.2 공정에 대한 전반적인 기술

활성 슬러지 변형공정으로서 흐름도는 농축장치를 제거한 것을 제외하고서 앞서 [그림 6-2]에 주어진 것과 같다. 산화 ditch 디자인은 [그림 8-1]에 나타내었다. Major equipment list와 utilities summary는 <표 8-2>에 나타내었다. 가동의 기술에 대해서는 6장을 보시오.

[그림 8-1]

PASVEER SLOOT OXIDATION DITCH PLAN VIEW

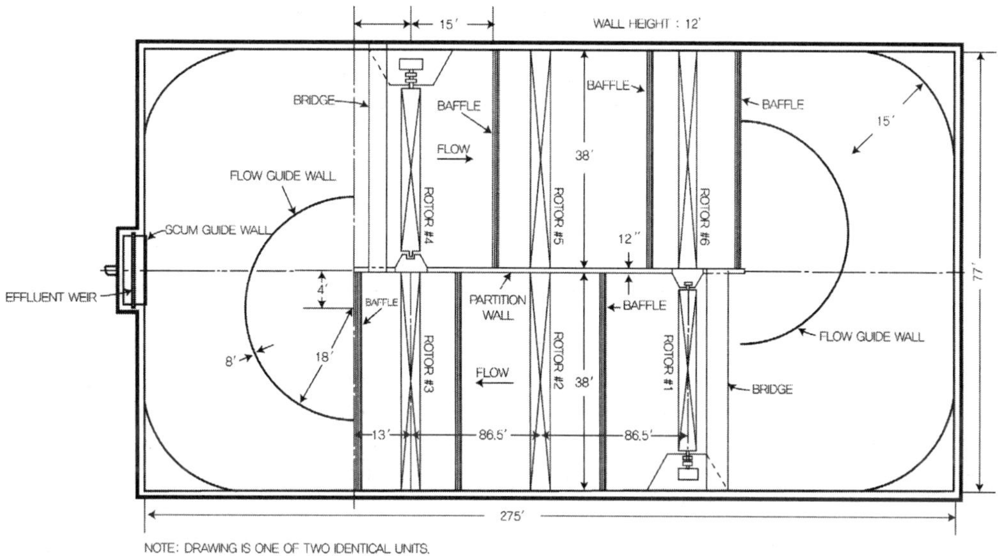

<표 8-2>

OXIDATION DITCH

MAJOR PROCESS EQUIPMENT AND UTILITIES SUMMARY
Plant Capacity: 2 Million U.S. Gal/Day
Wastewater at 1.0 Stream Factor

Major Process Equipment

Equipment Number	Name	Size	Material of Construction
	Special Equipment		
S-101	Equalization basins	2 mgd	Concrete
S-301	Primary settlers	2 mgd	Concrete
S-302	Flight scraper	14×67 ft	Carbon steel
S-303	Oxidation ditches	2 mgd	Concrete
S-304	Secondary settlers	2 mgd	Concrete
S-305	Flight scraper	16×77 ft	Carbon steel
S-401	Rotary filter	300 sq ft	Carbon steel
		Volume (gal)	
	Thanks		
T-101	Neutralization tanks(2)	16,700 ea	Rubber lined
		Size	
	Miscellaneous Equipment		
M-101	Mixers(2)	20 bhp	304 ss
M-201	Mixers(2)	1 bhp	304 ss
M-301	Aerators(12)	60 bhp	Carbon steel
M-302	Adjustable weirs(2)	24 ft	Carbon steel
	Package Units		
PAC-401	Fluidized bed	0.27 tph	Brick

<표 8-2> (Concluded)

OXIDATION DITCH

MAJOR PROCESS EQUIPMENT AND UTILITIES SUMMARY

Plant Capacity: 2 Million U.S. Gal/Day
Wastewater at 1.0 Stream Factor

Maior Process Equipment

Equipment Number	Name	Size	Material of Construction
	Pumps		
	100 section −2, including 1 operating, 1 spare	13 operating bhp	
	200 section −4, including 2 operating, 2 spare	13 operating bhp	
	300 section −10, including 5 operating, 5 spare	68 operating bhp	
	400 section −6, including 3 operating, 3 spare	1 operating bhp	

Utilities Summary

	Battery Limits	100 Section	200 Section	300 Section	400 Section
Average consumptions					
Electricity (kw)	604	44	12	537	11
Peak utility demands					
Electricity (kw)	728	44	12	661	11

8.3 공정에 대한 세부적인 고찰

산화 ditch는 Hoechst의 잘 혼합된 활성 슬러지 공정에 의해서 생성되는 것과 같은 폐수의 질을 주기 위해서 Lakeside Equipment Corp.에 의해서 디자인되었다. 폐기물의 강도(strength)와 그것의 생물학적 산화에 대한 순응성 때문에 50 1b/ BOD_5/day/ 1,000 cu ft의 부하가 사용되는데 이것은 도시 폐기물의 부하의 약 5배이다. Fresh feed에 기초하여 머무름 시간은 37.3시간이거나 혹은 여기서의 활성 슬러지 디자인에서 사용되는 값의 1.9배이다.

슬러지 수율과 성질들에 관한 구체적인 명확한 데이터는 없다. 그러나 다른 비교들에서는 산화 ditches가 전통적인 활성 슬러지 플랜트들이 주는 것보다도 더 용이하게 세틀링되는 슬러지들의 더 낮은 수율들을 주는 것으로 나타났다. 그래서 우리들은 슬러지 수율은 기존의 2/3이며, 이차 세틀러 슬러지는 농축 없이 직접적으로 여과될 수 있으며 요구되는 로터리 필터 면적은 기존의 2/3라는 사실을 추정할 수 있다. 이들은 꽤 낙관적인 추정들인 것으로 생각되며 비용에 있어서의 초래되는 감소들이 더 큰 aeration basin의 증가된 비용들을 상쇄하는지의 여부를 찾기 위해 이루어진다.

디자인 조건들은 40-in. -diameter Magna rotors 30 ft long, each drawing 47.3 hp의 12-in. immersion을 요구한다(Flexibility is provided by variable weirs that can increase the immersion to 14 in. at which point 60 hp is drawn).

Baffles는 회전체들로부터의 다운스트림이 과도한 속도를 나타내는 것을 막기 위해 필요하다. 이들 baffles로써 평균속도는 약 1.5 ft/sec이다. 이것은 입자가 순회하는데 6분 이하로 소요되어서 완전한 혼합에 이를 수 있다는 것을 의미한다. 큰 부피와 공동으로 이것은 쇼크부하에 대한 좋은 허용상태를 준다. Equalization basin 혹은 일차 세틀러 혹은 이 두 가지 모두를 이 디자인으로부터 제거할 수 있었다는 사실이 가능하다. Ditches에 앞선 BOD_5 제거는 석유화학 폐수는 주로 용해성 BOD를 포함하는 것으로 기대되기 때문에 가정되지 않았다; 일차 세틀러에서의 어떤 제거는 디자인 성능을 충족시킴에서 안전인자로서 작용한다. 96~98% BOD_5 제거를 이룰 수 있는 능력과 관련하여 6장에서 언급한 코멘트들은 이 공정에 적용된다.

Lakeside는 rectangular units를 대신하여 Spiraflo® peripheral feed circular clarifiers를 추천한다. 주장되는 유리한 점들은 더 작은 short circuiting 그리고 더 적은 유지보수이다. 최근의 한 문헌은 circular clarifiers가 최적의 성능을 준다는 사실에 동의하고 있다(453). 그러나 이 문헌은 peripheral feed에 비해서 center feed를 선호한다. peripheral feed에 대한 경우는 디자인연구에서 이루어졌다(454). peripheral feed로의 변환은 1개의 유니트를 크게 향상시켰다(455). 또한 New Jersey 주 Ewing-Lawrence Township에서의 평범한 테스트들은 Spiraflo®에 대한 평균 20% 더 좋은 고체들의 제거를 나타내었다. 다른 디자인들과의 비교로써 rectangular units는 유지되지만 실제적인 프로젝트에 대해서는 peripheral feed circular units를 확실히 고려해야 한다.

본 디자인에서는 강화 콘크리트로써 만들어진 상대적으로 깊은 basins을 사용한다. 부지비용이 낮은 곳에서는 aerators 근처에서 콘크리트로써 얕은 건설을 하는 것이 가능하다.

8.4 비용분석

자본비용과 가동비용은 <표 8-3>과 <표 8-4>에 각각 나타내었다. [그림 8-2]는 design rate와 throughput에 따른 가동비용의 변화를 나타내었다.

[그림 8-2]
OXIDATION DITCH
EFFECT OF OPERATING LEVEL AND PLANT CAPACITY ON OPERATING COST

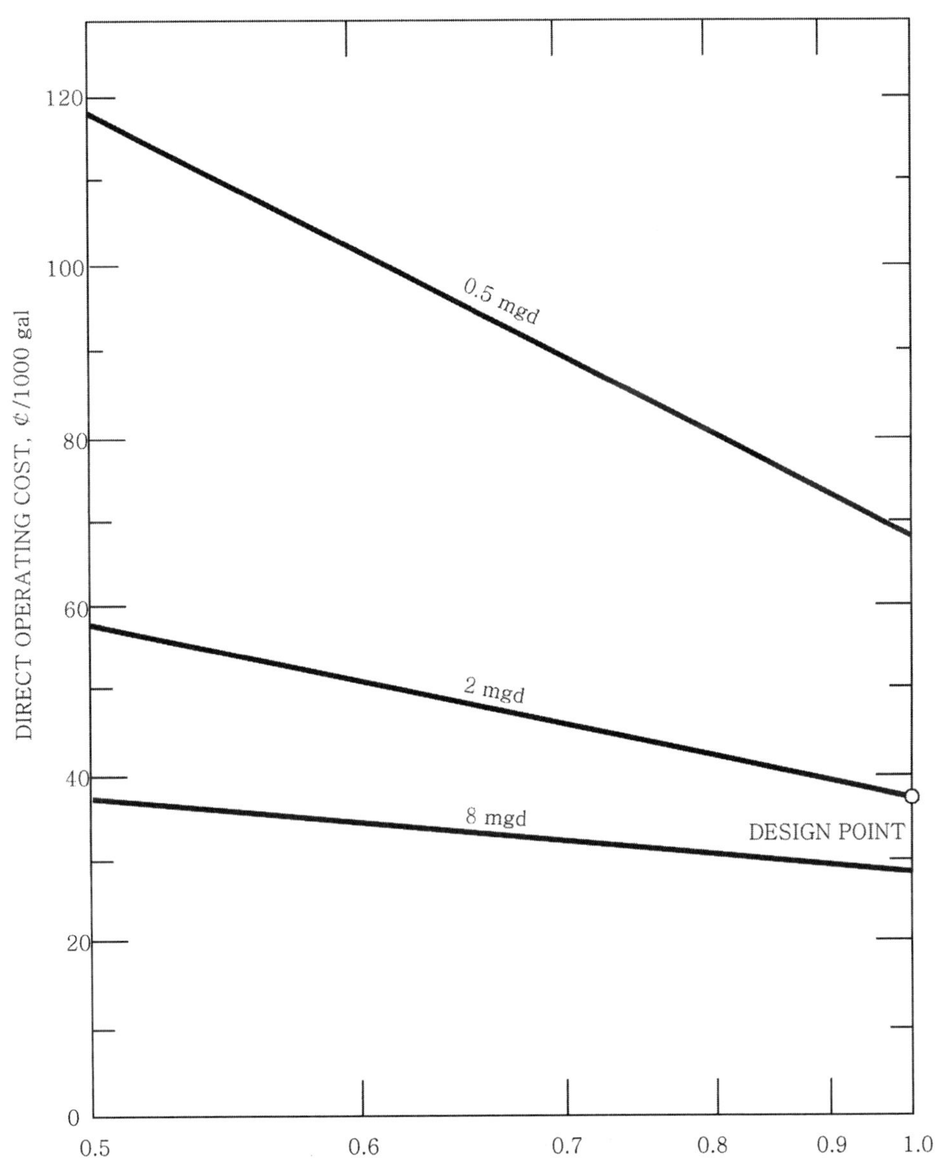

Oxidation ditches는 일반적인 활성 슬러지 플랜트들보다도 더 낮은 부하와 더 큰 aeration basins을 사용하기 때문에 이들의 사용은 다음과 같은 상황들에서 가장 적합한 것 같다:

1. 부지비용이 낮은 곳 그리고 콘크리트보다도 덜 값비싼 건설재료들을 사용할 수 있는 곳.
2. Aeration basin size에 있어서의 증가를 만회하기 위하여 equalization, 일차 세틀링, 그리고 농축과 같은 필요한 만큼의 항들을 제거할 수 있거나 혹은 감소시킬 수 있을 때.

파워는 농축장치의 제거와 더 낮은 슬러지 부피 때문에 약간 감소된다. 유지보수는 약간 더 높다. 활성 슬러지와 비교하였을 때 가동비용은 거의 같지만 자본비용은 더 높다.

Chapter 9
Trickling Filter

9.1 공정에 대한 개괄적인 고찰

Trickling Filter(또한 ***biofilters*** 혹은 ***drop bodies***라고 불리어진다)는 관대한 방출물 규정들을 충족시키기 위하여 혹은 활성 슬러지 플랜트에서의 부하를 감소시키기 위하여 "roughing" device로서 사용된다. <표 9-1>은 trickling Filter에 관련된 특허들을 요약해 놓았다. 참고문헌 461은 광범위한 일반적인 적용범위를 준다.

<표 9-1>

TRICKLING FILTERS

PATENT SUMMARY

Reference Number	Assignee	Patent Number	Year	Coagulant(s)
471	American Radiator	U.K. 1,055,171	1967	Water is circulated through honeycomb packing.
473	Crane Co.	U.S. 3,291,309	1966	Water exits from filter rather than from equalizing tank, giving lower BOD.
463	Denco Engineering Services	W. Ger. Offen 1, 809,095	1970	Contactor consists of undulating reinforced polyester of nearly square cross section.
466	Deutsch Babcock & Wilcox	Fr. Dem. 2,005,155	1969	Aeration bed made of zigzag or undulating synthetic leaves.
470	Dorr-Oliver	U.S. 3,010,581	1961	Semiportable unitary apparatus including trickling filters, clarifiers, and anaerobic digestion.
459	Dow Chemical	U.S. 3,231,490	1966	Filter design using vertical plastic sheets.
465	Erdheims	U.K. 1,192,307	1970	Filter with granular bed and water distributer that also ploughs the top of the bed.
464	Ethyl Corp. & ICI	Fr. 1,554,733	1968	A Flocor filter improves performance of standard plant during rainstorms.
467	H. O. Halvorson	U.S. 2,809,933	1957	IOD is satisfied by pressure aeration or H_2O_2 before trickling folter or activated sludge treatments.
477	Hydro Internatinal	Ned. 71,02592	1971	Trickling filter uses a bed of macroporous carbon.
469	ICI	U.K. 1,082,661	1967	Trickling filter uses a bed of expanded polyneric material.
462	ICI	U.K. 1,034,076	1966	Polyirethane foam cubes make better packing than coke.
472	Inst. Nat. Rech. Chim. Appl.	U.K. 1,086,012	1967	Trickling filter of ectruded tubular shapes. Claims sixfold increase of volumetric rate of BOD removal.
458	John-Manville	U.S. 3,232,865	1966	Filter medium of honeycomb asbestos paper containing phosphate accelerates bacterial growth.
475	I. Kruger	U.S. 3,468,795	1969	Injected air circulates water and provides O_2 for oxidation during descent through bed.
476	R. Lautrich	W. Ger. 1,259,257	1968	Parallel trickle filters with feed control to keep one at proper loading.
468	Sun Oil	U.S. 2,899,385	1959	Normal cooling towers are effective trickling filters in commercial operation.
474	Tex. Vitrified Pipe	U.S. 3,329,271	1967	Filter media are developed from vertical tubes.
460	Union Lumber	U.S. 2,995,434	1961	Bark is used as filter medium, than dried to make soil conditioner-fertilizer.

가장 간단한 형태에서 유입폐수는 rocks의 층 혹은 미생물의 점액으로 커버된 플라스틱 미디어 위에 rotary distributor에 의해서 스프레이 시켜지게 되고 자연순환에 의해서 aeration시킨다(그래서 필터라는 용어는 잘못된 명칭이다). 합성과 함께 산화가 점액에서 일어난다. 과량의 세포물질은 수력학적 작용에 의해서 연속적으로 제거되거나 혹은 표면 가까이에서 혐기성 조건들을 창출하는 두께로 자라서 간헐적인 탈피를 초래하게 된다.

예를 들면 standard 혹은 *low-rate filters*는 4 million gpd/acre(0.064 gpm/sq ft)에서 그리고 최대로서 15 1b/day/1,000cu ft의 BOD_5 부하에서 가동한다. *High-rate filters*는 10-40 million gpd/acre(0.16-0.64 gpm/sq ft)에서 그리고 10-150 1b/day/1,000 cu ft의 BOD_5 부하들에서 가동한다. 플라스틱 미디어 필터들은 패킹을 wetting시키기 위해서 31-61 million gpd/acre(0.5-1.0 gpm/sq ft)를 요구하며 훨씬 더 높은 rates에서 가동된다. 이들은 가끔 *super-rate filters*라 불리어진다.

필터를 채우기 위하여 rock 혹은 slag을 사용하는 오래된 실행에서는 값싼 물질을 사용하였지만 이들은 높은 밀도의 물질이다. 깊이는 반드시 얕았으며 일반적으로 3~10ft의 범위이며 그러므로 액체 머무름 시간과 정제정도는 낮았다. 더 높은 정제는 물을 리사이클링시킴으로써 달성될 수 있었지만 부지면적과 비용은 그로 인해서 증가된다.

실제적인 더 깊은 층들은 light open plastic filter media의 개발에 의해서 70 ft처럼 높은 타워들에서 가능하게 만들어졌다. 플라스틱 미디어는 여러 가지 모양들로 만들어졌지만 미생물의 탈피에 의해서 플러그 형성을 차단하기 위하여 모두는 높은 빈 공간의 분율을 가지며 상대적으로 열린 구조들을 갖는다. Prominent plastic filter media는 ICI Flocor®, Dow Surfpac®, 그리고 Tréfimetaux-Groupe Pechiney Cloisonyle® (이것은 Air Products에 의해서 마케팅되고 있다)이다.

제거되는 BOD의 일부는 cell mass로 전환되며 이것은 방출물과 함께 빠져나간다. 높은 질의 방출물을 위해서 이들 미생물 고체들은 물론 제거되어져야 한다. 전통적인 정화장치들이 사용된다. 슬러지는 일반적으로 활성 슬러지 플랜트로부터의 슬러지보다도 더 용이하게 세틀링된다. 이것은 플라스틱 trickling filters를 식품산업에서 매력적이게 만들었으며 이 산업의 높은 탄수화물 폐기물(수)들은 활성 슬러지 시스템에서 처리하기 어렵다(456).

필터로의 재순환은 실행되지만 그 실행은 향상된 결과들이 항상 달성되지 않기 때문에 논의의 여지가 있다. 정화된 방출물의 재순환은 필터를 통한 물의 또 다른 통과를 주기 위해 사용되는데 가동결과들은 %제거와 organic loading 사이에 상관관계를 나타내지 않는다. 정화되지 않은 방출물의 재순환은 또한 시스템에서 총 바이오매스를 증가시키기 위해서 사용된다. 이 방법은 필터에 플러그를 형성케 하는 가능성 때문에 주의가 요구된다. 만약 전체 유입물의 hydraulic loading이 패킹을 적시기에 충분치 않다면 재순환은 플라스틱 필터들을 거쳐서 사용된다.

한 측면에서 trickling filter는 냉각탑과 유사한 공기-물 접촉 장치이다. 만약 폐수가 높은 열적부하를 갖는다면 플라스틱 충진된 trickling filter에 팬을 추가함으로써 두 가지 작용들을 결합시키는 것이 유리하다(457). 이 연구는 통상적인 물의 온도들보다도 더 높은 온도에서 BOD 제거의 high rates를 나타내었다.

Sun Oil에 의해서 사용되고 라이선스가 획득된 공정은 통상적인 수냉 시스템에서 생물학적 정제를 실행한다. 비록 겉으로는 trickling filter와 비슷하다 할지라도 이 공정은 바이오매스의 대부분이 냉각탑에서보다는 오히려 collecting basin에 있기 때문에 활성 슬러지 공정과 더 유사한 것으로 생각된다(B-6). 이 공정은 페놀성 폐수를 파괴하기 위해 사용되며 동시에 냉각탑 메이컵을 제공키 위해 사용된다. 비록 이 공정이 성공적이었다 할지라도 이 공정은 폭넓게 적용되지 못하였다.

9.2 공정에 대한 전반적인 기술

[그림 9-1]은 활성 슬러지 섹션 이전에 roughing device로서 plastic media filter를 편입시키는 플로우 다이어그램이다. 비록 어떤 장치 설비가 다른 크기로 만들어진다 할지라도 flow scheme은 trickling filter의 추가와 함께 제6장의 그것과 동등하다. 폐수는 neutralization tanks로부터 2개의 평행한 유니트들로 펌프질되며 rotating distributors에 의해서 media 위로 스프레이 시킨다. 물은 비중에 의해서 필터로 그리고 세틀러로 흐른다. 흐름의 더 이상의 구체적 내용은 제6장을 보시오. <표 9-2>는 major equipment list와 utilities summary를 준다.

[그림 9-1]

TRICKLING FILTER

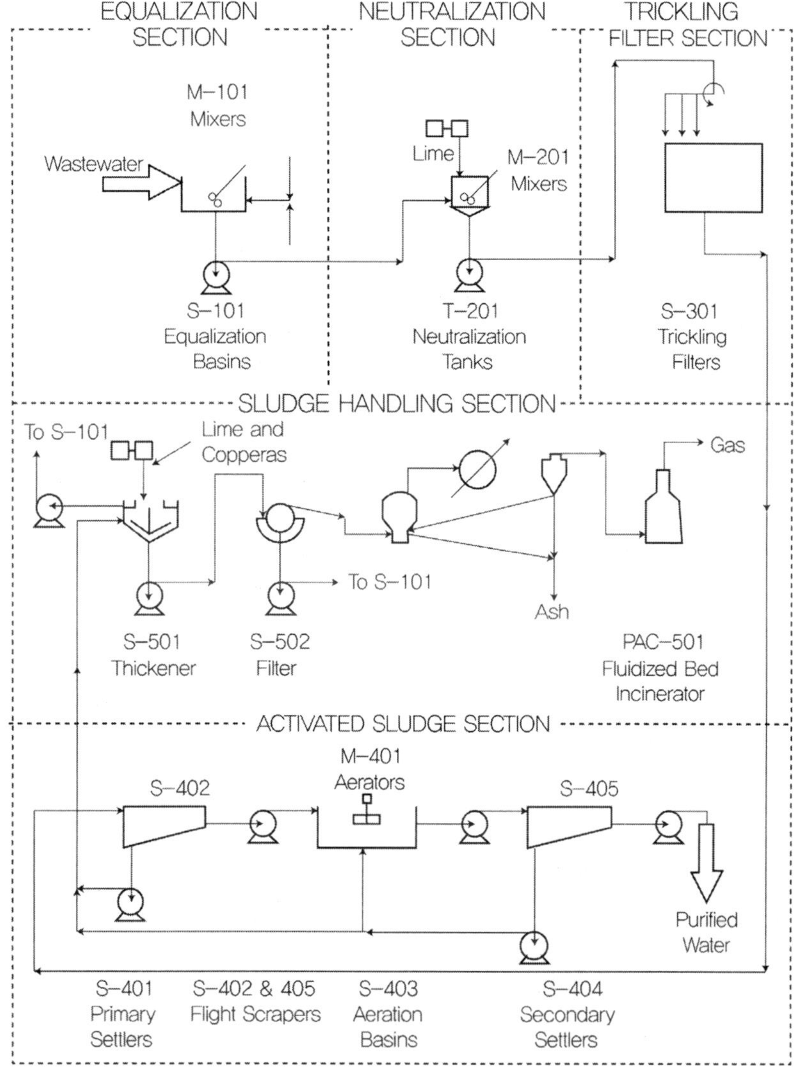

<표 9-2>

TRICKLING FILTER

MAJOR PROCESS EQUIPMENT AND UTILITIES SUMMARY

Plant Capacity: 2 Million U.S. Gal/Day
Wastewater at 1.0 Stream Factor

Major Process Equipment

Equipment Number	Name	Size	Material of Construction
	Special Equipment		
S-101	Equalization basins	2 mgd	Concrete
S-301	Trickling filters(2)	24 dia.× 32 ft	Epoxy lined
S-401	Primary settlers	2 mgd	Concrete
S-402	Flight scrapers	14×67 ft	
S-403	Aeration basins	2 mgd	Concrete
S-404	Secondary settlers	2 mgd	Concrete
S-405	Flight scraper	16×77 ft	Carbon steel
S-501	Thickener	600 sq ft	Concrete
S-502	Rotary filter	430 sq ft	Carbon steel
		Volume (gal)	
	Thanks		
T-201	Neutralization tanks(2)	16,700 ea	Rubber lined
		Size	
	Miscellaneous Equipment		
M-101	Mixers(2)	20 bhp	304 ss
M-201	Mixers(2)	1 bhp	304 ss
M-401	Aerators(6)	60 bhp	Carbon steel
	Package Units		
PAC-501	Fluidized bed incinerator	0.4 tph	Brick

<표 9-2> (Concluded)

TRICKLING FILTER

MAJOR PROCESS EQUIPMENT AND UTILITIES SUMMARY

Plant Capacity: 2 Million U.S. Gal/Day
Wastewater at 1.0 Stream Factor

Maior Process Equipment

Equipment Number	Name	Size	Material of Construction
	Pumps		
	100 section −2, including 1 operating, 1 spare	13 operating bhp	
	200 section −4, including 2 operating, 2 spare	39 operating bhp	
	400 section −10, including 5 operating, 5 spare	69 operating bhp	
	500 section −10, including 5 operating, 5 spare	3 operating bhp	

Utilities Summary*

	Battery Limits	100 Section	200 Section	300 Section	400 Section	500 Section
Electricity (kw)	548	44	34		364	106

* No peaks in utilities demands; generating facilities are sized for average consumptions.

플랜트의 성능은 다음과 같이 요약된다:

	BOD_5 (ppm)	BOD_5 (1b/day)	BOD_5 Removed (1b/day)	(%)
Influent	1,250	20,800		
Trickling filter effluent	625	10,400	10,400	50
Activated sludge effluent	~25	417	10,000	48

다른 파라미터들은 제6장에서 주어진 것과 같은 것으로 가정한다.

9.3 공정에 대한 세부적인 고찰

어느 한쪽의 타워로 모든 흐름을 전달할 수 있는 능력을 갖는 2개의 타워들의 이용은 적절한 비교들을 허용키 위하여 앞서의 디자인들의 융통성과 보수적인 경향을 유지할 수 있는 훌륭한 방법인 것으로 밝혀졌다. 디자인은 Dow Surfpac® 의 사용에 기초하며 그것

의 성능은 다음과 같은 식(Germain equation)에 의해서 추정된다:

$$\text{Fraction BOD removed} = \exp\left(\frac{-KD}{Q^{\frac{1}{2}}}\right)$$

여기서 K=treatability coefficient

D=depth of media, ft

Q=hydraulic loading, gpm/sq ft

플로우를 두 배로 함은 제거를 50%로부터 38.7%까지로 감소시키며 그로인해서 활성 슬러지 부하를 23% 증가시키게 되며 이것은 시스템 용량 내에 있다.

구체적인 데이터의 부재에서 treatability coefficient는 주어진 유니트들에 대해서 0.04로서 취해졌다. 이것은 석유 및 석유화학 폐수들에 대한 평균적인 값이다. 이 특별한 폐수는 분해를 아주 잘 따르는 것으로 나타났지만 trickling filter coefficients를 활성 슬러지 결과들과 관련(계)시킬 수 있는 방법은 없다. 그래서 trickling filter 디자인은 다소 보수적이지만 활성 슬러지 디자인 기초 근거는 더 분해 가능한 성분들의 우선적인 파괴를 고려하기 위하여 변화되지 않았다. 그러므로 전체적인 결과는 현실적이고 실재적이어야 한다.

Roughing filter는 일반적으로 35~60%의 제거를 위해 디자인된다. [그림 9-2]는 Germain식의 해들과 함께 이 실행을 통찰할 수 있는 내용을 나타낸다. Packing의 어떤 주어진 양에 대한 제거의 증가(량)은 %removed가 증가할 때 감소한다. 나타내어진 가장 큰 깊이(depth)인 21.5ft는 maximum self-supporting depth이다.

[그림 9-2]

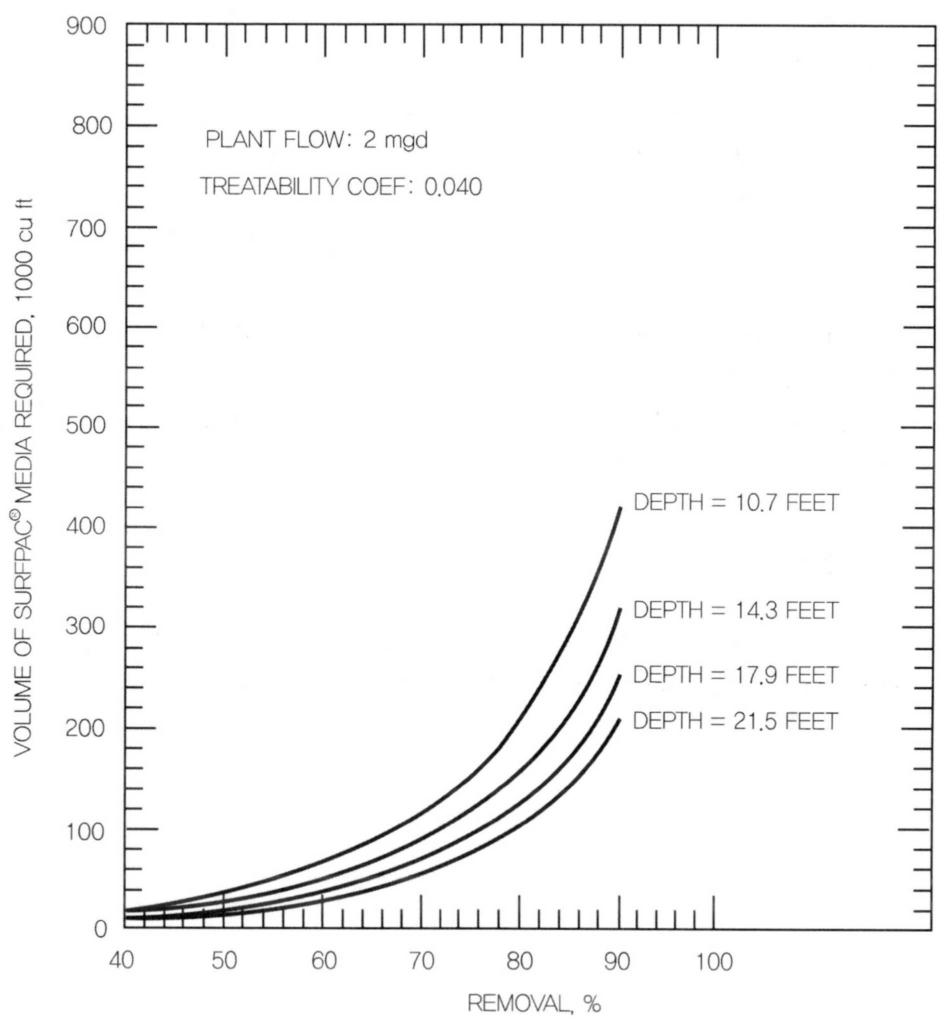

여기서의 디자인에 사용되는 해(solution)는 리사이클을 요구하지 않으면서 1.54gpm/sq ft의 hydraulic loading을 갖는다. 이것은 21.5ft의 packing과 함께 24ft in diameter×31.5ft high의 2개의 타워들을 요구한다. 0.035의 treatability coefficient의 사용은 packing requirement를 31%까지 증가시키는 반면 0.045의 사용은 packing을 21%까지 감소시킨다.

이 디자인은 중화된 폐수가 일차 세틀러로 가기 전에 trickling filter를 거쳐서 가도록 한다. 세틀링되지 않은 리사이클이 자주 사용되기 때문에 소량의 고체들이 필터로 들어가는 것에 따른 문제점은 없어야 하며 세틀러는 필터로부터의 생물학적 고체들의 slugs이 활성 슬러지 공정에 들어가는 것을 허용치 않는다. 그러나 필터로부터의 생물학적 고체들은 활성 슬러지 공정을 향상시킬 수 있었으며 이 경우에 필터에 앞서 일차 세틀러를 두는 것이 더 좋다. 앞서 평가된 다른 공정들에서 처럼 일차 세틀러에 대한 요구(필요)는 명확히 밝혀지지 않는다.

물은 trickling filter에서 바이오매스와 접촉하는데 제한된 시간을 보내기 때문에 그리고 질량이전에 대한 저항은 미생물에 도달하는 오염물질들의 양을 제한하기 때문에 trickling filters는 쇼크부하들을 견뎌내는 경향이 있다. 그러한 부하는 완전히 정제되지 않지만 바이오매스는 살아남는다. 그래서 플라스틱 미디어 타워들은 활성 슬러지 플랜트에서 쇼크부하들을 완충시키는 유일한 목적을 위해 이따금 사용되었다.

비록 epoxy-lined steel이 trickling filter shell의 제작 소재로써 사용되는 것으로 나타났다 할지라도 상업적 적용에서 사용되는 소재들의 완전한 리스트는 다음과 같은 것들을 포함한다: steel-jacketed tanks, concrete block, poured concrete, 그리고 fiberglass panels with supporting exterior beams.

9.4 비용분석

자본비용과 가동비용은 <표 9-3>과 <표 9-4>에 각각 나타내었다. [그림 9-3]은 design rate와 throughput에 따른 가동비용의 변화들을 나타낸다.

[그림 9-3]

TRICKLING FILTER
EFFECT OF OPERATING LEVEL AND PLANT CAPACITY ON OPERATING COST

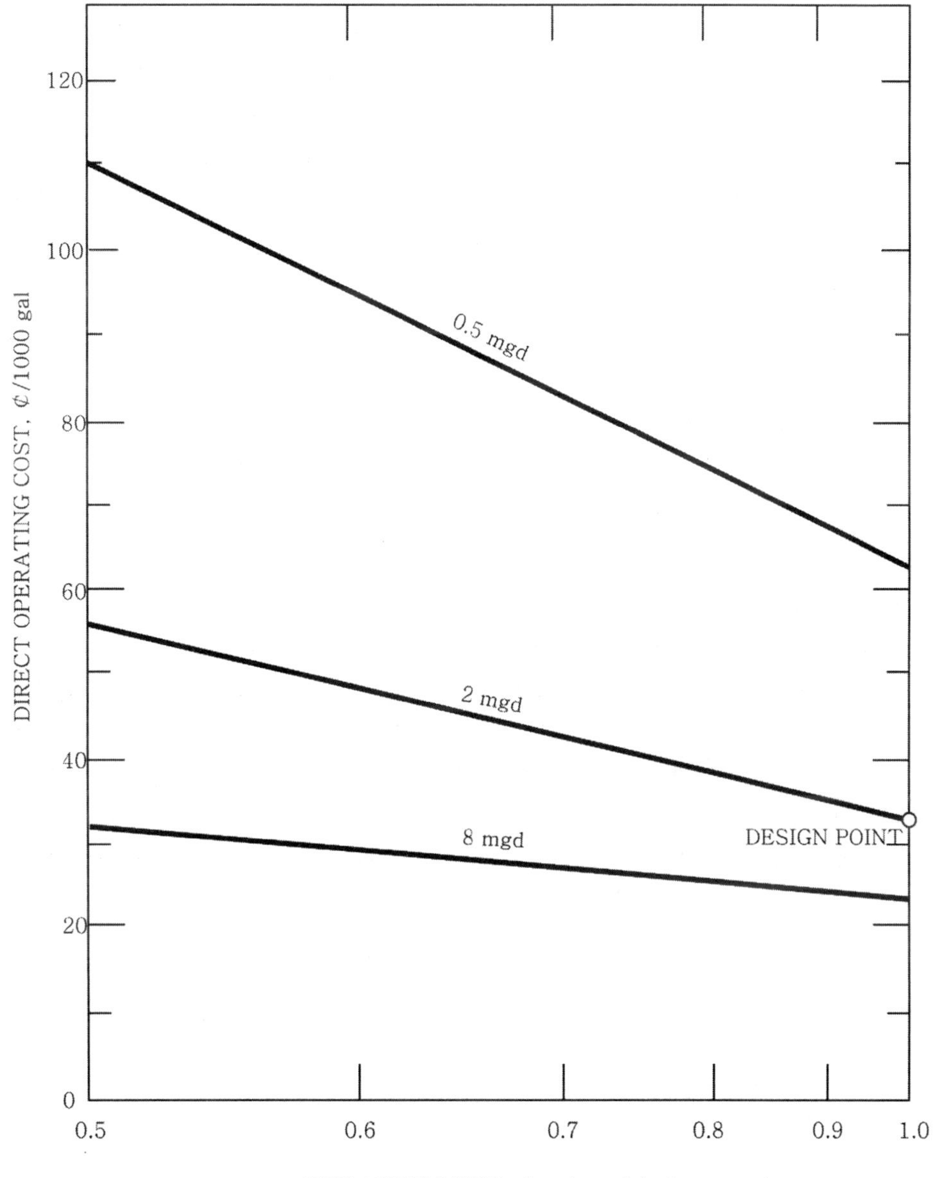

결과들은 자본비용과 가동비용 모두는 이 높은 세기의 폐수에 대하여 활성 슬러지 유니트에 앞서 plastic media roughing filter의 삽입에 의해서 현저하게 감소된다는 사실을 나타낸다. 비용들은 더 낮은 유지보수와 더 낮은 파워 때문에 더 낮다. 비교는 같은 total manpower를 가정하며 슬러지 처리에 있어서의 있음직한 향상에 기인된 것은 아니다.

문헌에 있는 대부분의 trickling filter 비용은 rock filters에 적용되며 이것은 plastic media filters와 매우 크게 비교되어서 더 값비싸다. 여러 소스들이 입수 가능하다(478). Plastic media roughing filter에 대한 문헌상의 추정값은 26,800 cu ft unit에 대해서 \$190,000이다(B-19). 이 비용은 1500의 ENR Index에서의 비용이다. 19,400 cu ft로의 updating과 scaling은 \$175,000을 준다. 이 비용은 11-ft 깊이에 대한 것이며 이것은 더 값비싼 건설 타입이지만 engineering, design, bonding, 그리고 construction supervision을 포함하지 않는다. 그래서 비록 직접적으로 비교할 수 없다 할지라도 이 비용은 여기서의 \$161,000과 잘 일치하는 것으로 나타났다. 덧붙여서 기본적인 비용정보는 믿음직하고 확실하다.

Trickling filter의 capacity exponent에 기초한 계산들은 만약 treatability coefficient가 0.04보다는 오히려 0.02라면 자본의 유리한 점은 사라진다고 지적하고 있다. 0.02는 석유정제 폐수에 대한 범위의 더 낮은 끝에서이며 어렵게 분해될 수 있는 폐기물을 나타낸다. 비록 자본의 유리한 점이 사라진다 할지라도 trickling filter는 파워상의 유리한 잇점을 준다. 그러므로 roughing filter의 경제에 관한 사항이 아주 확고하게 정립된다.

활성 슬러지 공정에 trickling filter의 적용은 편의상 조사되었으며 Unox process와의 콤비네이션은 더 좋은 것으로 나타났다.

이들 결론들은 비슷하지 않은 상황들에 무차별적으로 적용되어져서는 안 된다. 예를 들면 존재하는 활성 슬러지 공정에 앞선 trickling filter의 설비설치는 낮은 세기의 폐수들에 대해서 항상 방출물을 상당히 향상시키지는 못하였다. 이 연구결과는 오리지널 방출물 속에 있는 어렵게 분해될 수 있는 성분들에 혹은 필터에 의한 용이하게 분해 가능한 성분들의 제거에 기인한다. Aeration basin 머무름 시간은 바이오매스의 요구보다는 오히려 aerators의 요구에 의해서 조절된다. 그래서 같은 방출물의 질에 도달하는 것은 문제점을 나타내어서는 안 된다. 그러나 더 높은 질로 가는 것은 적절한 테스트들 없이 예측될 수는 없었다.

Chapter 10
다른 생물학적 처리방법

10.1 Anaerobic Lagoons 혹은 Ponds

Anaerobic Lagoons는 aerobic lagoons 혹은 "oxidation ponds"와 뚜렷한 차이를 나타내지 않는 waste stabilization units이다. 후자(oxidation ponds)는 얕으며, 광합성이 호기성 반응들을 제공하기 위하여 조류의 성장을 촉진하는 경향이지만 바닥은 아마도 혐기적이다. Anaerobic Lagoons는 깊으며 매우 강한 폐수들을 처리하는 경향이 있는데 이들은 광합성이나 혹은 air penetration에 도움이 되지 못한다. Anaerobic Lagoon은 순수한 방출물을 생성시키지 않지만 그것은 호기성 시스템들에서 가능한 것보다도 더 높은 space rate에서 폐기물들을 파괴시킨다. 초기 반응들은 산소를 포함하는 착화합물들의 휘발성 산들로의 변환이며 이후의 반응들은 메탄을 형성한다. 정상적으로 고체들은 세틀링되게 되며 이들은 단지 간헐적으로 제거된다. 머무름 시간은 3일 정도로 짧거나(482) 혹은 220일처럼 길다(483). Anaerobic Lagoons는 단일 단계의, 혼합되지 않은, 가열되지 않은 digesters이다. 만약 폐기물이 황화합물들을 포함한다면 불쾌한 냄새가 나게 된다.

한 특허(483)에서는 미생물 환경을 위하여 알칼리도를 조절하면서, 단계별로, 그리고 냄새를 조절키 위하여 nitrates의 첨가로써 발효폐기물들을 처리하는 것을 제안하고 있다.

Anaerobic Lagoons는 적당한 바이오매스를 발육시키기에 느린 알코올들과 글리콜들과 같은 폐기물들의 초기 붕괴를 위해 석유화학 산업에서 사용되었다(486).

10.2 Anaerobic Contact Units

Anaerobic Contact process는 접촉 유니트, 슬러지 분리장치, 그리고 슬러지 리사이클을 갖는 활성 슬러지 공정의 혐기성 적인 유사물이다. 그것의 성능을 향상시키기 위하여 슬러지 분리장치에 앞서 메탄을 제거하기 위해 degasifier를 사용한다. Anaerobic process는 상승된 온도들에서 가장 잘 가동되기 때문에 그 방법은 따뜻한 폐수들에서 그리고 가열을 위해 충분한 메탄을 생성시키는 진한 폐수들에서 가장 잘 적응된다. Anaerobic Contact process는 폭넓게 적용되지 못하였지만 디자인 방법들은 발표되었다(481, 484).

한 특허(485)에서는 plastic strands에 부착된 혐기성 미생물에 의한 용기 속에서의 처리를 제안하고 있다. 이 아이디어는 활성 슬러지 공정에 대해서보다는 trickling filter에 더 유사하다.

10.3 Post Aeration

규정들은 가끔 처리공정들로부터 초래되는 것보다도 더 높은 방출물 속에서의 최소 용존 산소 함유량을 지정한다(규정한다). 바이오매스 부하는 이 점에서 낮아야 해서 산소를 용해시키기 위한 문제는 간단하다. 물이 weir 상에서 혹은 가파르게 기울어진 rocky chute 상에서 흐르도록 함으로써 요구되는 DO 수준에 도달하는 것은 가능하다. Surface aerators를 갖는 잘 혼합된 챔버들에 대한(480) 그리고 diffusers를 갖는 plug-flow basins에 대한(479) 디자인 방법들은 입수 가능하다. 이 공정에 대한 쇼크부하들에 대한 걱정이 없기 때문에 plug flow는 용해에 대한 향상된 추진력 때문에 유리하다. 그러나 surface aerators는 diffusers보다도 더 효과적이다.

10.4 Spray-Irrigated Soils

폐수들은 잔디 혹은 나무들로써 커버된 토양에 그들을 간단히 뿌려줌으로써 처리되었다(B-18). 바이오매스는 지표층 상에서 다공성 토양 내에서 buildup되며 가끔 매우 효과적인 정제를 주게 된다. 그러나 제거되지 않은 오염물질들은 지하수 혹은 지표수로 들어간다.

방법의 성공은 토양의 특성, 그것의 성층, 지하수에의 깊이, 초기 수분 함유량, 지형, 그리고 그라운드 커버에 의존한다. 물은 스며들지 않는 불침투성의 표면층을 창출하는 고체들이 없어야 한다. 그것은 초목을 죽이는 염들 혹은 다른 화합물들이 너무 높아서는 안 된다.

이 방법은 최근 상당한 고찰을 이끌어 내었지만 상당한 부지를 요구하고 진한 폐수들에 대해서 적절치 않다는 분명한 불리한 점들을 갖는다.

Chapter 11

활성탄 흡착

대규모 설비들이 활성탄에서 흡착에 의해서 오염물질들을 제거하기 위해 설치되었다. 생물학적 처리와 비슷하게 흡착은 광범위한 오염물질들을 제거할 수 있다. 그러나 메탄올과 같은 가장 용이하게 생분해될 수 있는 성분들은 더 어렵게 흡착되는 반면 유독하고 분해될 수 없는 화합물들은 흡착에 의해서 용이하게 처리된다. 흡착은 일반적으로 3차 처리, 즉 더 높은 정도로 생물학적 처리 방출물의 정제로서 생각된다. 그러나 그것은 생물학적 처리를 보충하거나, 대신하거나, 혹은 결합되어서 그 가능한 결합은 거의 끝이 없다. 다른 변형(체)들은 재생방법들에 있다. 비록 높은 고체들의 함유량은 공정을 가동될 수 없도록 만드는 경향이 있다 할지라도 활성탄 층은 흡착뿐만 아니라 잔류하는 서스펜션된 고체들을 제거하는데 샌드 필터의 작용을 실행할 수 있다.

더 순수한 방출물들을 생성시킬 수 있는 능력뿐만 아니라 그 이외에 활성탄 흡착은 생물학적 공정들에 비해서 다음과 같은 일반적인 유리한 점들을 갖는다:

- 슬러지 처리 문제점들의 제거
- 강하게 채색되는 안료들을 포함한 분해될 수 없는 성분들을 제거할 수 있는 능력
- 냄새의 선택적인 제거
- 쇼크부하에 대한 비민감성
- Standby use — no loss of activity through disuse
- 크게 감소된 부지 요구
- 유용한 생성물들의 가능한 회수

11-1 공정에 대한 개괄적인 고찰

이 장에서는 활성탄 흡착의 여러 적용들에 관해서 기술키로 하겠다. 제거되는 오염물질들의 다양성 때문에 어떤 주어진 라이센서의 "공정"이라고 말할 수 있는 단일 흐름도는 없다.

활성탄 흡착 분야에서 [활성탄 제조분야에서(by pittsburgh Activated Carbon, subsidiary) 그리고 공정기술 분야에서] 선두그룹 중에서 하나는 Calgon Corporation(Division of Merck)이다. *Calgon의 흡착제들은 석탄으로부터 제조된 그래뉼 타입의 활성탄*인데 이것은 수력학적 수송을 허용하기 위한 충분한 기계적 강도를 가지며 열적 재생을 하게 되고 약 5% 손실과 함께 재투입시키게 된다. 대부분의 경우들에서 *downflow fixed beds*가 사용된다. 서스펜션된 고체들이 유입물에서 낮아야한다; *Calgon은 흡착 이전에 고체들의 제거를 도우기 위해서 사용되는 anionic polymers를 제조한다.* 가동중 활성탄층을 통한 압력강하는 고체들이 상단층(upper layers)에서 여과될 때 증가한다. 주기적인 역세척(backwashing)은 이들 고체들을 제거시킨다.

Calgon 기술의 가장 큰 산업적 사용은 석유정제 폐수들을 처리하는 4.2-mgd 플랜트인 것 같다. 이 정제공장은 보통은 대개 공정수들을 도시 하수도로 내 보낸다; 그러나 빗물과 공정수를 하수도로 버리는 것은 금지된다. 이 물은 저장고에 모아서 downflow granular activated carbon beds를 거쳐서 정제시킨다. 이 시스템은 최소의 부지면적을 필요로 하고 방류수의 질에 대한 증가된 요구를 잘 충족시킬 수 있기 때문에 채택되었다. *활성탄은 multiple hearth furnace에서 1600℉에서 재생된다.*

Calgon 기술을 사용하는 다른 석유화학 폐수처리 플랜트들에는 polyols, nitrophenol, TNT, dye, insecticides, phenol, 그리고 cyanide의 제거가 포함된다. *Phenol 그리고 nitrophenol plants는 furnace regeneration보다도 오히려 caustic regeneration을 사용한다.* 페놀 폐수 플랜트는 lagoons에 모아둔 물을 처리하기 위한 일시적인 임시 시스템으로서 원래 설비가 설치되었다(489).

맛과 냄새의 제거를 위해 물을 처리함에서 그리고 일차 혹은 이차 처리 후 도시 폐수를 처리함에서 활성탄의 사용으로부터 디자인과 가동 경험을 또한 입수 가능하다. 공정 디자인 매뉴얼은 EPA에 의해서 발표되었다(B-12).

Dow Chemical은 페놀 플랜트로부터의 유기물질로써 오염된 소금물에 대한 흡착공정을 개발하였다(487). 페놀 함유량은 흡착된 후 acidification에 의해서 sodium acetate는 acetic acid로 전환되고 이것은 또 다른 층에서 흡착된다. 층들은 화학적으로 재생된다; 정제된 소금물은 리사이클된다.

불(소)화된 탄화수소들, 석유 첨가제들, 염료들, 그리고 여러 가지 방향족 중간체들을 제조하는 플랜트들로부터의 폐수를 처리하기 위한 매우 다른 접근방법이 Du Pont에 의해서 취해졌다. 그래뉼 타입의 활성탄은 값이 비싸기 때문에(약 30¢/1b) 그것은 재생되어져야 한다. 재생을 위한 자본비용은 이 플랜트에 대해서 높았다. Du Pont은 파우더 타입의 활성탄(약 9¢/1b)도 역시 비분해성 높은 분자량의 성분들을 제거하며 이 흡착은 추가적인 장치 없이 활성 슬러지 플랜트의 aerator에서 실행될 수 있었다는 사실을 알게 되었다. 게다가 활성탄은 슬러지의 세틀링을 촉진시킨다. PACT process라 일컬어지는 이 파우더 타입의 활성탄 처리는 그 이후에 파일럿 플랜트 단계를 거쳐서 플랜트화 되었다(507).

파우더 타입의 활성탄을 재생시키는 방법들의 개발은 또한 계속 진행되었다. Westvaco는 콘시럽 정제와 관련하여 10ton/day 상업 유니트를 가동하였다(505). 재생은 계량된 활성탄을 천연가스 연소로부터의 flue gas와 혼합시키는 transport-type 반응기에서 1,750~1,850℉에서 단지 수초내에 일어난다. 뜨거운 반응기 방출물은 물 스프레이로써 냉각시키고 활성탄은 백필터에서 건조시켜 모은다. FMC는 또한 tubular reactor에서의 파우더 타입의 활성탄의 빠른 재생을 위한 공정을 개발하였다(490, 511). 사용된 파우더 타입의 활성탄의 재생을 위한 wet air oxidation이 Zimpro(508)에 의해서 제안되었다. 활성탄 슬러리는 약 500 psig로 펌프질 되며 공기와 혼합시키며 약 400℉로 가열시킨다. 흡착된 불순물들은 활성탄의 표면에서 빠르게 산화하는 것으로 밝혀졌다. 슬러리는 냉각시키고 재사용 전에 degassing시킨다.

개발단계에 있거나 개발된 공정들에는 Envirotech의 Z-M process, Fram Corporation의 생물학적 재생공정, 그리고 Pullman's Kellogg and Swindell-Dressler division의 3차 처리공정이 포함된다(487). Envirotech system 혹은 Graver Water Conditioning의 비슷한 시스템을 사용하는 수많은 full-scale units가 실행되었다.

폐수처리를 위한 활성탄 흡착에 관한 특허들을 <표 11-1>에 요약해 놓았다.

<표 11-1>

CARBON ADSORPTION PROCESSES

PATENT SUMMARY

Reference Number	Assignee	Patent Number	Year	Remarks
491	R. J. Bouthilet	U.S. 3,244,621	1966	Upflow carbon bed filters solids and adsorbs organics. Down pulses send portion of bed to regenerator. Waste combustion provides energy for regeneration. Data on phenolics from oil refinery and other sources.
493	Calgon Corp.	U.S. 3,455,820	1969	Raw sewage is flocculated. Supernatant is treated by fixed beds of carbon.
501	Diamond Shamrock	U.S. 3,420,709	1969	Mixtures of activated carbon and micronized ployelectrolytes have synergistic effect.
494	Dorr-Oliver	U.S. 3,490,590	1970	Activated carbon used to remove slimes from feed to membrane separator used in activated sludge process.
499	E. Fischer	Ger. 1,128,411	1962	Regeneration of activated carbon used to deoil water by backwashing at lower temperatures and shorter intervals than in main patent.
496	General Electric	U.S. 3,510,265	1970	Activated carbon is regenerated by ozone generated in apparatus.
497	General Services Corp.	U.S. 3,252,899	1966	Water is treated with filter conditioner bed by flow currents adsorbs impurities. Periodic flushing is used.
492	Hydro-Clear Corp.	U.S. 3,516,930	1970	Activated carbon suspended above filter bed by flow currents adsorbs impurities. Periodic flushing is used.
498	A. J. Kehoe	U.S. 3,300,403	1967	Powered coal delays putrefaction of primary sludge.
502	Krilovici et al.	Rom. 51,898	1968	Activated carbon used to deoil water is regenerated by washing with gasoline and heating.
500	Metallgesellschaft	U.S. 3,017,347	1962	Activated carbon remove heavy metals from drinking water.
495	Sontheimer et al.	Ger. Offen. 1,813,892	1970	Moist spent activated carbon is regenerated with concentrated H_2SO_4 , which was recycled after oxidation of sulfonation products.
503	Stemberg-Flygt	Ger. Offen. 2,109,322	1971	Granular carbon is circulated. After adsorption, organics are oxidized in a screw conveyor reactor.

11.2 공정에 대한 전반적인 기술

가장 큰 상업적 경험을 갖는 그리고 또한 상대적으로 작은 플랜트들에 대하여 가장 적당한 공정으로서 South Lake Tahoe의 moving bed adsorption process는 앞서의 생물학적 공정들과의 비교를 위한 디자인을 만들기 위해 조정되었다. Tahoe plant는 Clair A. Hill and Associates에 의해서 그리고 Cornell, Howland, Hayes, 그리고 Merryfield에 의해서 엔지니어링 회사들의 컨설팅을 받아서 디자인되었다. 이 플랜트는 upflow moving bed adsorbers에서 Calgon 300, 8×30 mesh 활성탄을 사용하며 활성탄은 BSP multiple hearth furnace에서 재생시킨다. 비록 Tahoe plant가 상당히 높은 질의 물을 주기 위해 이차 방출물을 처리한다 할지라도 여기에서의 디자인은 일차 방출물을 처리하고 생물학적 처리와 같은 수질을 주고져 한다.

흐름도는 [그림 11-1]에 나타내었으며 major equipment list와 utilities summary는 <표 11-2>에 나타내었다.

[그림 11-1]
CARBON ADSORPTION

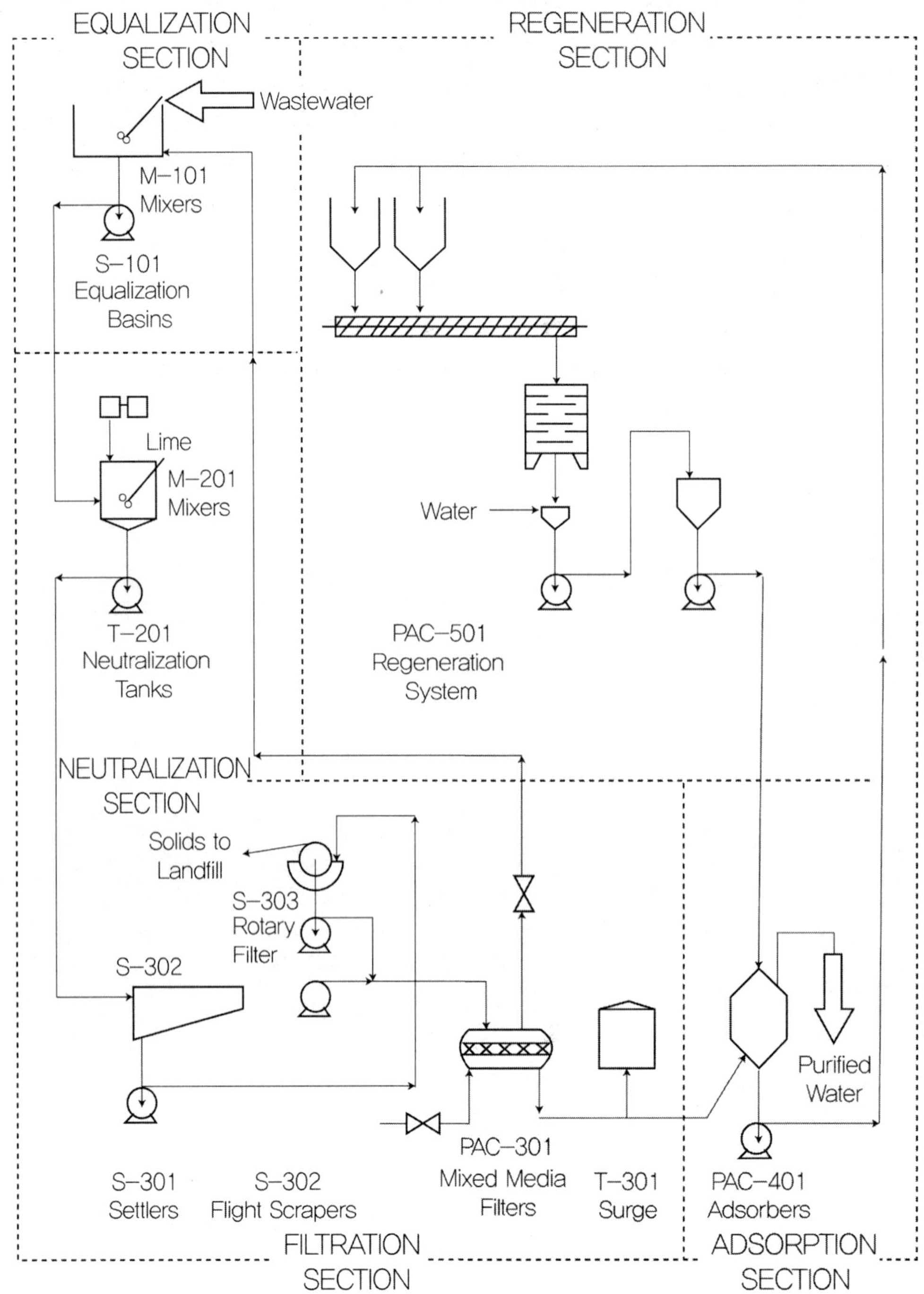

<표 11-2>

CARBON ADSORPTION

MAJOR PROCESS EQUIPMENT AND UTILITIES SUMMARY
Plant Capacity: 2 Million U.S. Gal/Day
Wastewater at 1.0 Stream Factor

Major Process Equipment

Equipment Number	Name	Size	Material of Construction
	Special Equipment		
S-101	Equalization basins	2 mgd	Concrete
S-301	Settlers	2 mgd	Concrete
S-302	Flight scraper	14×67 ft	Carbon steel
S-303	Rotary filter	37 sq ft	Carbon steel
		Volume (gal)	
	Thanks		
T-201	Neutralization tanks(2)	16,700 ea	Rubber lined
T-301	Surge drum	16,700	Rubber lined
		Size	
	Miscellaneous Equipment		
M-101	Mixers(2)	20 bhp	304 ss
M-201	Mixers(2)	1 bhp	304 ss
	Package Units		
PAC-301	Mixed media filters(2)	10×28 ft	Carbon steel
PAC-401	Adsorbers(4)	12×12 ft	Carbon steel
PAC-501	Regeneration system	16 ft	Carbon steel

<표 11-2> (Concluded)

CARBON ADSORPTION

MAJOR PROCESS EQUIPMENT AND UTILITIES SUMMARY

Plant Capacity: 2 Million U.S. Gal/Day
Wastewater at 1.0 Stream Factor

Major Process Equipment

Equipment Number	Name	Size	Material of Construction
	Pumps		
	100 section −2, including 1	operating, 1 spare	13 operating bhp
	200 section −4, including 2	operating, 2 spare	13 operating bhp
	300 section −8, including 5	operating, 3 spare	91 operating bhp

Utilities Summary

	Battery Limits Total	100 Section	200 Section	300 Section	400 Section	500 Section
Average consumptions						
Process water(gpm)	10					10
Electricity (kw)	187	44	13	80		50
Process water(gpm) (1,000 1b/hr)	5					5
Natural gas (million Btu/hr)	17					17
Peak utility demands						
Process water(gpm)	16					16
Steam at 50 psi (1,000 1b/hr)	8					8
Natural gas (million Btu/hr)	21					21

	Additional Requirements for Utilities	
	Electricity(kw)	Makeup Water(gpm)
Steam	6	11
Cooling water	___	___
Utilities Subtotal	187	11
Total	193	11

폐수는 equalization basins에 들어간다. 비록 흡착칼럼들이 생물학적 공정들처럼 혼란(요동)에 영향을 받기 쉽지는 않다 할지라도 surge capacity는 본 디자인에서 사용된 필터들을 backwashing 시키는 시간에 세틀러들로 온화하게 흐르도록 하기 위해서 필요하다. 다음으로 pH는 중화탱크들에서 석회로써 조절된다. Equalization 그리고 neutralization 섹션들은 활성 슬러지 디자인과 같다.

대량의 서스펜션된 고체들은 세틀러들에서 제거되며 또한 전과 같이 디자인된다. 이들 고체들은 로터리 필터에서 여과시켜 매립 처리한다. Mixed media filters는 여과된 고체들을 제거하기 위하여 여과속도의 3배로 주기적으로 backwashing 해주며 backwashing 액은 앞서 언급한 바와 같이 equalization basins로 보낸다.

고체물질이 없는 물은 용해된 유기화합물들을 제거하기 위해서 활성탄층을 거쳐서 위로 흐르며 정제된 물은 배출구로 보낸다. 활성탄층의 cross section의 모든 부분들로부터 활성탄 흐름을 균등하게 만드는 것을 돕기 위하여 물의 upward flow rate를 8−10 gpm/sq ft로 증가시킨 후 간헐적으로 활성탄의 약 11%를 바닥을 거쳐서 층들로부터 회수한다. 동시에 메이컵 활성탄을 꼭대기로 첨가시킨다. 활성탄은 슬러리로서(4−8 1b water/1b carbon) diaphragm pumps, eductors, 혹은 저속의 고무라인된 원심분리 펌프에 의해서 드레인 탱크들로 펌프질된다. 물을 드레인 시킨 후 활성탄은 스크류 컨베이어에 의해서 multiple hearth furnace로 재생을 위해 투입시킨다. *재생은 3단계로 일어난다: 물을 기화시키고, 흡착된 유기물질들을 열분해 시키며, 그리고 흡수 잔류물을 산화시킨다.* 조건들을 조절하여서 활성탄 자체의 과량의 산화 없이 활성탄의 활성도를 회복시킨다. 조절의 수단들에는 과량의 공기, 스팀 인젝션(약 lb/lbC), 그리고 머무름 시간이 포함된다. 과량의 공기와 스팀은 함께 가스의 온도를 조절한다(약 1,600−1,700℉). 머무름 시간은 고체의 온도의 가스의 온도로의 접근을 조절하는 것을 돕는다. 재활성화된 탄소는 퍼니스의 바닥으로부터 냉각탱크로 배출된 후 저장탱크 혹은 세척탱크로 펌프질된다. 재생장치 가스들은 공기오염을 방지하기 위하여 afterburner와 wet scrubber를 거쳐서 보낸다.

흡착을 비교할 활성 슬러지 공정은 Hoechst에 의해서 파일럿화되었다 할지라도 흡착공정은 그렇지 못하였다. 2−mgd 플랜트의 추정되는 성능은 다음과 같다:

Contact time	34min
Carbon dosage(based on 2 beds)	50 1b/1,000 U.S. gal
Carbon losses	5% cycle
Influent COD	2,690 mg/l
Effluent COD	250 mg/l
Influent TOC	720 mg/l
Effluent TOC	67 mg/l

11.3 공정에 대한 세부적인 고찰

오염물질들의 제거(정)도에서 가장 중요한 인자는 접촉시간이다(B-12). Colorado Springs에 있는 플랜트는 30분의 접촉시간에서 COD의 86%를 제거하기 위해 디자인된다. 여기서의 디자인에 대한 요구되는 제거는 34분에 달성되는 것으로 가정하였다. 이론적으로 방출물의 질은 흡착공정들에서 유입물의 질에 무관해야 한다. 이 결과는 long thin beds에서 접근되게 되는데 이것은 비용들과 압력손실을 증가시키지만 실제적으로는 더 강한 feeds는 더 강한 생성물들을 준다. 활성 슬러지 성능과 일치시키기 위해 채택된 이 공정으로부터의 방출물은 COD에 의해서 도시하수보다도 훨씬 더 강하며 그로 인해서 흡착에 대한 좋은 추진력을 주게 된다. 더 높은 정도의 COD 제거는 BOD 기준에 일치시키기 위해서 필요하다. 그러나 이 디자인은 활성탄층 내에서의 생분해의 유익한 효과를 무시하는데 이 효과는 가끔 매우 상당한 양이다(B-12, pp.4-8). 이 보수적인 접근에 대한 이유는 물을 포화시키는 산소의 양이 이 폐수의 BOD 수준과 비교하였을 때 작으며 그리고 산소가 활성탄 층에 도달할 수 있는 다른 기회가 없기 때문이다. 그래서 추정되는 성능은 확인되지는 않았지만 적당한 것으로 생각된다.

머무름 시간은 흡착섹션의 비용의 주요한 결정인자인데 그것은 이것이 활성탄 요구량과 장치의 부피를 지정하기 때문이다. 한편 재생섹션은 활성탄의 순환에 의존하는데 이것은 feed 속의 오염물질들의 mass rate에 의해서 주로 결정된다. 이 이유 때문에 2개의 섹션들은 분리해서 추정되어서 다른 제거 요구들과 다른 폐수들에 대하여 조절이 이루어질 수 있었다.

여기서의 재생디자인은 0.4 1b COD/1b carbon(0.11 1b TOC/1b carbon)의 활성탄 부하에 기초한다. 이것은 100,000 1b/day의 순환을 요구한다. Culp(B-16, p.136)에 따르면 Tahoe에서 비교될 수 있는 유니트들에서 8×30 mesh 활성탄의 용량은 0.5 1b COD/1b carbon이다. 그러나 재생은 만약 활성탄이 포화되지 않았다면 훨씬 더 용이하다는 것과 포화는 재생장치 용량을 절반으로 자른다(감소시킨다)는 사실이 밝혀졌다. 여기서의 폐수에 대한 실제적인 용량과 in situ 생분해의 효과는 정확하게 예측될 수 없다. 이 공정의 어떤 실제적인 적용 이전에 파일럿팅과 최적화는 필수적이다. 그러나 재생장치의 크기와 비용은 제작업체의 도움으로 추정될 수 있다.

이것과 같은 적용에서 강한 폐수들은 활성탄으로써 직접적으로 처리시켰으며 재생섹션은 상대적으로 더 중요하다. 예를 들면 Tahoe unit와의 비교에서 접촉시간은 두 배이지만 폐수의 단위당 재생용량은 200의 인자까지 증가한다. 이것은 countercurrent contacting apparatus를 상대적으로 더 매력적이도록 만드는데 이것은 다음과 같이 설명된다. Countercurrent column으로부터 제거되는 활성탄은 모두 유입물 끝 가까이에 있으며 상대적으로 크게 loading 되지만 고정상 디자인들에서는 칼럼의 전체 내용물은 breakthrough가 발생할 때 제거되며 층의 일부는 단지 약간 loading된다.

약간의 경우들에서 생성물의 회수와 화학적 재생의 가능성을 Dow(487)에 의해서 설명된 것처럼 대충 보아서는 안 된다.

Downflow fixed beds는 그들이 여과와 흡착의 작용들을 결합하여 겸할 수 있다는 유리한 점을 갖는다. 표면에 퇴적된 고체들은 backwashing에 의해서 주기적으로 제거시킨다. 이 배치구조에 대한 두 가지의 주요한 이의가 있다. 세틀러들을 교란시키는 storms과 같은 upset conditions은 층들의 빠른 블라인딩을 초래하며 이것은 만약 backwashing을 위한 깨끗한 물이 제한된다면 심각할 수 있다. 또한 고체들은 흡착을 간섭방해하며 더 많은 활성탄의 순환을 요구하고 더 높은 활성탄의 손실들을 초래한다. 활성탄 손실들은 중요한 가동비용을 구성한다.

여기에서의 디자인은 45° conical closures를 갖는 각각 12 ft diameter×12 ft tangent-tangent length를 갖는 4개의 평행한 흡착장치들을 제공한다(B-16, p.152). 그러한 유니트들은 shop 조립될 수 있으며 설치장소로 운송된다. Field fabrication은 전형적으로 비용에 25%가 추가된다. 대규모의 경제성 때문에 두 배의 용량을 갖는 단일의 field fabricated unit는 두 개의 shop fabricated units에 그 비용이 비교될 수 있다. 그러한 고려들에 의해서 4배의 용량을 갖는 단일 field fabricated unit는 4개의 shop fabricated units보다도 현저하게 더 적은 비용이 드는 것으로 기대된다. 그러나 활성탄의 제거를 위해 필요한 conical bottom은 과량의 비용이 많이 드는 비활성 활성탄층을 포함하는데 그것은 bottom cone의 꼭대기 가까이에서 cylindrical screens을 거쳐서 폐수가 들어가기 때문이다. 또한 더 깊은 활성탄층들은 마멸에 의해서 손실들을 증가시킨다. 이들 이유들 때문에 4개의 칼럼으로 된 배치배열은 상당히 좋은 선택인 것 같다.

실험적으로 결정된 흡수단열 그리고 고정상 테스트들에 기초한 디자인 방법은 Erskine과 Schuliger(510)에 의해 주어진다.

Upflow bed는 서스펜션된 고체들이 backwashing에 의해서 층으로부터 제거될 수 없기 때문에 feed로부터 이들의 매우 효과적인 제거를 요구한다. 이 디자인에서 거친 굵은 고체들은 세틀링되고 미세한 고체들은 혼합된 미디어 필터들에서 제거된다. 그러한 필터들에서 더 굵은 입자들은 medium은 꼭대기에 있으며 더 미세한 것은 바닥에 있다; 굵은 입자들은 먼저 제거되고 더 미세한 것은 나중에 제거된다. Single medium filters에서 미세한 층의 물질은 backwashing 후 더 느리게 세틀링하기 때문에 이들은 꼭대기에 있다. 그러므로 서스펜션된 고체들은 표면층에서 모두 제거되고 압력강하에 있어서의 빠른 증가를 초래한다. 혼합 미디어 필터들에서 서스펜션된 고체들은 층을 통해서 분배되며 압력강하 증가의 더 느린 속도를 주게 된다. 예를 들면 혼합 미디어는 3인치의 40×80 mesh garnet 혹은 ilmenite, 9인치의 20×40 mesh silica sand, 그리고 18인치의 10×20 mesh coal로써 구성된다. 파일럿 테스팅에 의해서 제거시킬 고체들에 대하여 특정 미디어를 맞춤해야 한다. 그러한 필터들은 전형적으로 15gpm/sq ft에서 5~8분 동안 backwashing된다. 세척 후 미디어를 적절히 분류하기 위해서 12-15 gpm/sq ft에서 1~2분이 요구된다. 조절은 자동적이며 어떤 주어진 압력강하에서 가동된다. 플랜트 throughput의 2%로부터 5%까지는 backwashing을 위해 사용된다. Pressure filters가 사용되며 필터층들로부터 펌핑이 요구되지 않는다. 약간의 경우들에서 세틀러의 제거는 backwash가 로터리 필터에서 여과됨으로써 정당화된다.

11.4 비용분석

자본비용과 가동비용 추정값들은 <표 11-3>과 <표 11-4>에 각각 나타내었다. [그림 11-2]는 design rate와 throughput에 따른 가동비용의 변화를 나타낸다.

[그림 11-2]

CARBON ADSORPTION
EFFECT OF OPERATING LEVEL AND PLANT CAPACITY ON OPERATING COST

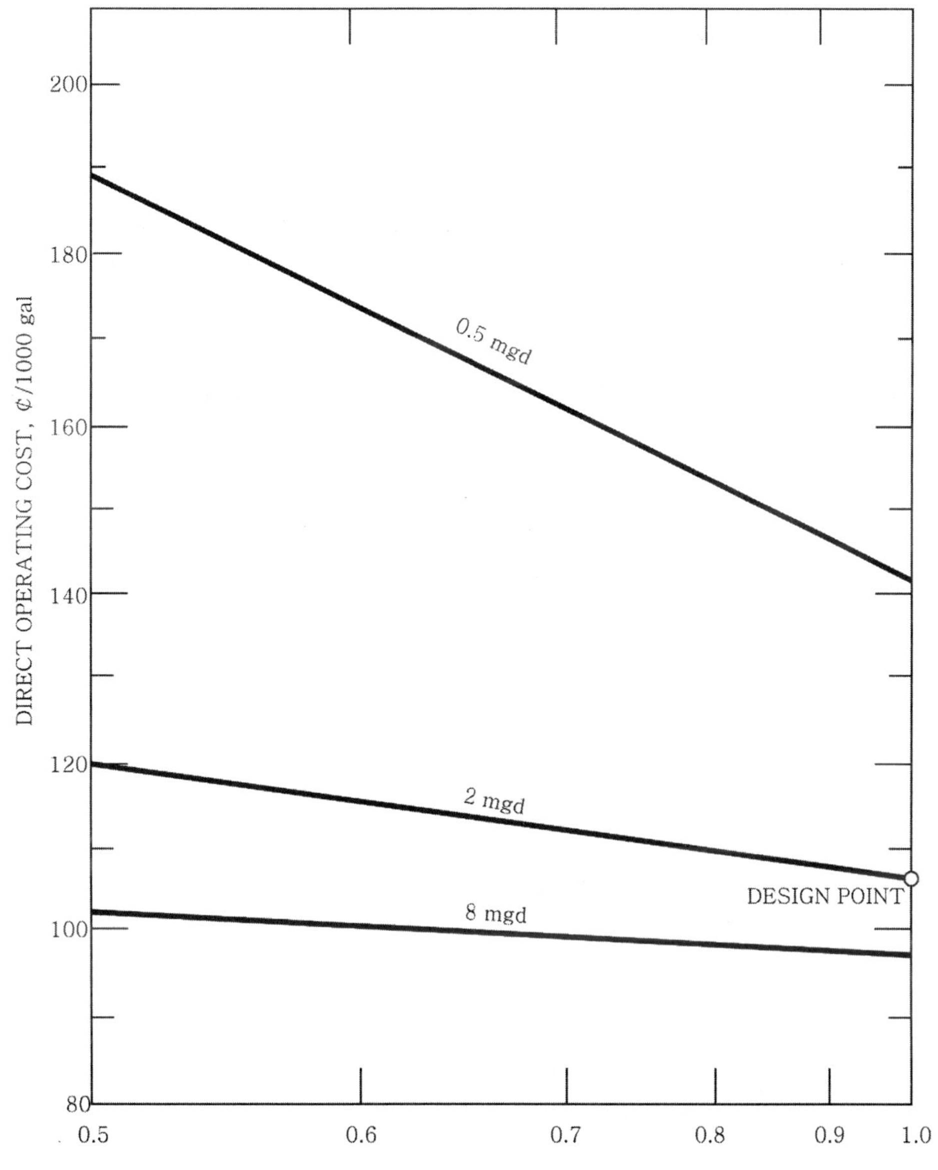

Equalization 그리고 neutralization sections는 그리고 filtration section의 일부는(예를 들면 세틀러들) 앞서의 디자인들과 같다. 다른 장치의 비용들은 실제적인 경험에 혹은 확실한 어드바이스에 기초한다. 그러나 실제적인 경험의 사용조차도 두 가지 종류의 불확실성들을 포함한다. 하나는 다른 유입물들에서의 장치의 성능이다. 다른 종류의 불확실성은 비용 데이터의 사용에 있다.

Graded media filter는 109의 CE Cost Index와 4 gpm/sq ft의 design rate에서 2 mgd의 용량에 대해서 비용은 $140,000이었다(509).

재생섹션의 비용은 0.4 1b of COD/1b carbon의 loading에 기초하였다. 16 ft diameter의 6-hearth furnace가 추천된다.

일차 방출물의 직접적인 물리-화학적인 처리의 자본비용은 생물학적 공정들과 경쟁적인 것으로 나타났다. 그러나 그러한 강한 폐수에 대해서 가동비용은 활성탄 손실의 높은 비용 때문에 확실히 경쟁적이지 못하다. 이 비용은 순환당 5%의 손실에 기초한다. 그러한 손실은 Tahoe 플랜트에서 얻어졌다. 유지보수 비용들은 비록 이들이 더 복잡한 흡착 플랜트에 대해서 더 높다고 할지라도 생물학적 공정들에 대해서 사용된 자본비용의 같은 퍼센트에서 계산된다.

그래서 이 폐수타입에 대해서 단지 만약 생물학적으로 도달될 수 있는 것보다도 더 큰 정제가 요구된다면 혹은 만약 비분해성 성분들을 제거해야 된다면 혹은 <u>in situ</u> 화학적 재생이 가능하고 바람직스럽다면 이 타입의 흡착공정이 매력적인 것 같다.

Chapter 12
습식 공기산화

습식 공기산화 공정들은 슬러지 처리를 위해서 제6장에서 그리고 파우더 타입의 활성탄의 재생을 위해서 제11장에서 고찰하였다. 공정에 대한 자세한 내용은 Zimpro사(subsidiary of Sterling Drugs)의 독점적인 것으로 생각된다. 그러나 Zimpro사는 제6장의 활성 슬러지 공정으로부터 초래되는 과량의 슬러지에 이 공정의 적용에 관한 연구결과들을 제공하였다. 여기서는 이들 결과들을 기술키로 하겠다.

슬러지 처리에 관한 특허들은 <표 6-3>에 그리고 활성탄에 관련된 특허들은 <표 11-1>에 요약해 놓았다.

12.1 화학

만약 조건들이 충분히 가혹하다면 유기물질들은 용존산소에 의해서 CO_2, H_2O, 그리고 다른 화합물들로 산화된다. 초기의 단계들에서는 가수분해뿐만 아니라 산화가 일어나며 원 슬러지에서 물을 잡아서 유지하는 단백질과 lipid macromolecules 그리고 다른 화합물들을 산산이 부수게 된다. 그래서 슬러지 여과능력과 세틀링 특성은 크게 향상된다. 이것은 low oxidation variant의 매력이다. 여러 단계들의 산화에서 raw primary sludge의 자세한 분석들은 보고되어졌다(513).

12.2 슬러지 처리

12.2.1 공정에 대한 전반적인 기술

Zimpro사에 의해서 제공된 플로우 스케치는 [그림 12-1]에 나타내었다. 슬러지는 minimal ferric chloride와 중합체를 사용하여 부유에 의해서 농축된다. 물은 플랜트의 헤드로 되돌려 보내지고 동시에 농축된 슬러지는 슬러지 탱크로 운반된다. 슬러지 펌프는 습식 산화가 일어나는 반응기로 슬러지를 밀어 보내고 컴프레셔는 공기를 밀어 보내어서 반응기 방출물과 함께 열교환기를 거쳐서 함께 반응기로 밀어 보낸다. 열교환에 의한 냉각 후 반응기 방출물은 여과된다. 여과액은 플랜트의 헤드로 돌려보내고 필터 케이크는 소각 장치로 보낸다(나타내지 않았음).

[그림 12-1]
ZIMPRO WET AIR OXIDATION

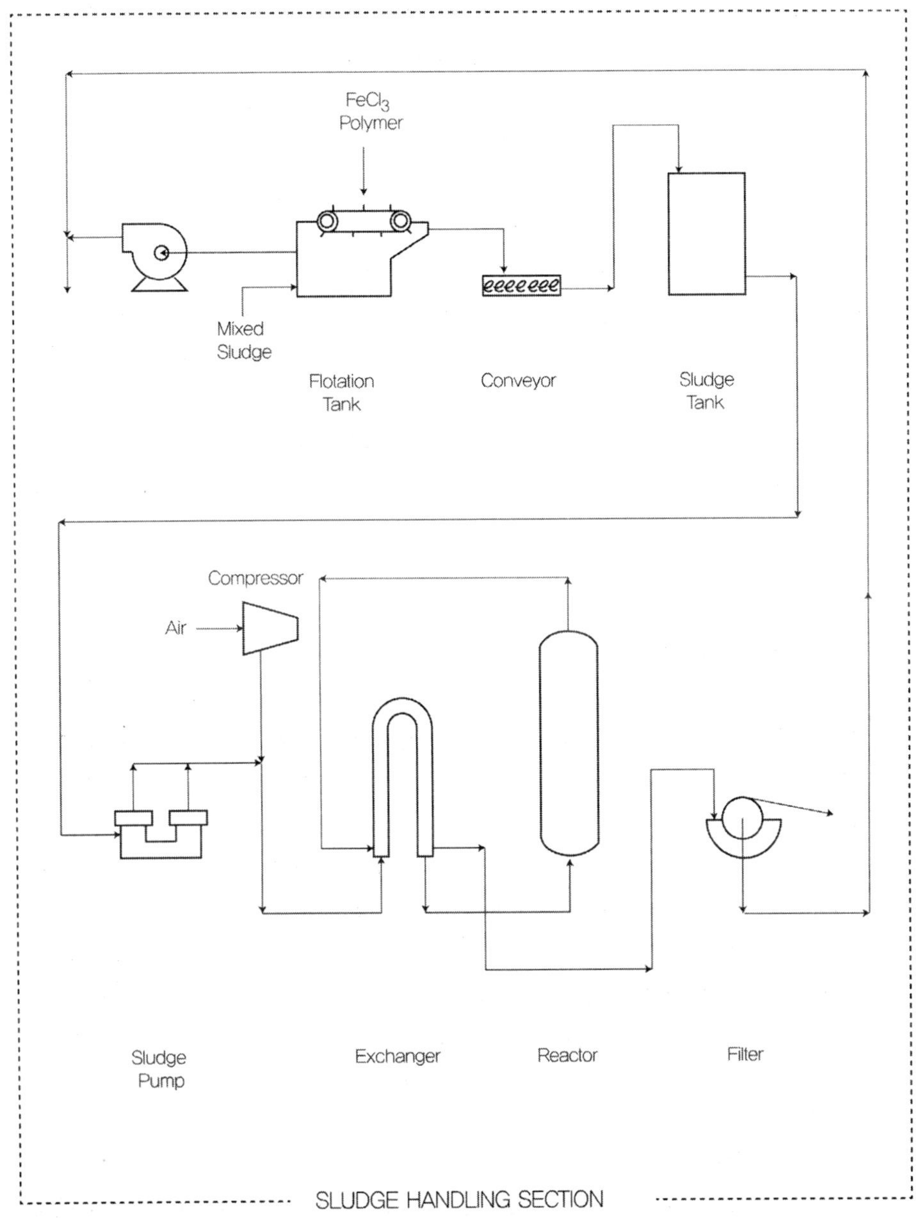

12.2.2 공정에 대한 세부적인 고찰과 비용분석

Zimpro는 이 회사의 두 가지 변형공정들에 대한 그리고 활성 슬러지 공정의 농축단계(여기서 chemical conditioning이라 불리는)에 대한 자본비용들을 제공하였다. 이들 비용들은 아마도 그 기초근거가 같기 때문에 이들은 변경되지 않았다. 그러나 화학적 비용들은 나머지 부분들과 일치시키기 위해서 조정되었다. 이 변화에 대해서를 제외하고 다음과 같은 자료가 Zimpro사에 의해 제공되었다.

Wet Air Oxidation

A commonly used variation in the process of waste sludges is the utilization of the Zimpro Wet Air Oxidation in the processing sequence. In Wet Air Oxidation, organic material, in this case biological sludge, is subjected to an elevated temperature and pressure while air is bubbled through it. Oxidation of the aqueous medium. The characteristics of the oxidation products depend on the severity of the oxidizing condition, the amount of air used, and the reaction time.

Low Oxidation

At lower temperatures (about 350℉), very little oxidation of organic material takes place. However the nature of the oxidized sludge is markedly changed and will typically exhibit a specific filter resistance of 1/10 that of untreated sludge. Since the filtration characteristics of the thickened sludge are not relevant to Wet Air Oxidation, other methods of thickening(if thickening is required at all) such as flotation can be employed ahead of the Wet Oxidation unit. Decreased operating cost for chemical thickening and lower filter costs often justify the introduction of this unit operation into sludge handling sequence. An additional is required for biological growth. A significant portion of the nutrients are solubilized and can be recycled back to the aeration section.

High Oxidation

If the temperature is increased to the range of 500−600℉, substantially complete oxidation of the organic material can be achieved; 80−90 percent COD reduction is usually an economic optimum. The small volume of oxidized solids is essentially an inert ash suitable for land disposal. Except for ash, further solids processing is eliminated. The supenatant liquer can be returned for further biological treatment. Virtually all of the nitrogen contained in the sludge can be recycled.

Wet Air Oxidation is often economical for treatment of entire waste streams which are particularly obnoxious and not amenable to biological treatment or incineration. This would include materials such as pesticides, other chlorinated hydrocarbons, cyanides, phenols, heavy metals, and sulfur bearing wastes. Oxidation products of CO_2, H_2O, HCl, and SO_3 remain in the aqueous phase and minimize the air pollution problem.

이들 2개의 시스템을(습식 공기산화 공정)과 chemical conditioning의 comparative economics를 <표 12-1>에 요약해 놓았다.

Chemical costs는 Hoechst에 의해 결정된 수요량에 기초한다. 종종 좋은 농축을 위해서 중합체의 사용이 또한 요구된다. 예를 들면, $2/1b에서 1ppm의 중합체가 chemical conditioning의 연간비용에 $12,000을 추가시켜서 Zimpro processes의 경쟁적인 위치를 증가시킨다. 한편 유지보수 비용들에 있어서의 증가는 chemical conditioning을 선호하게 된다. Zimpro에 의해서 추정된 유지보수 비용들은 낮은 산화에 대해서보다도 더 높은 자본의 높은 산화공정에 대해서 더 낮다.

<표 12-1>
COMPARATIVE ECONOMICS OF CHEMICAL CONDITIONING AND WET AIR OXIDATION

	Chemical Conditioning	Low Oxidation	High Oxidation
Thickening			
Type ..	Chem settler	Flotation	Flotation
Equipment cost, f.o.b.	$27,000	$50,000	$50,000
Installed cost	40,000	75,000	75,000
Chemical costs *	35,000/yr	1,000/yr	1,000/yr
Utility costs	†	†	†
Chemical storage	‡	Nil	Nil
Wet oxidation			
Installed cost	--	245,000	700,000
Utility costs		2,000/yr	4,000/yr
Filter			
Area	420 ft^2	54 ft^2	--
Equipment cost, f.o.b.	$36,000	$15,000	--
Installed cost	80,000	33,000	--
Chemical costs	6,800/yr	1,000/yr	--
Nutrients			
Chemical costs *	$29,000/yr	$12,000/yr	$8,000/yr
Incinerator			
Installed cost	$200,000	$200,000§	--
Operating costs	$3,000/yr	$1,500/yr	--
Total installed cost	$320,000	$553,000	$775,000
Utility and chemical costs**	74,000/yr	18,000/yr	13,000/yr
Maintenance cost ††	12,000/yr	17,000/yr	15,000/yr
Annual cost			
Unamortized	86,000	35,000	28,000
Amortized ‡‡	$118,000	$91,000	$106,000

* Based on :

$FeSO_4$	@1.2¢/1b
Lime	@0.9¢/1b
Power	@1.0¢/kwh
Water	@1.0¢/1,000 gal
Fertilizer	@3.2¢/1b

† Utility requirements for these units are small (less than $1,000/yr) and do not affect the comparions.

‡ Cost for bulk chemical storage facilities not included.

§ Does not reflect possible savings on incinerator cost due to reduced inorganic content of thermally conditioned sludge.

** Labor cost not included. Approximately equal for all systems.

†† Estimated by Zimpro.

‡‡ Based on 20-year 8% money.

Source : Zimpro

12.3 결합된 활성탄 그리고 생물학적 처리

다음과 같은 자료가 또한 Zimpro에 의해 제공되었는데 이해를 돕기 위하여 원문을 그대로 기술키로 하겠다.

A number of investigators have explored a process in which physical adsorption and biological oxidation are carried out simultaneously in the aeration basin. Zimpro now offers a commercial process using powdered activated carbon mixed with the activated sludge. Carbon is regeneration by Wet Air Oxidation. Advantages claimed for the process are:

1. *The effluent is of tertiary quality equal to that obtained by biological treatment followed by a separate carbon adsorption step.*
2. *The introduction of carbon to the aeration basin improves the settling properties of the biomass, retards sludge bulking, and permits biological solids to be carried at about three times the usual level. Thus, the effective residence time of the solids is increased. A significant amount of aerobic digestion and nitrification will occur in the same size basin which would. without carbon, accomplish only carbonaceous BOD reduction with maximum solids production.*
3. *Materials resistant to biological degradation are adsorbed onto the surface of the carbon, resulting in a lower COD in the effluent. The material removed by adsorption is reflected in lower aeration horsepower.*
4. *The settling characteristics of the combined carbon and activated sludge are markedly better than those of straight activated sludge. Much lower suspended solids are obtainable with smaller equipment.*
5. *There are no solids to handle or dispose of. The biological solids are oxidized in the process of regenerating the powered activated carbon.*

Cost for the process is about the same as for just activated sludge (no carbon adsorption) with complete sludge handling section.

Chapter 13
냉각수 Blowdown 처리

13.1 화학

냉각수 Blowdown의 조성은 raw water의 조성에 그리고 냉각수의 가동 및 처리의 방법에 의존한다. 주요한 주된 관심의 대상이 되는 오염물질들은 chromates, zinc, 그리고 polyphosphates인데 그 중에서도 특히 chromates이다. 최종 방출물들은 0.05 ppm chromate 그리고 0.3ppm phosphates로 제한된다(517).

전형적인 순환되는 물 시스템들에서 물은 자신은 가열되면서 여러 스트림들을 냉각시키기 위해 사용된다. 열은 냉각탑에서 공기와 접촉함으로써 제거된다. 어떤 물은 타워에서 기화에 의해서 잃어버리게 되며 어떤 물은 바람에 의해서 잃어버리게 된다. 기화는 단지 물만을 제거시키는 반면 바람은 물의 손실에 비례하여 염들을 제거시킨다. 그 물의 손실은 raw water에 의해서 혹은 드물게는 처리된 폐수에 의해서 보충된다. 염 함유량의 buildup은 올바른 material balances에 의해서 추정된다; 이들은 Beychok(B-6)에 의해서 자세히 주어진다.

물로부터 구성성분들을 제거하는 것 이외에 공기가 그것에 첨가되는데 특히 용존산소, CO_2, dust, 그리고 미생물들이 첨가된다. 산소는 부식과 조류의(algal) 점액분비를 촉진시킨다. 이들을 억제하기 위하여 부식 억제제들과 algacides가 물에 첨가된다. 덧붙여서 기화에 기인한 염들의 농축은 열전달 장치의 스케일링의 위험성을 초래한다. 화학물질들은 허용 가능한 염의 함유량들을 증가시키기 위해서 첨가된다. 결국 공정의 leaks는 냉각수를 오염시키며 dust, 파편조각들, 그리고 미생물체들이 냉각수 basins로 들어간다.

대부분의 경우들에서 그것은 물을 순환할 수 있는 회수를 제한하는 $CaCO_3$의 퇴적들로부터 그리고 염들의 농도에서의 대응되는 증가로부터 스케일링의 가능성이 있다. Calcium carbonate는 상대적으로 불용성이며 $MgCO_3$는 낮은 용해도를 갖지만 이들은 황산에 의해서 CO_2의 방출과 함께 황산염(sulfate)으로 전환될 수 있다. 결과적으로 더 적은 양의 메이컵 물이 요구된다.

수처리의 용어에서 "alkalinity"는 알칼리성 염들을 형성하는 carbonate ion과 bicarbonate ion의 측정이다; "P"alkalinity는 페놀프탈레인 종말점(pH 8.3)에서의 그것이며 "M"alkalinity는 메틸 오렌지 종말점(pH 4.3)에서의 그것이다. 후자는 또한 "total alkalinity"이다. "Hardness"는 칼슘과 마그네슘 존재량의 측정이다. 이들 모두는 equivalent $CaCO_3$(분자량 100)으로써 표현된다. It is useful to add H_2SO_4 equivalent to hardness, as long as residual alkalinity is maintained to keep the pH high enough for the requirements to the system. Beychok(B-6)은 예들을 준다. 분산제들의 개발(아래를 보시오)은 약간의 경우들에서 H_2SO_4의 더 적은 사용을 초래하였다.

냉각탑 blowdown에 의한 오염의 방지를 위한 대체방안들 중에서 하나는 비오염성 억제제들의 치환이기 때문에 억제제들의 작용들을 이해하여야 한다. 수용성 부식은 전기화학적이다. 다음과 같은 anodic oxidation reaction(metal dissolution)이 일어난다:

$$Fe \rightarrow Fe^{2+} + 2e^-$$

전자는 금속을 거쳐서 cathodic area로 흐르며 여기서 환원이 일어난다. 비록 다른 반응들이 가능하다 할지라도 대부분은 다음과 같다.

$$O_2 + 2H_2O + 4e^- \rightarrow 4OH^-$$

*Chromate*와 *phosphate*는 *anodic inhibitors*이다. 이들은 보호코팅을 창출함으로써 anodic reaction을 억제한다. Anodic sites의 모두가 아닌 일부 약간을 봉쇄하는 농도를 사용하는 것이 가능하다. 모든 반응은 보호되지 않은 위치들에서로 제한되며 맹렬한 경쟁이 일어난다. 그래서 적절치 못한 anodic inhibition은 더 나쁘다.

Zinc(아연)는 cathodic inhibiter이다. 이것은 비활성 수산화아연의 코팅을 형성키 위해 cathodic areas에서 형성되는 수산화 이온(hydroxyl ion)과 반응한다. 이 코팅은 anodic sites에서 부식을 초래하는 전위를 제거시키는 경향이 있다.

전기화학적 커플들은 비슷하지 않은 금속들, 어떤 일정한 스트레스, 그리고 온도 및 농도 차이에 의해서 형성된다. 농도 차이는 퇴적물들 아래의 지역들과 주된 벌크유체 사이에서 나타난다. 그래서 퇴적물들은 열전달을 직접적으로 제한할 뿐만 아니라 부식을 촉진시킨다. 높은 pH는 고유한 부식성을 더 낮추어 주지만 퇴적(물)들의 가능성을 증가시켜서 만약 약간 더 높은 pH를 요구하는 유기 억제제들을 사용하지 않는다면 일반적으로 6.0~7.0의 범위에서의 절충안이 사용된다(515).

열전달을 방해하고 부식을 촉진시키는 퇴적물들을 억제하기 위하여 퇴적물 조절제들(deposit control agents)을 사용한다. 이들은 복잡한 혼합물들이다. 이들에는 칼슘염들과 silt를 분산시키며 앞서 고찰했던 응집제들과는 반대되는 방법으로 작용하는 modified tannins, lignosulfonates 그리고 polyelectrolytes는 같은 분산제들이 포함된다. 일정한 시너지 효과를 내는 polyelectrolytes는 이미 형성된 퇴적물들을 재분산시키는 작용을 한다. 미네랄들의 용해도를 증가시키기 위해 용해시키는 킬레이들을 사용한다. 예를 들면, 만약 물이 alum에 의한 처리 때문에 알루미늄을 포함한다면 fluorides를 사용한다(519). Polyphosphates, phosphonates, 그리고 organic phosphates는 입자크기들을 매우 작게 유지함으로써 용해도가 표면에너지 효과에 의해서 증가됨으로써 칼슘염들이 침전을 형성하는 것을 억제하는 "threshold effect"를 갖는다. polyphosphates는 분자적으로 탈수된 phosphates이다; 이들은 orthophosphates로 가수분해 될 수 있으며 만약 적절히 조절되지 않는다면 인산칼슘을 초래한다.

Biota가 주변에 해로운 영향을 미치는 수준으로 성장하기 위해서는 시간이 요구되기 때문에 이들은 일반적으로 비용을 감소시키기 위해 biocides에 의한 주기적인 쇼크처리를 함으로써 조절된다. 새로운 환경에의 순응이 초래되기 때문에 biocides의 거의 치사량에 가까운 1회 투여량은 피하게 된다.

냉각수 blowdown은 부식의 결과로써 구리염들과 같은 다른 못마땅한 성분들을 포함한다. 아연염들도 또한 억제제로서 사용되지 않을 때 가능성이 있다.

Blowdow으로부터 대부분의 못마땅한 성분들을 제거하기 위한 전통적인 공정은 환원과 침전화이다. 환원제의 효과를 증가시키기 위해 pH를 최대 3.0으로 더 낮추기 위해서 황산을 사용한다. Chromate를 환원시키기 위해서 SO_2 혹은 $FeSO_4$를 주입시킨다:

$$2Cr^{6+} + 3SO_2 + 6H_2O \rightarrow 2Cr^{3+} + 3SO_4^{2-} + 12H^+$$

$$Cr^{6+} + 3Fe^{2+} \rightarrow Cr^{3+} + 3Fe^{3+}$$

수산화물을 침전시키기 위해서 pH를 가성소다 혹은 석회로써 8.5로 증가시킨다.

$$Cr^{3+} + 3OH^- \rightarrow Cr(OH)_3$$

아연, 철, 그리고 인산염들도 이 공정에 의해서 제거된다.

또 다른 접근방법은 낮은 pH에서 acidification 시킨 후 Dowex SBR Type Ⅰ® 과 같은 이온교환수지에 의해서 hexavalent chromate만을 제거하는 것이다. 제거작용은 다음과 같다(517):

$$\underset{\text{dichromate ion}}{HCrO_4^-} + \underset{\text{IX resin}}{RCl} \rightarrow \underset{\text{chromate bound to resin}}{RHCrO_4} + Cl^-$$

회수반응은 다음과 같다:

$$RHCrO_4 + OH^-/Cl^- \rightarrow RCl + CrO_4^{2-} + H_2O$$

chromate loaded resin	10% caustic-chloride solution	IX resin	3-5% chromate solution

13.2 공정에 대한 개괄적인 고찰

과거에는 약간의 냉각수 시스템들은 억제제들로서 단지 chromates만을 사용하였는데 이 경우에 수백 ppm(parts per million)이 요구되었다. Chromate의 방출에 있어서의 제한들은 blowdown으로부터의 chromate의 환원 혹은 다른 억제제들의 사용에 의한 chromate의 완전한 제거를 초래하였다. 후자의 접근방법이 더 값싸고 만족스럽다는 사실을 제거공장들의 라이선스들은 인정한다.

Blowdown으로부터 chromates의 제거는 이 소스로부터 오염을 방지하게 될 것이다; 그러나 그것은 냉각탑들로부터 바람에 의한 손실들을 거쳐서 chromates가 환경 속으로 들어가는 것을 막지는 못하게 될 것이다. 이 요인 때문에 미래의 엄격한 규정들은 오픈된 냉각수 시스템들로부터의 chromates를 금지하게 될 것이라는 사실을 생각할 수 있다.

냉각수 blowdown으로부터 억제제들의 제거가 요구되는 곳에서 통상적인 해는 크롬도금 폐수에 대해서 앞서 개발된 방법을 사용하는 것이었다(525). 통상적인 과정은 산성화시키고(acidify), SO_2로써 chromate를 환원시키고, 그리고 석회로써 침전시키는 것이다. 약간의 SO_2는 용존산소와 반응하여서 그것에 의해서 화학적 사용량이 증가하게 된다. 그 후 폐수는 전통적인 장치에 의해서 정화되게 된다. 슬러지의 처리는 어떤 경우들에서는 심각한 문제일 수 있다.

6가 크롬은 3가 형태보다도 더 유독하다. 규정들은 단지 환원(감소)에 의해서 만족시킬 수 있다.

한 특허(522)에서는 chromates는 환원되고 알칼리성 pH에서 침전시키게 되는데 약 1/2 LHSV(liquid hourly space velocity)에서 곱게 갈아 만든 pyrites와 물을 접촉시킴으로써 산과 염기에 대한 필요성을 피하게 된다고 주장하고 있다. 황 원소가 방출된다:

$$3FeS_2+6H_2O+3H_2CrO_4 \rightarrow 3Cr(OH)_3+3Fe(OH)_3+2S$$

Nalco Chemical(529)에 의해서 면허가 취득된 더 새로운 특허화된 이온교환 공정이 있다; 공정개발 작업이 기술되어졌다(520). 2 ppm 수준으로의 서스펜션된 고체들의 제거가 필요한 것으로 밝혀졌다. *Dowex SBR Type Ⓡ polystyrene anion exchange resin*은 물을 4-4.5의 pH로 산성화 시킨 후 chromate를 0~2 ppm의 잔류와 함께 98%까지 제거시켰다. 층의 재생은 이 과정에서 약 6시간이 소요된다. 이것은 pH가 조절된 10wt%

NaCl 용액으로써 이루어진다. 산업적 적용들에서는 장치와 유속과 머무름 시간을 일치시킬 필요성 때문에 "off the shelf" 장치는 피해야 한다(527). 이온교환 칼럼들은 고정층들에서 36-48 인치의 수지층 깊이를 사용하였다(528). 층을 재생키 위한 2시간 동안의 중단을 수반하는 blowdown으로써 단일층을 사용하는 것이 가능하다.

Cochrane Division of Crane Company는 역시 한 공정을 개발하였다(516, 521). 그들은 Nalcite SBR® 혹은 Rohm and Haas IRA-400® 을 사용한다. 물은 흡착전에 pH 4.5~4.8로 산성화시켰다. 이 pH 범위는 선택성 관점으로부터 최적인 것으로 생각된다. 층은 화학양론적 양의 NaOH 용액으로써 먼저 그리고 그 이후에 NaCl 용액으로써 재생시킨다. Crane는 이 서비스를 위해 modular skid-mounted ion-exchange units를 제공한다. Crane는 regenerant에 대한 필요성을 감소시키고 더 높은 Chromate 농도를 주는 방법을 특허화 하였다(524). Regenerant는 바닥에서를 대신해서 층의 가장 적재된 부분 아래로 빼낸다.

표준 디자인들을 제공하는 또 다른 회사는 Chemical Separations Corporation이다. Chem-Seps units의 특색은 물과 수지의 countercurrent flow이다. 매 5~20분마다 pulsing system은 수지를 밀폐된 루우프를 거쳐서 약 30초 동안 이동시키는데 이 루우프의 일부는 접촉을 위해 사용되고 또 다른 일부는 재생을 위해 사용된다.

프랑스 회사인 DIA-PROSIM은 $-CH_2N(CH_3)_3Cl$ 곁사슬들을 갖는 polystyrene resin인 Allasion AR10® 에 기초한 공정을 보유하고 있다(523). 흡착은 pH 6.5에서 일어나며 재생은 8% NaOH equivalent to bichromate를 사용하여 그리고 그 이후에는 8% NaCl을 사용하여 2단계로 일어난다. 회수된 Chromate에서의 CrO_4/Cl의 높은 비율이 이 과정에 대해서 주장된다.

Permutit Company는 금속도금 폐수들을 처리하기 위한 double ion exchange process를 특허화 하였다(514).

13.3 환원과 침전화

13.3.1 공정에 대한 전반적인 기술

앞서의 평가들에서 사용된 base case rate는 냉각탑 blowdown을 처리하는데 대해서는 적당하지 않다. Blowdown은 전형적으로 순환의 약 0.5%이며(518, p.146 of B-6) 물손실의 대부분은 기화에 의해서 초래된다. 40,000 gpm의 순환은 20℉ 범위에서 400 million Btu/hr를 제거할 수 있으며 이 좋은 크기규모의 플랜트로부터의 blowdown은 약 200gpm 혹은 약 0.3 mgd이다. 그래서 냉각수

blowdown 처리는 0.3 mgd에 대해서 크기규모가 정해진다. 환원과 침전화 공정에 대한 플로우 다이어그램은 [그림 13-1]에 나타내었으며 major equipment list와 utilities summary는 <표 13-1>에 나타내었다.

[그림 13-1]

CHROMATE PRECIPITATION

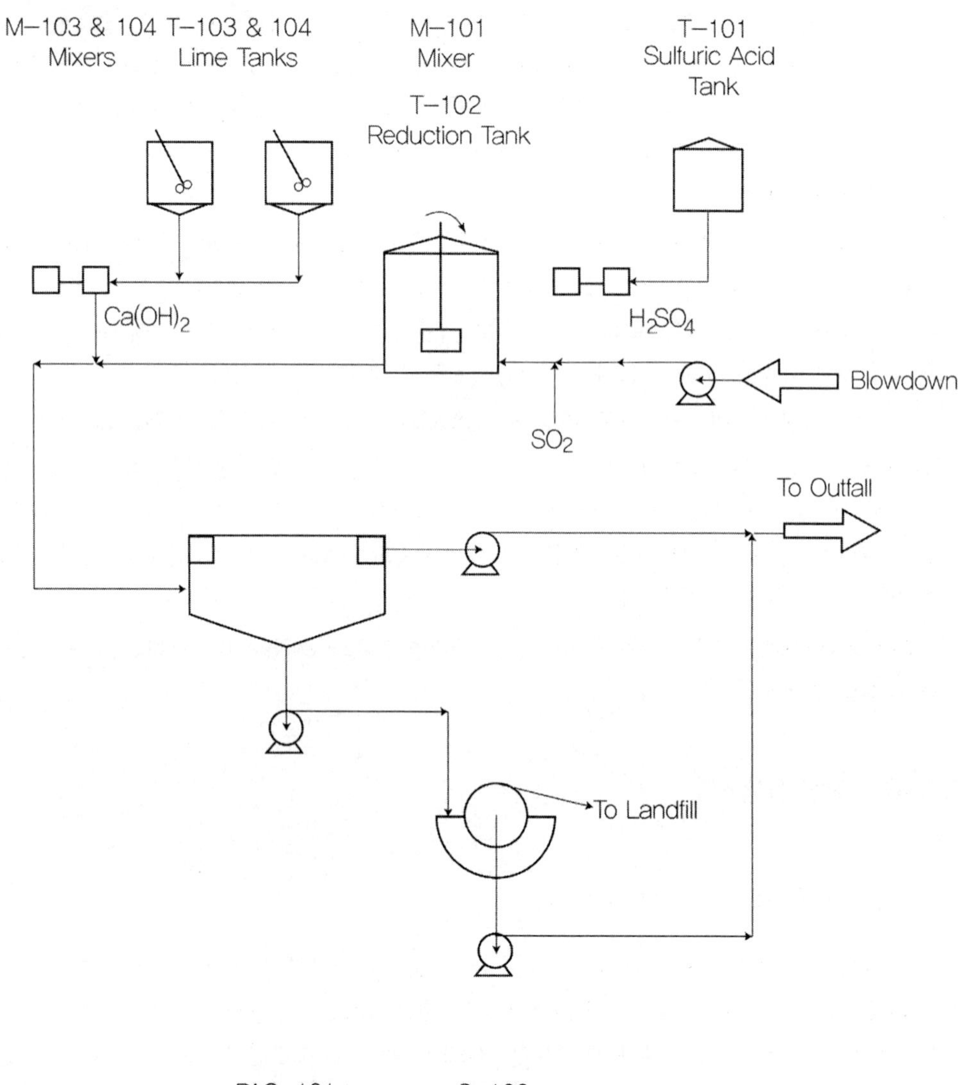

<표 13-1>

CHROMATE PRECIPITATION

MAJOR PROCESS EQUIPMENT AND UTILITIES SUMMARY

Plant Capacity: 0.3 Million U.S. Gal/Day
Wastewater at .09 Stream Factor

Major Process Equipment

Equipment Number	Name	Size	Material of Construction
	Special Equipment		
S-102	Rotary filter	10 sq ft	Carbon steel
		Volume (gal)	
	Thanks		
T-101	Sulfuric acid tank	1,000	Carbon steel
T-102	Reduction tank	30,000	Rubber lined
T-103	Lime tank	1,500	Carbon steel
T-104	Lime tank	1,500	Carbon steel
		Size	
	Miscellaneous Equipment		
M-101	Mixer	10 bhp	304 ss
M-102	Mixer	1 bhp	304 ss
M-103	Mixer	1 bhp	304 ss
	Package Units		
PAC-101	Clarifier	660 sq ft	
	Pump		
	10, including 6 operating, 4 spares, 8 operating bhp		

Utilities Summary*

	Battery Limits Total
Electricity (kw)	33

* No peaks in utilities demands; generating facilities are sized for average consumptions.

냉각탑 blowdown은 3~3.5의 pH로 산성화시킨다. 액체 SO_2를 주입시킨다. 혼합물은 agitated tank로 들어가는데 여기서 2시간의 머무름 시간 동안 CrO_4^{2-}는 환원된다. 물을 펌프로 퍼내고 milk of lime으로써 알칼리화 시킨다. 고체 수산화물들은 정화장치에서 세틀링되고 슬러지는 로터리 진공 필터로 펌프질한다. 만약 공정라이트 혹은 다른 오염으로 더 이상의 처리를 요구하지 않는다면 여과액과 정화장치 방출물은 배출구로 펌프질한다.

13.3.2 공정에 대한 세부적인 고찰

문헌은 이 공정의 요구에 관한 많은 모순된 정보를 포함한다. 아마도 한 가지 이유는 blowdown의 조성들의 변화성이다. 어떤 주어진 pH 변화에 대해서 요구되는 산 혹은 염기는 어느 정도 다른 이온들과의 복잡한 평형에 의존한다. 환원제 요구량은 "화학양론적 양의 최소 2-3배"(527)이어야한다는 언급은 용존산소 함유량에 관련되는 것 같다; water saturated with oxygen requires almost twice as much reducing agent for the oxygen as for the chromate ion at the 20 ppm level. 이 수준은 chromate에 더하여 아연과 polyphosphates를 사용하는 냉각수들의 대표적인 것이다. 만약 chromate를 단독으로 사용한다면 그것의 농도는 300 ppm이며 이 경우에 용존산소의 효과는 거의 무시될 수 있다.

여기서의 디자인은 CrO_4^{2-} 20 ppm을 환원시키는데 기초한다. 첨가된 황산(0.4 1b/1,000 gal)은 CrO_4^{2-}에 대한 화학양론적 양의 3배와 동등하다. DO의 제거는 약간의 경우들에서 reaeration을 요구한다; 이것은 제공되지 않았다. SO_2는 대기오염 물질이기 때문에 디자인은 밀폐된 탱크에서의 반응을 요구한다. 가스를 탱크로부터 퍼징시킬 때 작은 스크러버가 바람직스럽지만 그것의 비용은 추정값의 정확성 내에 있어야 한다.

또 다른 일반적인 환원제는 ferrous sulfate(copperas)이다. 그것은 파운드당 비용이 적지만 더 많은 양이 요구되어서 전체적인 비용들은 비슷하며 선택은 특성적인 가격들에 의존한다. 이산화황은 더 적은 고체 폐기물의 처리를 요구하게 되므로 선호된다. 약간의 플랜트들은 sulfites의 폐 용액들을 가지며 이것은 환원제의 비용을 제거시킬 수 있었다.

2시간의 머무름 시간은 chromate 환원이 90분 내에 완료된다는 보고에 기초한다(525).

정화장치는 500 gpd/sq ft에서 그 크기규모가 결정된다(p.149 of B-16).

크롬에 더하여 이 공정은 아연과 phosphate를 침전시킨다. 그래서 이 공정은 만약 규정을 만족시키기 위하여 아연뿐만 아니라 크롬을 제거시켜야한다면 이온교환에 비해서 선호된다.

13.3.3 비용분석

자본비용과 가동비용은 <표 13-2>와 <표 13-3>에 각각 나타내었다. [그림 13-2]는 design rate와 throughput에 따른 가동비용의 변화를 나타낸다. 비교가능한 문헌상의 비용들은 없다.

<표 13-2>

CHROMATE PRECIPITATION

TOTAL FIXED CAPITAL

Plant Capacity: 0.3 Million U.S. Gal/Day Wastewater at 0.9 Stream Factor
CE Cost Index: 140

	Cost	Capacity Exponent	
		Up	Down
Battery limits equipment, f.o.b.			
Vesseles and tanks	$26,900	0.69	0.33
Special equipment	5,600	0.50	0.50
Miscellananeous equipment	7,700	0.58	0.58
Pumps	8,500	0.21	0.11
Total	$48,700	0.58	0.34
Package unit	57,700	0.61	0.61
Battery limits investment	$308,000	0.49	0.36
Utilities and tankage			
BATTERY LIMITS AND UTILITIES COST	$308,000	0.49	0.36
General service facilities at 15% of above	46,000		
TOTAL FIXED CAPITAL	$354,000		

<표 13-3>

CHROMATE PRECIPITATION

OPERATING COSTS
Plant Capacity: 0.3 Million U.S. Gal/Day
Wastewater at 0.9 Stream Factor
CE Cost Index: 140

	Basis or Unit Cost	Units/ 1,000 Gal	Total Costs ¢/1,000 Gal	Total Costs Thousand $/Tear
DIRECT OPERATING COSTS				
Labor				
Operating	1.25 man/shift, $4.90/ man-hr	0.0150 man-hr	4.90¢	$ 5
Maintenance	3%/yr of battery limits cost		8.82	9
Control laboratory	50% of operating labor		2.94	3
Total Laber			16.66¢	$17
Materials				
Sulfuric acid	1.60¢/1b	0.4 1b	0.64	1
Sulfuric dioxide	6.00¢/1b	0.41 1b	2.46	3
Lime	0.90¢/1b	0.52 1b	0.47	1
Maintenance	3%/yr of battery limits cost		8.22	9
Operating	10% of operating labor		0.91	1
Total Materials			12.70¢	$ 15
Utilities				
Electricity	1¢ /kwh	2,390 kwh	2.39	3
Total Utilities			2.39¢	$ 3
TOTAL DIRECT OPERATING COST			31.75¢	$ 35

[그림 13-2]

CHROMATE PRECIPITATION
EFFECT OF OPERATING LEVEL AND PLANT CAPACITY ON OPERATING COST

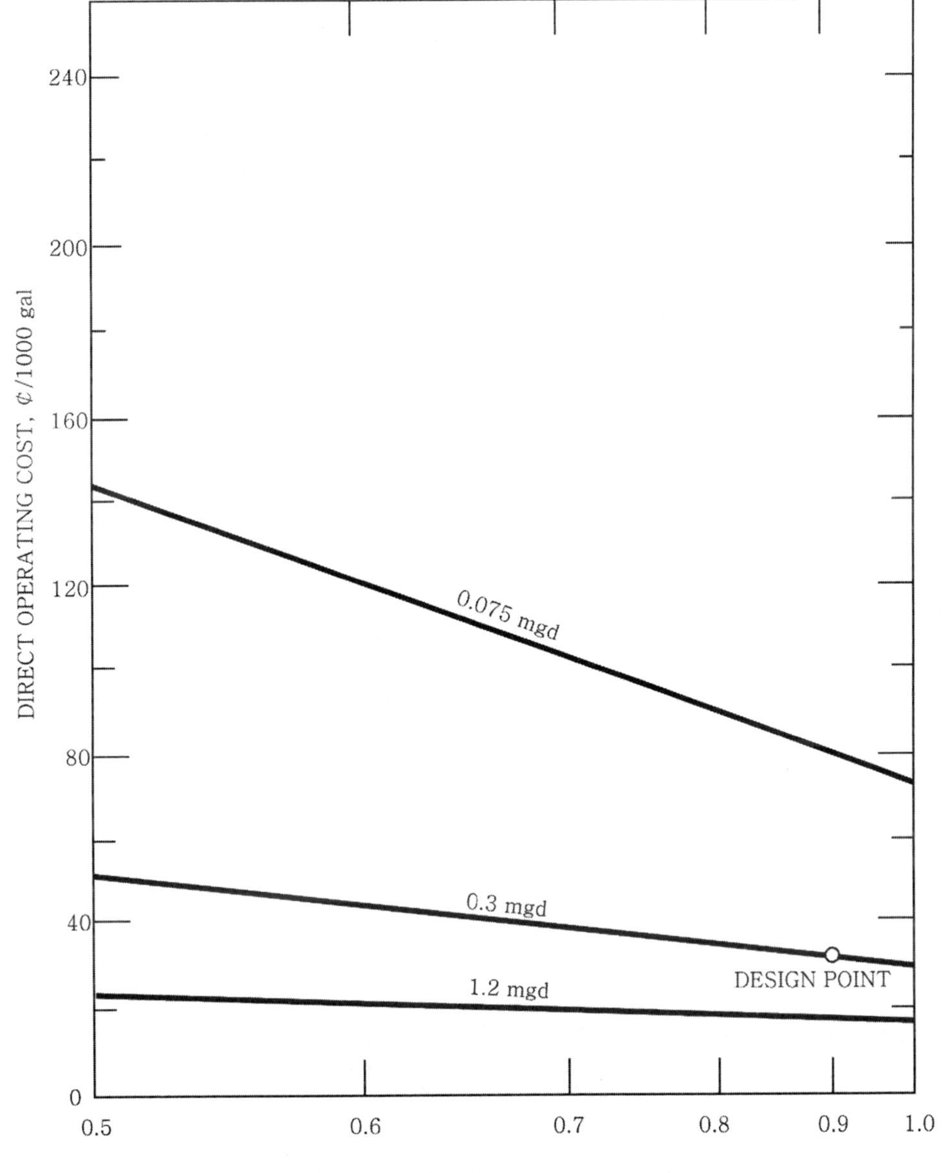

13.4 Ion Exchange Recovery

13.4.1 공정에 대한 전반적인 기술

앞서 나타낸 침전공정과 비교될 수 있는 이온교환 회수공정에 대한 플로우 다이어그램을 [그림 13-3]에 나타내었다. Major equipment list와 utilities summary는 <표 13-4>에 나타내었다.

[그림 13-3]

CHROMATE RECOVERY

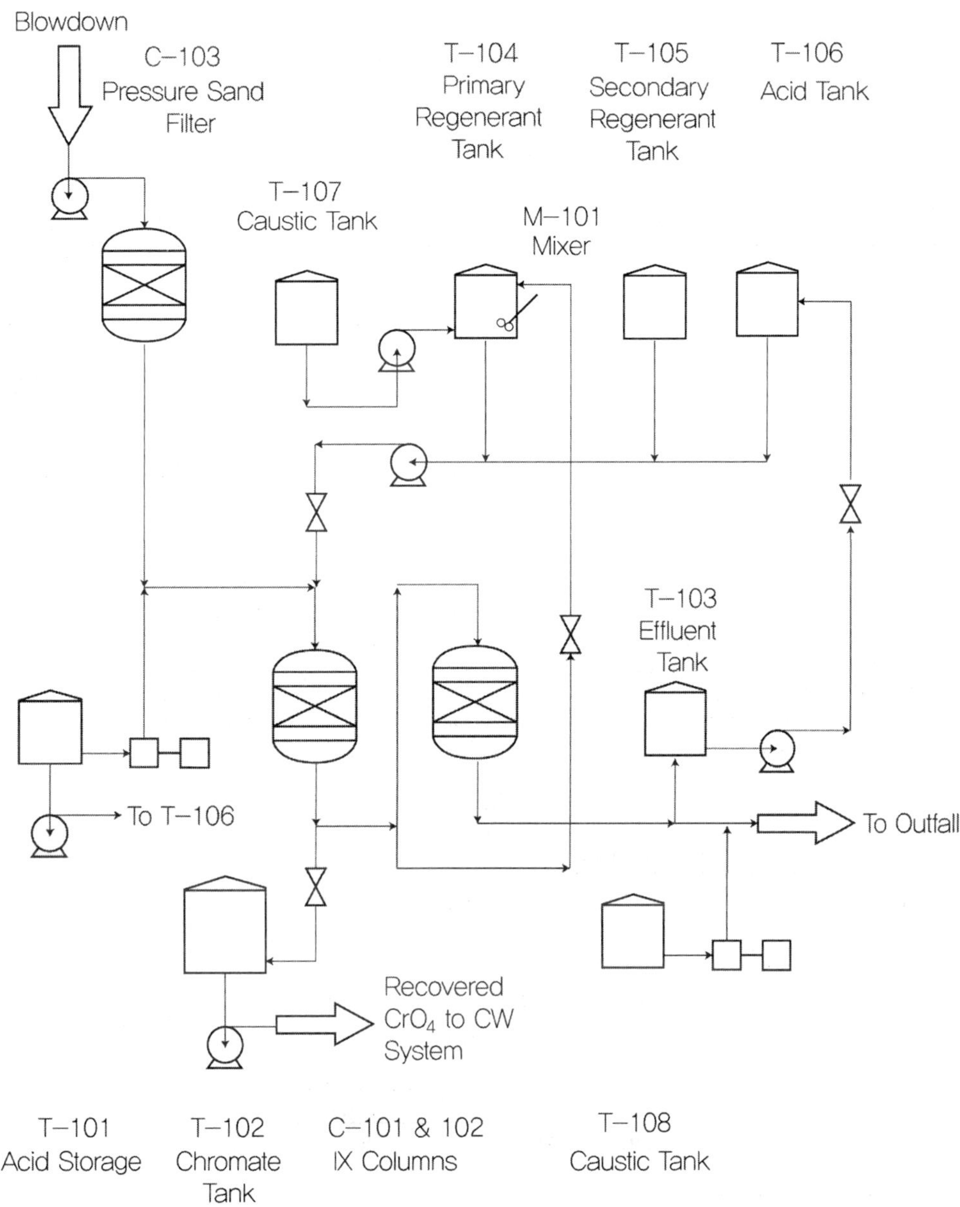

<표 13-4>

CHROMATE RECOVERY

MAJOR PROCESS EQUIPMENT AND UTILITIES SUMMARY

Plant Capacity: 0.3 Million U.S. Gal/Day
Wastewater at 0.9 Stream Factor

Major Process Equipment

Equipment Number	Name	Height (ft)	Height (ft)	Material of Construction		Remarks
				Shell	Packing	
	Columns					
C-101	IX column	6	4.5	304 ss clad	IX resin	4 ft of packing
C-102	IX column	6	4.5	304 ss clad	IX resin	4 ft of packing
C-103	Pressure sand filter	6	8.0	Carbon steel	Sand	1 ft of packing

		Volume (gal)	Material of Construction
	Tanks		
T-101	Acid storage	500	Carbon steel
T-102	Recovered chromate tank	4,000	Carbon steel
T-103	Effluent tank	9,000	Carbon steel
T-104	Primary regeneration tank	500	Rubber lined
T-105	Secondary regeneration tank	500	Rubber lined
T-106	Rinse acid tank	1,000	Rubber lined
T-107	Caustic tank	500	Carbon steel
T-108	Caustic tank	501	Carbon steel
		Size	
	Miscellaneous Equipment		
M-101	Mixer	1 bhp	Brass

Pumps

16, including 8 operating, 8 spares, 20 operating bhp

Utilities Summary*

	Battery Limits Total
Electricity (kw)	17

* No peaks in utilities demands; generating facilities are sized for average consumptions.

냉각탑 방출물은 2 ppm 이하의 서스펜션된 고체들로 pressure sand filter에서 여과된다. 이 필터는 주기적으로 역세척시킨다; 역세척액은 그것의 loading에 상당히 영향을 미치는 것 없이 주된 플랜트의 폐수처리시스템으로 가는 것으로 가정된다. 여과액은 66° Bé산으로써 4~4.5의 pH로 산성화시킨다. 그것은 일련으로 2개의 이온교환 층들을 거쳐서 아래로 흐르며 여기서 chromate가 제거된다. 처리된 방출물은 배출구로 흐른다; 일부는 재생과정동안 층들의 산과 물 rinsing에서 사용키 위해 저장탱크로 간다.

첫 번째 층이 chromate 이온들로써 적재될 때 그것은 서비스로부터 제거되며 두 번째 층은 재생동안 chromate 제거를 취급한다. 재생과정은 다음과 같다:

1. Air Sparge.
2. Backwash at 5 gpm/sq ft with normal plant process cooling water (bottom distributor).
3. Pump the primary regenerant(caustic brine) solution downflow at a rate of 0.35 gpm/sq ft.
4. Rinse with 7 gal soft water at a rate of 0.35 gpm/sq ft(downflow).
5. Pump the secondary regenerant(13% NaCl) through the column at a rate of 0.35 gpm/sq ft(downflow).
6. Rinse with sanitary water at a rate of 1.4 gpm/sq ft(downflow).
7. Backwash with normal process cooling water at a rate of 2.75 gpm/sq ft until clean(bottom distributor).
8. Rinse with 2−1/2% sulfuric acid until pH of the column effluent drops to 2(downflow).
9. Put the column back in service as the secondary column in the exhaustion cycle.

Regenerant compositions와 volumes는 다음과 같다:

Primary regenerant, wt%	
NaCl	10
NaOH	7
Secondary regenerant, wt%	
NaCl	13
Regenerant solution volume, gal/cu ft resin	

Primary regenerant	5.6
Intermediate water rinse	2.7
Secondary regenerant	5.6
Final water rinse	12.0
Acid rinse(2.5% H_2SO_4)	12.0
Regenerant flow rate, gpm/sq ft	0.35
Recovered chromate solution volume, gal/cu ft resin	20.3

이 공정은 20 ppm의 CrO_4^{2-}를 포함하면서 물로부터 90% 이상의 chromate를 제거한다.

13.4.2 공정에 대한 세부적인 고찰

만약 유입물이 상당한 서스펜션된 고체들을 포함한다면 이온교환 층들은 가동될 수 없다. 자갈에 담지된 1ft의 모래와 1ft의 anthracite를 포함하는 standard vertical pressure filter는 좋은 성능을 준다. Design rate는 5 gpm/sq ft이다. Head loss(20 ft of water)가 과도할 때 역세척이 행해진다. 역세척의 전형적인 지속기간은 5~8분이다. 유입물에 있는 서스펜션된 고체들의 양에 의존하여 조절은 매뉴얼이거나 혹은 자동적이 된다.

Richardson(520)에 따르면 1.2 1b H_2SO_4/1b CrO_4^{2-}가 공정에 사용된다. 20 ppm의 CrO_4^{2-}에서 이것은 24 ppm 혹은 0.20 1b/1,000 gal이다. 12 gal of 2.5% H_2SO_4/cu ft of resin을 사용하는 재활성화 단계는 이 전체양의 약 절반에 해당하는 양의 산을 사용한다. 그러나 일부는 그것의 저장탱크로 되돌려 보내지기 때문에 이 재활성화 산은 모두 잃지는 않는다. 이 12gal/cu ft는 1.6 bed volumes이다. The free volume, inactive equipment volume, and adsorbed acid are flushed out and lost when the volume is returned to service. Packorius 등에 의한 문헌(526)의 [그림 1]은 6으로부터 4까지 pH를 변화시키기 위해 0.0004 equivalent/liter가 요구된다고 지적하고 있다. (A pH of 4 is a hydrogen ion activity of 0.0001, bur more is required because of buffering by other ions) 이 0.0004 equivalent/liter는 0.163 1b/1,000 gal 혹은 전체의 82%이며 나머지 18%는 reactivation losses이다. 만약 이것이 옳다면 reactivation acid의 절반 이하를 잃어버리게 된다. 어떤 경우에서는 0.20 1b/1,000 gal이 전체 총 산 사용량으로써 취해진다(경험에 기초하여).

재생과정의 8번째 단계(acid rinse)는 수지를 재활성화시키는 것이다. 이 단계 없이 비록 다른 과정들이 주기적인 재활성화를 이루기 위해 사용될 수 있다 할지라도 수지의 용량은 한층 빠르게 감소한다. 디자인은 0.4 1b/ of CrO_4^{2-}/cu ft resin의 평균적인 용량에 대한 것이다. The degree of loading은 pH가 상승할 때 감소한다. 재생과정은 약 6시간이 소요되며 만약 유입물이 20 ppm의 CrO_4^{2-}를 포함한다면 재생과정은 대략 5일마다 요구된다.

회수된 chromate 용액을 위한 탱크는 재생이 정상적인 순서대로 매번 항상 완전하게 효과적이지 않기 때문에 3번의 재생 부피들을 기준으로 그 크기가 결정된다. Chemical usage는 작으며 채택된 저장탱크들은 디자인 조건들에서 적어도 50일간의 저장을 제공한다. 만약 요구된다면 더 작은 탱크들을 사용할 수 있었다.

13.4.3 비용분석

자본비용과 가동비용 추정값들을 <표 13-5>와 <표 13-6>에 각각 나타내었다. [그림 13-4]는 design rate와 throughput에 따른 가동비용의 변화를 나타낸다.

<표 13-5>

CHROMATE PRECIPITATION

TOTAL FIXED CAPITAL

Plant Capacity: 0.3 Million U.S. Gal/Day Wastewater at 0.9 Stream Factor

CE Cost Index: 140

	Cost	Capacity Exponent Up	Capacity Exponent Down
Battery limits equipment, f.o.b.			
Colums	$29,200	0.73	0.59
Vesseles and tanks	30,300	0.40	0.32
Miscellananeous equipment	800	0.40	0.40
Pumps	10,200	0.25	0.13
Total	$70,500	0.54	0.39
Battery limits investment	$329,000	0.54	0.39
Utilities and tankage			
BATTERY LIMITS AND UTILITIES COST	$329,000	0.54	0.31
General service facilities at 15% of above	49,000		
TOTAL FIXED CAPITAL	$378,000		

<표 13-6>

CHROMATE RECOVERY

OPERATING COSTS

Plant Capacity: 0.3 Million U.S. Gal/Day Wastewater at 0.9 Stream Factor
CE Cost Index: 140

	Basis or Unit Cost	Units/ 1,000 Gal	Total Costs ¢/1,000 Gal	Total Costs Thousand $/Tear
DIRECT OPERATING COSTS				
Labor				
Operating	0.125 man/shift, $4.90/ man-hr	0.0100 man-hr	7.35¢	$ 5
Maintenance	3%/yr of battery limits cost		9.80	10
Control laboratory	50% of operating labor		2.94	3
Total Laber			17.64¢	$18
Materials				
Sulfuric acid	1.60¢/1b	0.2 1b	0.32	
Sodium hydroxide	4.00¢/1b	0.15 1b	0.60	1
Sodium chloride	1.50¢/1b	0.28 1b	0.42	
Soft water	30.00¢/1,000 gal	0.001 mgal	0.03	
IX resin	$60.20/cu ft	0.00038 cu ft	2.29	3
Sodium hydroxide	3.80¢/1b	0.21 1b	0.80	1
Maintenance	3%/yr of battery limits cost		9.13	10
Operating	10% of operating labor		0.91	1
Total Materials			14.50¢	$ 16
Utilities				
Electricity	1¢ /kwh	1.191 kwh	1.19	1
Total Utilities			1.19¢	$ 1
TOTAL DIRECT OPERATING COST			33.33¢	$ 35

[그림 13-4]

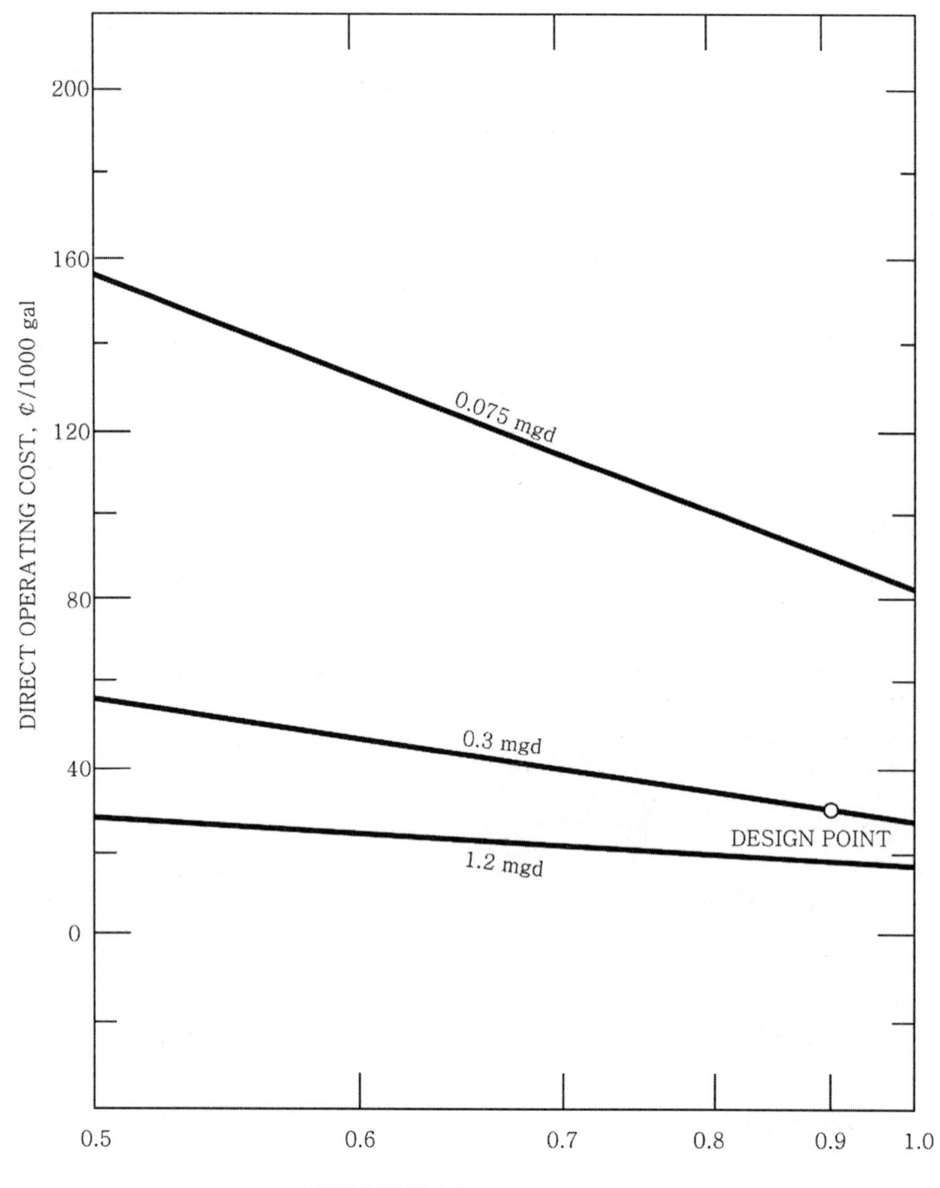
CHROMATE RECOVERY
EFFECT OF OPERATING LEVEL AND PLANT CAPACITY ON OPERATING COST
200
160
120
80
40
0
DIRECT OPERATING COST, ¢/1000 gal
0.075 mgd
0.3 mgd
1.2 mgd
DESIGN POINT
0.5
0.6
0.7
0.8
0.9
1.0
OPERATING LEVEL, fraction of design capacity

이들 추정값들에 따르면 침전화와 회수는 냉각탑 blowdown으로부터 chromates를 제거하는 경쟁적인 방법들이다. 자본비용들은 비슷하다. 재료비용(after a by-product credit of 2.7₵/1,000 gal, bases on 18₵1b recovered chromate) 그리고 고체들의 처리문제점들은 회수를 선호하게 하며 만약 방출물의 중화를 요구하지 않는다면 이것의 유리함은 증가된다. 그러나 문헌의 일부에 포함된 관련내용들에 반하여 자본-관련된 가동비용들은 비교를 좌우한다. 만약 아연의 제거도 역시 요구된다면 침전화공정이 선호된다.

한 문헌(527)에서는 환원-침전화에 대한 자본과 이온교환 회수에 대한 자본은 “대략 같은 자본투자를 수반할 것”이라고 언급하고 있다. 침전화에 대한 $308,000의 추정값(battery limits)과 회수에 대한 $329,000은 이 언급을 확인시켜준다.

수지의 고체는 주요한 주된 가동비용이며 3년의 수명에 기초한다. 수명은 캘린더 상의 기간에 의해서보다도 오히려 제거되는 chromate에 의해서 혹은 재생들의 횟수에 의해서 더 좋게 추정되는데 그것은 chromate ions에 의해서 수지에 있는 cross-linkages(가교결합들)의 산화에 의해서 분해가 초래되기 때문이다.

회수된 chromate와 함께 냉각수시스템으로 되돌려지는 물은 메이컵 물(보충수)의 대응되는 양에 대한 필요성을 제거시켜준다. 이 물에 대한 credit는 경제성 분석에 영향을 미치는 것 같지는 않다.

비용들은 화학물질들을 재생시키기 위한 rayon-grade caustic and iron-free salt의 사용에 기초한다. 이 디자인은 더 낮은 비용의 가성소다를 사용한 방출물의 pH 7로의 중화를 제공한다. 석회를 대신 사용할 수 있지만 아마도 세틀러가 요구된다.

참고문헌

1. Rucker, J. K., et al., "Waste water Control Facilities in a Petrochemical Plant," Chem. Eng. Progr., 66, 11 (1970), 63-6
2. Hart, J. A., "On Improving Wastewater Quality," Water and Sewage Works, 117, 9 (September-October 1970), IW/20, IE/22-3, IW/26
3. Denbo, R. T., "Program for Improvement of Water Effluent at Humble's Baton Rouge Refinery," Water and Sewage Works, 117, 10(1970), 363-7
4. Grant, W. J., et al., "Gulf Canada Uses New Concept in Refinery Waste Treatment," Oil Gas J., 68, 21, May 25, 1970, 92-7
5. Mitchell, G. E., "How Humble Handles Its Waste Waters at Benicia," Oil Gas J., 68, 26, June 29, 1970, 100, 102, 104, 109-10, 112, 114
6. Mallatt, R. C., et al., "Amoco Laynches Two-Pronged Attack on Pollution," Oil Gas J., 68, 26, June 29, 1970, 88-90
7. Blokker, P. C., et al., "Survey on Quality of Refinery Effluents in Western Europe," Stichting Concawe, The Hague, Report No. 17/70 (December 1970)
8. "Plant's Key Services Reflect New Thinking: Monsanto's Chocolate Bayou Plant," Chem. Eng., 70, Jan. 21, 1963, 58
9. Mencher, S. K., "Minimizing Easte in the Petrochemical Industry," Chem. Eng. Progr., 63 (October 1967), 80-8
10. Skogen, D. B., "Treat HPI Wastes with Bugs," Hydrocarbon Process., 46 (July 1967), 105-6
11. "Waste Water High in Quality at Humble's Baytown Complex," Instrumentation, 23, 1 (1970), 20-4
12. Denbo, R. T., "Program for Improvement of Water Effluent at Humble's Bacon Rouge Refinery," Water and Sewage Works, 117, 10 (1970), 363-7
13. Rose, B. A., "Water Conservation Reduces Lead on Sohio's Waste Treatment Plant," Water & Sewage Works, 116, 9 (1969), IW/4-8
14. Mongomery, D. R., "Integrated System for Plant Wastes Combats Stream Pollution," Chem. Eng., 74, Feb. 27, 1967, 108-10
15. Lash, L. D., et al., "Treating Polymer Wastes," Chem. Eng. Progr., 65 (June 1969), 63-9
16. Albrught, P. N., et al., "The Present Status of Phenol Waste Treatment," Publ. Warks, 98, 6 (1967) 124-7
17. Kirchgessner, N. H., "Phenol Recovery by Use of Iospropyl Ether," Sewage Ind. Wastes 30, 2 (1958), 191-8
18. "Review of the Literature of 1957 on Sewage, Waste Treatment, and Water Pollution," Sewage Ind. Wastes, 30 (June 1958), 717-56
19. Shannon, E. S., "Handling and Treating Petrochemical Plant Wastes," Water Sewage

Works, 111 (May 1964); Excerpts Publ. Works, 95 (July 1964), 126, 128−30

20. Veir, B. B., "Deep Well Disposal Pays Off at Celanese Chemical Plant," Water & Sewage Works, 116 (May 1969), IW/21−4
21. "Review of the Literature of 1959 on Wastewater and Water Pollution Control; Fermentation, Chemical, and Pharmaceutical Wastes," J. Water Pollution Control Fed., 32 (June 1960), 552−4
22. "Review of the Literature of 1960 on Wastewater and Water Pollution Control; Fermentation, Chemical, and Pharmaceutical Wastes," J. Water Pollution Control Fed., 33 (June 1961), 556−8
23. "Amoco Facilities Cut Organics in Waste Streams 85 Per Cent," Petro/Chem. Eng., 40 (March 1968), 25−6
24. Meriwether, G. B., "Treatment of Mixed Industrial Wastes at Bayport's Industrial Complex," J. Water Pollution Control Fed., 41 (March 1969), 440−4
25. Rosengarten, G. M., "Union Carbide Corporations Water Pollution Control Program," Water & Sewage Works, 114, R. Nov. 30, 1967, 181−6
26. "Manual on Disposal of Refinery Wastes, Volume on Liquid Wastes," 1st ed., (Amer. Petroleum Inst. Div. of Refining), API, New York, 1969
27. Myers, J. H., "Reverse Osmosis for Industrial Water and Waste Treatment," paper presented at ASME, Plant Engineering and Maintnence Div. 13th Annual Conference Ft. Warth. Tex., March 16
28. Barker, W. G., et al., "Engineering Processes for Waste Control," Chem. Eng. Progr., 65, 1 (January 1969), 58−61
29. Scholz, A., "Modern Waste Water System Illustrated by Example of Water Management in the Esso Refinery at Ingolstadt," Erdoel Kohle, 6 (1968), 353−3
30. Denbo, R. T., "Improvements to the Quality of Wastewater from Humble's Baton Rouge Refinery," Chem. Eng. Progr., Symp. Ser., 65, 97 (1969), 259−64
31. Heukelekian, H., et al., "1957 Literature Review," Sewage Ind. Wastes, 30, 6 (1958), 717−873
32. Cushman, J. R., et al., "Pilot Plant Studies of Pharmaceutical Wastes at the Upjohn Company," Perdue Univ. Eng. Bull. Ext. Ser., 91 (1956), 62−72
33. McKinney, R. E., et al., "Metabolism of Low−Molecular−Weight Alcohols by Activated Sludge," Sewage Ind. Wastes, 27, 6 (1955), 728−35
34. Green, R. V., et al., "Destructive Catalytic Oxidation of Aqueous Waste Materials," Sewage Ind. Wastes, 24, 3 (1952), 288−99
35. Hatfield, R., "Biological Oxidation of Some Organic Compounds," Ind. Eng. Chem., 49, 2 (1957), 192−6
36. Paradiso, S. J., "Disposal of Fine Chemical Wastes at the Upjohn Company," Purdue Univ. Enf. Bull. Ext. Ser., 89 (1955), 49−60
37. Lamb, C. B., et al., "B. O. D. of Synthetic Organic Chemicals," Purdue Univ. Eng. Bull. Ext. Ser., 79 (1952), 326−39
38. Mills, E. J., Jr., et al., "Biological Oxidation of Synthetic Organic Chemicals," Purdue Univ. Eng. Bull. Ext. Ser., 83 (1953), 492−517
39. Rocheleau, R. F., "Incineration of Organic Wastes," Proc. Air Water Pollution Abatement Conf., Mfg. Chemists Assoc., Wash., D.C. (1957), 89−98

40. Hood, D. W., et al., "Deep Sea Disposal of Industrial Wastes," Ind. Eng. Chem., 50 (June 1958), 885–8
41. Gellman, I., et al., "Biological Oxidation of Formaldehyde," Sewage Ind. Wastes, 22, 10 (1950), 1321–5
42. Heukelekian, H., et al., "Biochemical Oxygen Demand of Pure Organic Compounds," Sewage Ind. Wastes, 27, 9 (1955), 1040–53
43. Garrett, J. T., "Multipurpose Incineration," Ind. Wastes, 2, 5 (1957), 111–3
44. Dickerson, B. W., "High–Rate Trickling Filter Operation on Formaldehyde Wastes," Sewage Ind. Wastes, 22, 4 (1950) 536–45
45. Kirchgessner, N. H., "Phenol Recovery by Use of Isopropyl Ether," Sewage Ind. Wastes, 30, 2 (1958), 191–8
46. Dickerson, B. W., "A High–Rate trickling Filter Pilot Plant for Certain Chemical Wastes," Sewage Works J., 21, 4 (1949), 685–93
47. Eden, G. E., et al., "Treatment of Waste Waters Containing Hydrogen Peroxide, Hydrazine and Methanol," Chem. Ind. (London), Dec. 15, 1951, 1104–6
48. Henkel, H. O., "Surface and Underground Disposal of Chemical Wastes at Victoria, Texas," Sewage Ind. Wastes, 25, 9 (1953), 1044–9
49. Heller, A. N., et al., "Some Factors in the Selection of a Phenol Recovery Process," Purdue Univ. Eng. Bull. Ext. Ser., 94 (1957), 103–22
50. Edmonds, R. G., et al., "Recovery of Phenolics from waste Effluents," Chem. Eng. Progr., 50, 3 (1954), 111–5
51. Federgreen, N., et al., "Methyl Styrene–A Case Study in Spent Acid Catalyst Treatment," Ind. Eng. Chem., 49, 1 (1957) 46–8
52. Laurie, D. T., "Combustion and Bio–oxidation Combined in Waste Plant at Chemstrand Corp.," Power Eng., 63, 4, (1959), 80–2
53. Lyon, H. D., "Disposal of Synthetic Organic Wastes," Chem. Eng. Progr., 46, 8 (1950), 388–94
54. Fox, R. D., et al., "Brine Purification and Byproduct Recovery by Activated Carbon Adsorption," paper presented at the Water Pollution Symposium, 6th Annual meeting, A.I.Ch.E., Nov. 30, 1971
55. Ono, H., "Treatment of Oil Refinery and Petrochemical Wastewaters by the Activated Sludge Process," Chem. Econ. Eng. Rev. (March 1970), 38–44
56. Hatfield, R., "Biological Oxidation of Some Organic Compounds," Ind. Eng. Chem., 49, 2 (1957), 192–6
57. Lamb, C. B., et al., "B. O. D. of Synthetic Organic Chemicals," Purdue Univ., Eng. Bull. Ext. Ser., 79 (1952), 326–39
58. Mills, E. J., et al., "Biological Oxidation of Synthetic Organic Chemicals," Purdue Univ., Eng. Bull. Ext. Ser., 83 (1953), 492–517
59. Lyon, H. D., "Disposal of Synthetic Organic Wastes," Chem. Eng. Progr., 46, 8 (1950), 388–94
60. Henry, P. M., Jr., "Organic Polymers for Treatment of Industrial Wastes," paper presented at the California Water Pollution Control Association, Northern Regional Conference (October 1969), publ. California water Pollution Control Association Bulletin 7, 2 (October 1970), 6–9

61. Fitzgerald, C. L., et al., "Coagulants for Wastewater Treatment," Chem. Eng. Progr., 66, 1 (1970), 36-40
62. Fowkes, F. M., et al., "Bimetallic Coalescers: Electrophoretic Coalescence of Emulsions in Beds of Mixed Metal Granules," Environmental Sci. Technol., 4, 6 (1970), 512-14
63. Hernandez, J., et al., "Tube-settler Design," Ind. Water Eng., 7, 9 (1970), 25-7
64. Yao, K. M., "Theoretical Study of High Rate Sedimentation," J. Water Pollution Control Fed., 42, 2 (1970), 218-28
65. van Vuuren, L. R. J., et al., "Dispersed Air Flocculation/Floatation for Stripping of Organic Pollutants from Effluents," Water Res., 2 (February 1968), 177-83
66. Robinson, J. W. (to Selas), "Apparatus for Separation Immiscible Liquids," U. S. 2,611,490 (Sept. 23, 1952)
67. "Jet Cleaning halves Down Time of Waste-water Filter Drums," Oil Gas J., 59, Oct. 2, 1961, 195
68. Neumann, E. D. et al., "Modern Waste-Disposal Facilities at Shell's Ancortes Refinery," Oil Gas J., 56, May 19, 1958, 127-30
69. Reno, G. J., et al., "How Shell Treats Refinery Wastes: Anacortes Refinery," Petroleum Refiner, 37 (May 1958), 13-60
70. Katz, W. J., "Treat Wastes Dissolved Air: Chemical Flocculation and Dissolved-Air Flotation," Petroleum Refiner, 37 (May 1958), 211-13
71. Mackrle, S., "Mechanism of Coagulation in Water Treatment," Am. Soe. Civil Eng. Proc., 88, SA 3, No. 31171 (May 1962), 1-13
72. Bean, E. L., et al., "Zeta Potential Measurements in the Control of Coagulation Chemical Doses," Am. Water Works Assn, J., (February 1964), 214-27
73. Riddick, T. M., "Zeta Potential and Its Application to Difficult Waters," Chem. Eng., June 26, 1961, 121-6
74. "Polyelectrolyte Improves Refinery Water Supply," Power Eng., 64 (September 1960), 61-5
75. Wise, C. T., "Clarification of High Color Waters," Tappi, 43 (July 1960), 654-7
76. Besselievre, E. B., "Economics of Coagulants," Water Works & Wastes Eng., 1 (October 1964), 39-41
77. Besselievre, E. B., "Economics of Coagulants," Water Works & Wastes Eng., 1 (November 1964), 57-8
78. Lane, M., "Chemical Treatment for Water Clarification," Water Sewage Works, 106 (July-September 1959), 280-1, 339-41, 404-7
79. Vaughn, J. C., "Common Chemicals Used in Coagulation," Water Sewage Works, 108, Oct. 31, 1961, R207-10
80. Middleton, A. B., "Activated Silica Sol Applications," Water Sewage Works, 110 (July 1963), 251-3
81. Hudson, H. E., Jr., et al., "Design of Mixing and Flocculating Basins," Am. Water Works Assn. J., 59 (October 1967), 1257-67
82. Hannah, S. A., et al., "Control Techniques for Coagulation-Filtration," Am. Water Works Assn. J., 59 (September 1967), 1149-63
83. "Chemicals Used in Water and Wastewater Treatment: Ferric Sulfate (Partially Hydrated -Fe (SO) .(X)H O," Water & Wastes Eng., 7 (April 1970), 69-70

84. "Chemicals Used in Water and Wastewater Treatment," Water & Wastes Eng., 6 (December 1969), 46-7
85. "Chemicals Used in Water and Wastewater Treatment," Water & Wastes Eng., 6 (December 1969), 53-4
86. Hudson, H. E., "Current Developments in Water Clarification," Water & Wastes Eng., 5 (September 1968), 79-83
87. Eck, J. C. (to Allied Chemical), "Method for the Removal of Suspended Matter in Waste Water Treatment," US 3,493,501 (Feb. 3, 1970)
88. Besselievre, E. B., "Economics of Coagulants," Water Works & Wastes Eng., 1 (December 1964), 49-51
89. Besselievre, E. B., "Economics of Coagulants," Water Works & Wastes Eng., 2 (January 1965), 59-60
90. Riddick, T. M., "Zeta Potential and Its Application to Difficult Waters," Chem. Eng., 68, July 10, 1961, 141-6
91. Hubbell, G. E., (to The City of Detroit), "Settling Tanks," US 3,534,861 (Oct. 20, 1970)
92. Shannon, E. S., "Handling and Treating Petrochemical Plant Wastes," Water & Sewage Works, 111 (May 1964), 240-5; Excerpts, Pub. Works, 95 (July 1964), 126, 128-30
93. Simonsen, R. N., "Remove Oil by Air Floatation," Oil Gas J., May 21, 1962, 146, 148, 152, 154
94. Schaffer, R. B., "Polyelectrolytes in Industrial Waste Treatment," Water & Sewage Works, 111, Nov. 30, 1964, R300-5
95. Woolery, R. G. (to Union Carbide), "Water and Waste Treatment," US 3,224,965 (Dec. 21, 1965)
96. Andersen, R., Et al., (to Johns-Manville), "Composition for and Method of Removing Impurities from Water," US 3,235,492 (Feb. 15, 1966)
97. Burton, R. E., "Method and Apparatus for Treating Waste Liquid," US 3.238.124 (march 1, 1966)
98. "Manual on Disposal of Refinery Wastes. Volume on Liquid Wastes," 1st ed., American Petroleum Institute, Dovosion of Refining, New York, 1969
99. O'Melia, C. R., "A Review of the Coagulation Process," Publ. works, 100, 5 (1969), 87-98
100. Purchas, D. B., "Flocculation and Coagulation," Process Biochemistry, 3, 10 (1968), 17-20, 27
101. Vesilind, P. A., "Design of Prototype Thickeners from Batch settling Tests," Water & Sewage Works, 115 (1968), 302-7
102. Asendorf, E. (to Water Engineering), "Method for Purifying Domestic and Industrial Sewage," British 1,054,251 (Jan. 11, 1967)
103. Kieper, D. L., et al. (to General Mills), "Process for the Clarification of Waste Effluents," US 3,498,912 (March 3, 1970)
104. Hedrick, R. M., et al (to Monsanto), "Clarification of Water," US 3,516,932 (June 23, 1970)
105. Hess, S. O. (to Selas), "Porous Membrane," US 2,746,607 (May 22, 1956)
106. Mail, I. P., et al. (to Combustion Engineering), "Water Treatment," US 3,542,675 (Nov. 24, 1970)

107. Ettlich, W. F., et al. (to Neptune Microfloc), "Water Treatment Plant," US 3,545,619 (Dec. 8, 1970)
108. Thorn, E. R. (to Passavant-Werke), "Waste Water Treatment Plant," US 3,545,619 (Dec. 8, 1970)
109. Seiler, R. (to Wilhelm Squindo), "Method for Purifying Fresh and Waste Waters by Flocculation In an Amphoteric Phase," US 3,546,113 (Dec. 8, 1970)
110. Dougan, L. D., et al., "Waste Disposal at a Synthetic Rubber Plant," Sewage Ind. Wastes, 23, 2 (1951), 181-7
111. Kirchgessner, N. H., "Treatment of Phenolic Plastics Manufacturing Wastes," Sewage Ind. Wastes, 22, 10 (1950), 1314-20
112. Burtis, G. G., et al., "Desalting of Petroleum by Use of Fiberglass Packing," Trans. A.I.Ch.E., 42 (1946), 413-39
113. Hazen, A., "On Sedimentation," Trans. Am. Soc. Civil Engr., 53 (1904), 45-88
114. Hayes, J. G., et al., "Commercial Desalting Unit Employing Fiberglass as Contacting Agent," Chem. Eng. Progr., 45 (1949), 235-40
115. Hansen, S. P., et al., "Applying Shallow Depth Sedimentation Theory," Am. Water Works Assn. J., 59 (1967), 1134-48
116. Culp, G., et al., "High Rate Sedimentation in Water Treatment Works," Am. Water Works Assn. J., 60(1968), 681-98
117. D'Arey, N. A., Jr., "Dissolved-Air Flotation Separates Oil from Waste Water," Oil Gas J., 50, 4 (November December 1951), 319-22
118. Kirby, R., "The Separation of Petroleum Oils from Aqueous Effluents," The Chemical Eng. (London), No. 177 (April 1964), 76-81
119. Marmo, A. R. (to Westinghouse Electric), "Separation of Sludges from a Liquid," French 2,004,681 (Nov. 28, 1969)
120. Eck, J. C., et al. (to Allied Chemical), "Removal of Suspended Matter in Waste Water Treatment," US 3,537,990 (Nov. 3, 1970)
121. Dolby, C. I., et al. (to Rederiaktiebolaget Nordstjernan), "Flocculation of Solids and Dewatering of Sludge," German Offen. 1,920,590 (Dec. 4, 1969)
122. Feosi, R., et al. (to Lonza), "Purification of Quenching Water Used in the Pyrolysis of Hydrocarbons," Swiss 479,491 (Nov. 28, 1969)
123. Gilwood, M. E., et al. (to Pall), "Water Clarification and Clarifier," US 3,481,868 (Dec. 2, 1969)
124. Tremont, P. L., et al. (to Monsanto), "Water Conditioning System Control," US 3,482,697 (Dec. 9, 1969)
125. Flock, H. G., et al. (to Calgon), "Flocculation of Solids in Water," US 3,489,681 (Jan. 13, 1970)
126. Hoeke, B., et al. (to Krupp), "Chemical Purification of Industrial Waste Waters," German Offen. 1,802,827 (July 2, 1970)
127. Wieland, G., et al. (to Steinmueller, L. und C.), "Continuous Waste Water Purification," German Offen. 1,813,886 (July 16, 1970)
128. Born, R., "Flotation Purification of Waste Water," German Offen. 1,816,932 (July 2, 1970)
129. Mackrle, S., et al., "Continuous Chemical Water Purification," German Offen.

1,955,320 (May 27, 1970)
130. Gericke, M. R. (to Union), "Settling plant with Swimming Rabblers," German Offen. 1,959,049 (June 4, 1970)
131. Wolf, N. H., "Extracting Oil Waste from Water," US 3,554,906 (Jan. 12, 1971)
132. Takahashi, S. (to Kurita Industrial), "Purification of Wastes," German Offen. 2,027,798 (Feb. 18, 1971)
133. Dorr-Oliver, "Combined Flotation and Clarification Apparatus," British 799,297 (Aug. 6, 1958)
134. Dow Chemical, "Clarification of Water," British 805,526 (Dec. 10, 1958)
135. Yamada, H., et al., "A Method and Apparatus for Removing Oil and Foreign Bodies from Water," British 957,640 (May 6, 1964)
136. Hinton, A. J., et al. (to ICI), "Flocculation of Solids in Liquids by Copolymers," British 982,891 (Feb. 10, 1965)
137. Ecremeuses Melotte, "Apparatus for Water Purification," British 987,978 (March 31, 1965)
138. Gockel, H., "A Procedure for the Purification and Sludge Clarification of Industrial Residue Waters," British 1,032,725 (June 15, 1966)
139. Eckert, H. K., et al. (to Monsanto), "Removal of Carbon or Soot from Water or Wastes," US 2,757,797 (Aug. 7, 1956)
140. Brown, J. S., et al. (to Union Oil), "Oil Separation and Recovery from Waste Waters," US 2,766,203 (Oct. 9, 1956)
141. Banks, R. B., et al. (to Infilco), "Clarifier for Liquid Wastes," US 2,813,074 (Non. 12, 1957)
142. Fischer, A. J. (to Dorr-Oliver), "Liquid Clarifier," US 2,825,691 (March 4, 1958)
143. Lawlor, J. P. (to General Filter), "Sludge Blanket Clarifier," US 2,838,180 (June 10, 1958)
144. Clemens, H. J. (to Armour), "Clarification of Water by Use of Hydrophobic Polyamines," US 2,862,880 (Dec. 2, 1958)
145. Bacon, O. (to Horton, W. C.), "Compositions for Treating Water," US 2,866,759 (Dec. 30, 1958)
146. Kivari, A. M. (to Process Engineers), "Treatment of Aqueous Wastes Containing Hydrocarbons," US 2,876,863 (March 10, 1959)
147. Kaplon, H. C., "Sludge Digester," US 2,891,675 (June 23, 1959)
148. Green, J. (to Nalco Chemical), "Coagulating Composition," US 3,130,167 (April 21, 1964)
149. Yoshihara, A., et al., "Treatment of Industrial Waste Water," US 3,163,598 (Dec. 29, 1964)
150. Lindell, O. V. (to Dorr-Oliver), "Apparatus and Method for the Purification of Liquids," US 3,164,379 (Jan. 5, 1965)
151. Kekish, G. T. (to Nalco Chemical), "Coagulation and Separation of Finely-Divided Solids in Aqueous Suspensions," US 3,174,928 (March 23, 1965)
152. Hoechst, "Clarification of Turbid Aqueous Wastes," Belgian 632, 260 (Nov. 18, 1963)

153. Eckenfelder, W. W., Jr., et al., "Treatment-Cost Relationship for Industrial Wastes," Chem. Eng. Progr. (September 1971), 76-85
154. Schick, J. (to Siegener A.-G. fuer Eisenkonstruktion, Brueckenbau und Verzinkerei), "Waste Water Purification," German 1,196,137 (July 1, 1965)
155. Atkinson, V. T. (to Phillips Petroleum), "Clarification of Water with Temperature Control," US 3,170,868 (Feb. 23, 1965)
156. Lissant, K. J. (to Petrolite), "Agglomeration and Removal of Finely Divided Solids, Especially Industrial Wastes, from Aqueous Media," US 3,194,758 (July 13, 1965)
157. Tsuda, K., et al. (to Chiyoda Chemical Engineering & Construction), "Water Clarifying Equipment," US 3,313,725 (April 11, 1967)
158. Schreiber, A., "Aeration, Degassing, or Cooling of Waste Water," US 3,338,828 (Aug. 29, 1967)
159. Schreiber, A., "Aeration, Degassing, or Cooling of Waste Water," US 3,388,060 (june 11, 1968)
160. SOGREAH, "Flocculation Basin," French 1,496,746 (Oct. 6, 1967)
161. National Aluminate, "Settling Suspended Solids in Water with an Organic Coagulant," British 826,770 (Jan. 20, 1960)
162. Terrett. J. F., et al., "Solid-Liquid Separation Tanks for Industrial Wastes," British 833,605 (April 27, 1960)
163. Rohm & Haas, "Cationic Polymers for Dewatering of Aqueous Suspensions," British 842,910 (July 27, 1960)
164. Mackerle, V., et al. (to Kralovopolska Strojirna, zavod Klements Gottwalda, Narodni Podnik), "Device for Water Purification," British 865,315 (April 12, 1961)
165. Smith, S., "Purifying Waste Water," British 1,120,311 (July 17, 1968)
166. Smith. S., "Flotation Operation," British 1,120,312 (Juli 17, 1968)
167. Eder, T., "Apparatus for the Flotation of Concentrated Suspensions of Coarse Materials in at Least Two Steps," German 1,017,101 (Oct. 10, 1957)
168. Boldt, H. O., et al., "Separation of Mineral Oils from Oil-in-Water Emulsions, Especially Waste Liquors," German 1,069,803 (Nov. 26, 1959)
169. Jung, H., "Removal of Floating Materials in Sewage Purification Plants," German 1,275,003 (Aug. 8, 1968)
170. deBoer, J. H., et al. (to Stamicarbon), "Water Purification by Absorption of Impurities in Oil," US 2,919,246 (Dec. 29, 1959)
171. House, R. R., et al. (to American Cyanamid), "Clarification of Industrial Waters," US 2,980,609 (April 18, 1961)
172. Cann, E. D. (to Neiman, W. T.), "Treatment of Waste-Containing Waters," US 3,377,271 (April 9, 1968)
173. Cann, E. D. (to Neiman, W. T.), "Treatment of Waste-Containing Waters," US 3,377,272 (April 9, 1968)
174. Fowkes, F. M., et al. (to Shell Oil), "Separation of Suspensions by Using a Galvanic Couple," US 3,394,064 (July 23, 1968)
175. Quast, G. W. (to Chain Belt), "Apparatus for Clarification of Liquids Containing Suspended Material," US 3,015,396 (Jan, 2, 1962)

176. Johnson, J. H., et al. (to Monsanto), "Flocculants for Water Purification," US 3,157,595 (Nov. 17, 1964)
177. Sontheimer, H., et al. (to Fuller), "Apparatus for Flocculation and Clarification of Liquids," US 3,236,384 (Feb. 22, 1966)
178. Sontheimer, H., et al. (to Fuller), "Apparatus for the Treatment of Contaminated Liquid Wastes by Flocculation and Clarification," US 3,246,762 (april 19, 1966)
179. Franzen, A. E., Et al., "Tertiary Treatment of Refinery Process Water Effluent by Chemical Coagulation and Air Flotation," paper presented to the 64th Annual Meeting and Water Quality Engineering Symposium of the Am. Inst. Chem. Engrs., San Francisco, Nov. 28 - Dec. 2, 1971
180. Pye, D. J. (to Dow Chemical), "Clarification of Muddy Water," German 1,107,605 (May 25, 1961)
181. Colwell, C. E., et al. (to Union Carbide), "Polymeric Flocculating Agents," US 3,014,896 (Dec. 26, 1961)
182. Smith, K. L. (to Union Carbide), "Coagulation of Dispersed Solids in Water," US 3,020,230 (Feb. 6, 1962)
183. Gould, R. H., "Continuously Operating Settling and Clarifier Tank with Rotating Feed," US 3,036,715 (May 29, 1962)
184. Kelly, E. M., et al. (to Eimco), "Apparatus for the Flocculation of Waste Water," French 1,443,683 (June 24, 1966)
185. Krofta, M., "Pressurizing System for Clarifiers," French 1,455,165 (Oct. 14, 1966)
186. Xylander, K., "Flotation Process, Especially for Cleaning Waste Water," German 1,280,773 (March 13, 1969)
187. McNahon, M. E. (to Phillips Petroleum), "Treatment of Industrial Waste Waters Containing Oils and Solids," US 3,297,568 (Jan. 10, 1967)
188. Hikes, B., et al. (to Lakeside Engineering), "Clarifying Apparatus," US 3,302,792 (Feb. 7, 1967)
189. Minegishi, T. (to Toyo Engineering), "High-speed Precipitating Apparatus," US 3,306,449 (Feb. 28, 1967)
190. Swenson, W. R. (to Jeffrey Galion Manufacturing), "Collector ," US 3,313,422 (April 11. 1967)
191. Aktiebolag Purac, "Flocculation of Contaminants in Liquids," US 3,433,359 (March 18, 1969)
192. katzer, M. F. (to Dow Chemical), "Controlled Dissolution of Flocculants," US 3,435,618 (April 1, 1969)
193. Societe de Mecanique et de Transports, "Removal of Hydrocarbon Impurities from Water," British 1,092,299 (Nov. 22, 1967)
194. Calgon, "Flocculation and Coagulation of Solid Particles," British 1,142,795 (Feb. 12, 1969)
195. Thorn, E., et al. (to Passavant, U., A.-G.), "Water-Conditionong or Swage-Treatment Plant," British 1,163,599 (Sept. 10, 1969)
196. Deutsche Gold - und Silber - Scheideanstalt vorm. Roessler, "Waste Water Purification," British 1,184,214 (March 11, 1970)
197. Baer, E., Et al. (to Vickers-Zimmer), "Improved Flotation Cell for the Purification

of Waste Waters," German 1,240,003 (May 11, 1967)
198. Savage, E. S. (to Dorr-Oliver), "Clarification of Liquids," French 1,473,056 (March 17, 1967)
199. All-Union Correspondence Polytechnic Institute, "Process and Apparatus for the Purification of Liquids," French 1,466,054 (Jan. 13, 1967)
200. Kivell, W. A., "Liquid Clarifier," US 3,314,547 (April 18, 1967)
201. Hikes, B. (to Lakeside Engineering), "Scum Skimmer for a Liquid Clarifier," US 3,327,867 (June 27, 1967)
202. Von Note, R. H. (to Eimco), "Liquid Clarification Method and Apparatus for Producing High-Density Sludge," US 3,333,695 (Aug. 1, 1967)
203. Mausolf, M. J. (to Dorr-Oliver), "Purification of Liquids Through Flocculation," US 3,338,827 (Aug. 29, 1967)
204. Mail, I. P. (to Combustion Engineering), "Flotation of Polluted Water," US 3,418,236 (Dec. 24, 1968)
205. French, L. R. (to Gulf Oil), "Separation of Hydrocarbons from Waste Water," US 3,417,159 (Dec. 17, 1968)
206. Dotts, W. M., Jr., "Air Flotation Process for Removal of Particles of Suspended Matter from Water," US 3,429,809 (Feb. 25, 1969)
207. Harsh, W. C. (to Cleveland Technical Center), "Coagulant and Process for Treating Waste Waters," US 3,446,731 (May 27, 1969)
208. Huval, M. (to Chevron Research), "Removing Oil from Water Containing Suspended Solids," US 3,471,401 (Oct. 7, 1969)
209. Western Mechanical, "Continuous Purification of Waste Water," French 2,023,065 (Aug. 7, 1970)
210. Dorr-Oliver, "Clarification Treatment of Solids Carrying Liquid and Apparatus Therefor," US 2,669,357 (Feb. 16, 1954)
211. Kivell, W. A., "Liquid Clarifying Apparatus," US 3,025,966 (March 20, 1962)
212. Hercules, "Treatment of a Sewage Water Suspension," French 2,027,494 (Sept. 25, 1970)
213. Abadie, A. P. G., et al., "Removal of Oil from Industrial Waste Water," French 2,037,575 (Dec. 31, 1970)
214. Saint Gobain Techniques Nouvelles, "Flotation Cell with Electrolytic Gas Production for Waste Water Treatment," German 1,533,573 (Dec. 2, 1971)
215. Kazt, W. J., et al., "Freezing Methods Used to Condition Activated Sludge," Water Sewage Works, 117, 4 (1970), 110-14
216. Sparr, A. E., et al., "Gravity Thickeners for Activated Sludge," Water Pollution Control Federation J., 41, 11 (1969), 1886-1904
217. Knowles, C, L., "Improving Biological Processes," Chem. Eng., 77, April 27, 1970, 103-9
218. Teletske, G. H., "Wet Air Oxidation," Chem. Eng. Prog., 60 (January 1964), 33-8
219. White, W. F., "Centrifugal for Industrial Wastes," Chem. Eng. Prog., 65 (June 1969), 74-7
220. Keith, F. W., et al., "Centrifuges in Water and Waste Treatment," Chem. Eng. Prog.,

65 (November 1969), 77-80
221. Jaeschke, L., et al., "Treat HPI Wastes Biologically," Hydrocarbon Process., 46 (July 1967), 111-15
222. Mallatt, R. C., et al., "Incinerate Sludge and Caustic," Hydrocarbon Process., 49 (May 1970), 121-2
223. "$200,000 Keeps Fraser Free of Phenol: Biological Oxidation Process," Can. Chem. Process, 45 (September 1961), 72-4
224. Kershaw, M. A., "Sludge Dewatering," Process Biochem., 2, 9 (1967), 34-6, 43
225. Taylor, R., et al., "Sludge Dewatering and Incineration," Water Pollution Control, London, (J. Proc. Inst. Sew, Purif.), 66 (1967), 449-62
226. Dammer, R. H., "Rubber-Lined Reservoirs Solve Waste Water Storage Problems," Plant Eng., 21 (December 1967), 119-21
227. Burkhead, C. E., et al., "Application of Complete-Mixing Activated Sludge Design Equations to Industrial Wastes," Water Pollution Control Federation J., 40 (April 1968), 557-70
228. Huber, L., "Disposal of Effluents from Petroleum Refineries and Petrochemical Plants," paper presented at the 22nd Ind. Waste Conf., Purdue Univ., Lafayette, Ind., Engng. Extn. Ser. No. 129, Part II (1967), 1009-24
229. Keith, F. W., "Centrifuges Concentrate and Dewater Waste System Solids," Water and Sewage Works, 116, 3 (1969), IW/10-15, 18
230. Talon, M. G., et al. (to Equipments Techniques Industrials), "Dehydration of Aqueous Sludge," US 3,224,963 (Dec. 21, 1965)
231. Albertson, O. E. (to Dorr-Oliver), "Anacrobic Digestion of Waste Sludge," US 3,226,317 (Dec. 28, 1965)
232. Schick, J., "Process of Consolidating a Voluminous Low-Solids-Content Sludge," US 3,226,319 (Dec. 28, 1965)
233. Westgarth, W. C. (to FMC), "Sewage Treatment Process," US 3,235,487 (Feb. 15, 1966)
234. Albertson, O. E. (to Dorr-Oliver), "Waste Treatment with Anacrobic Digestion," US 3,248,323 (Aprill 26, 1966)
235. Neidl, G., "Method of Treating Substances which Contain Organic Media, Particularly in Clarification Plants for the Treatment and Purification of Sewage or Sludges," Britain 1,038,405 (Aug. 10, 1966)
236. Hill, E. C., et al., "Process and Apparatus for the Treatment of Contaminated Liquors," British 1,048,905 (Nov. 23, 1966)
237. Metallgesellschaft AG, "A Method of Dewatering Sludges with a Decanting Centrifuge," British 1,088,400 (Oct. 25, 1967)
238. Pav, J., et al., "Method and Apparatus for Continuous Biological Degradation of Metabolic Substances," British 1,031,964 (June 2, 1966)
239. "Manual on Disposal of Refinery Wastes, Volume on Liquid Wastes," 1st ed., (Amer. Petroleum Inst. Div. of Refining), API, New York, 1969
240. Marcellini, R., "The Fluidized-Bed Combustion of Sludge," Trib. CEBEDEAU, 21 (1968), 409-15
241. Dow Chemical, "Secondary Waste Treatment Procedure," British 1,221,812 (July

10, 1971)
242. Burgess, J. V., "Comparison of Sludge Incineration Processes," Process Biochem., 3 (1968), 27-30
243. Polzer, P., "The Technique of Fluidized Beds (Fliosolids) in Relation to the Problems Arising from the Treatment of water," Trib. CEBEDEAU, 19 (1966) 64-9
244. Brooks, R. B., "Heat Treatment of Activated Sludge," Water Pollut. Control, London, 67 (1968), 592-601
245. Wartmann & Cie., AG, "Water Purification Process and Plant," British 1,024,559 (Mar. 30, 1966)
246. Mosduean, H. S., "An Improved Method of and Plant for Recovering Solids From an Effluent such as Sewage," British 1,043,533 (Sept. 21, 1966)
247. Spence, P., & Sons, et al., "Coagulation and/ or Conditioning of Sewage Sludges," British 1,045,731 (Oct. 19, 1966)
248. Trobisch, K., "7m German Effluent Plant," Water Waste Treat, J. II (1967), 237- 8
249. Schreiber, A., "Apparatus for Purifying Wast water," US 3,495,712 (Feb. 17, 1970)
250. Willihnganz, R. A., "Water Purification Process," US 3,494,864 (Feb. 10, 1970)
251. Böbnke, B. (to Lyco Systems), "Apparatus for Biological Treatment of Raw Waste Water," US 3,498,459 (March 3, 1970)
252. Johnson, P. F. (to Dorr-Oliver), "Water Sludge Separation System and Method," US 3,504,795 (April 7, 1970)
253. Bowes, U. E., "Method and Apparatus for Purifying Water," US 3,528,911 (Sept. 15, 1970)
254. Hedrick, R. M., et al. (to Monsanto), "Clarification of Water," US 3,516,932 (June 23, 1970)
255. Beer, C., "Liquid Waste Treatment Process," US 3,517,810 (June 30, 1970)
256. Nicol, J. B. (to Drysdale), "Apparatus for the Treatment of Sewage and Like Industrial Waste," US 3,522,881 (Aug. 14, 1970)
257. Nicol, J. B. (to Drysdale), "Apparatus for the Treatment of Sewage and Like Industrial Waste," US 3,524,547 (Aug. 18, 1970)
258. Waehner, G., et al. (to Menzel), "Apparatus for Purifying Waste Water," US 3,537,583 (Nov. 3, 1970)
259. Gustafson, J. F., "Treatment of Waste Effluents," US 3,537,655 (Nov. 3, 1970)
260. Boris, J. (to Societe Nouvelle Seta), "Apparatus for the Purification of Polluted Water," US 3,540,589 (Nov. 17, 1970)
261. Etabs J. Remacle, "Biological Purification of Effluent," Belgian 752,285 (Dec. 1, 1970)
262. Nercules, "Quarternary Ammonium Polymer as Flocculant for Waste Waters," Belgian 756,523 (Feb. 23, 1971)
263. Abend, R., "Pressure Filters for Sludge Liquors and Thin Sludges," German Offen. 1,904,643 (Aug. 27, 1970)
264. Walker, J. D. (to Chicago Bridge and Iron), "Waste Water Clarification Apparatus with an Aerating Container," German Offen. 2,001,801 (Aug. 27, 1970)
265. Franquin, J. H., et al. (to Societe Generale d' Epuration), "Dehydration of Residual

Organic Sludges," French 1,585,712 (Jan. 30, 1970)
266. Fifer, R. L., "Apparatus for Activated Sludge Treatment of Oxygen Demanding Wastes," US 3,529,725 (Sept. 22, 1970)
267. Dorr-Oliver, "Concentration of Residual Sludge from Waste Treatment Installations," French 1,588,068 (April 3, 1970)
268. Nordlander, N. O., et al. (to Stenberg-Flygt AB), "Device for the Purification of Waste Waters by Flocculation Activated Sludge," German Offen. 1,904,206 (April 16, 1970)
269. Smolski, L., "Aeration of Liquids," German Offen. 1,907,278 (Aug. 27, 1970)
270. Gamer, S. G. Y. (to Stenberg-Flygt AB), "Device for Sewage or Sludge Aeration," German Offen. 1,929,453 (Dec. 17, 1970)
271. Brown, B. R., et al. (to National Research), "Drainage of Activated Sludge," German Offen. 2,018,294 (Oct. 22, 1970)
272. Benedek, P., et al. (to Vizgazdalkodasi Tudomanyos), "Aerobic Stabilization of Waste Water Sludge," German Offen. 2,028,801 (Dec. 17, 1970)
273. McWhirter, J. R. (to Union Carbide), "Oxygenation of BOD-Containing Water," US 3,547,812 (Dec. 15, 1970)
274. Muskat, J., et al. (to Passavant-Werke), "Resins for Aerobic Sludge Stabilization," German Offen. 1,920,435 (Dec. 4, 1969)
275. Friedman, L. D. (to FMC), "Waste Water Treatment," German Offen. 1,926,813 (Dec. 11, 1969)
276. Omnium d' Assainissement, "Regulation of the Growth of Microorganism During the Biological Treatment of Waste Waters," French 1,567,182 (May 16, 1969)
277. Stenberg-Flygt AB, "Purification of Water by Flocculation and Aeration," French 1,570,116 (June 6, 1969)
278. Kurita Industrial, "Biological Treatment of Waste Waters," French 1,574,228 (July 11, 1969)
279. Von Roll AG, "Sludge Dewatering," French 2,003,224 (Nov. 7, 1969)
280. Porteous, I. K. (to Norstel and Templewood Hawksley), "Purifying Supernatant Water from Organic Sludge," British 1,176,471 (Jan. 1, 1970)
281. Simpson, J. R. (to National Research), "Waste Water Treatment Tank," US 3,466,241 (Sept. 9, 1969)
282. O'keeffe, J. H., et al. (to Forestal Land, Timer and Railways, and Greening, N., (Warrington) Ltd. and Crundall, Sydney, F. W.), "Sludge Dewatering," British 1,199,412 (July 22, 1970)
283. Charles, C. H. P. (to Societe Parisienne de Canalisations), "Purification of Waste Water," French 1,580,389 (Sept. 5, 1969)
284. Boehnke, B. (to Deutsche Geraetebau GmbH), "Plant for Biological Clarification of Waste Waters," French 2,004,513 (Nov. 28, 1969)
285. Deutsche Babock und Wilcox, "Purification of Waste Water," French 2,005,691 (Dec. 12, 1968)
286. Kaelin, J. R., "Surface Ventilator for Stirring and Aerating of Liquids," French 2,009,464 (Feb. 6, 1970)
287. Weber, W. (to Firma A. Rieber GmbH), "Plant for Biological Wastewater Purification,"

German Offen. 1,804,574 (May 27, 1970)
288. Gruber, F. (to Linde AG), "Water Removal from Presedimentation and Filtration Sludge," German Offen. 1,809,772 (June 4, 1970)
289. Moeller, B. A., et al. (to Allmaena Ingenjoersbryan AB), "Filter for Treating Waste Waters," German Offen. 1,940,817 (Feb. 19, 1970)
290. Schover, D. S., et al. (to General American Transportation), "Dehydration of Sludge," German Offen. 1,954,909 (May 14, 1970)
291. Gut, W., et al. (to Bell Maschienfabrik AG), "Biological Waste-Treatment Plant," Swiss 484,004 (Feb. 27, 1970)
292. Kaelin, J. R., "Aeration Robot for Waste-Water Clarification," German Offen. 1,959,262 (May 27, 1970)
293. Coackley, P. (to Motherwell Bridge and Engineering), "Dewatering of Sludge," US 3,509,562 (Aprill 14, 1970)
294. Passavant-Werke, "Installation for Purifying Watery by the Activated Sludge Process," French 1,598,796 (Aug. 14, 1970)
295. Westberg, N. K. G. (to Aktiebolag Vattenbyggnadsbyran), "Apparatus for the Biological Purification of Waste Waters," German Offen. 2,017,671 (Dec. 17, 1970)
296. Aldridge, A. P. (to Simon-Carves), "Treatment of Aqueous Sludges Containing Biological Components," German Offen, 2,025,679 (Nov. 26, 1970)
297. Air Reduction, "Activated Sludge Process for Effluent Treatment," French 2,054,012 (July 1, 1970)
298. Robinson, E. K., et al. (to Union Carbide), "Biochemical Oxidation with Low Sludge Recycle," US 3,547,813 (Dec. 15, 1970)
299. McWhirter, J. R. (to Union Carbide), "Bio-Oxidation with Low Sludge Yield," US 3,547,814 (Dec. 15, 1970)
300. McWhirter, J. R. (to Union Carbide), "Stage Oxygenation of BOD-Containing Water," US 3,547,815 (Dec. 15, 1970)
301. Kessener, H. J. N. H., et al., "Purification of Sewage and Other Waste Liquor," British 804,249 (Nov. 12, 1958)
302. Schreiber, A., "Modification of Activated Sludge Method of Waste Water Treatment," British 976,805 (Dec. 2, 1964)
303. Ruschenburg, E., Et al., "Preliminary Precipitation of Wastes Prior to Water Removal," German 1,183,025 (Dec. 3, 1964)
304. Nederlandsche Organisatie voor Toegepast Natuurwetenschappelijk
305. Marris, R. G. (to Texaco), "Refining Waste Disposal by Biological Means," US 2,769,750 (Nov. 6, 1956)
306. Ram, G. L., et al., "Sewage Treatment Apparatus Using Activated Sludge," US 2,781,310 (Feb. 12, 1957)
307. Edwards, R. T., et al. (to Socony Mobil Oil), "Suppression of Aqueous Foams," US 2,854,417 (Sept. 30, 1958)
308. Edwards, R. T., et al. (to Socony Mobil Oil), "Suppression of Aqueous Foams," US 2,854,418 (Sept. 30, 1958)
309. Kivell, W, A. (to Dorr-Oliver), "Anaerobic and Classification Sewage Unit," US

2,889,929 (June 9, 1959)
310. Kaplon, H. C., "Sludge Digester," US 2,891,675 (June 23, 1959)
311. Griffith, L. B., "Time-Controlled Air-Lift Arrangement for Sewage Digesters," US 2,892,545 (June 30, 1959)
312. Lambeth, G. F. (to Dorr-Oliver), "A Method for Activated Sludge Treatment," US 3,133,017 (May 12, 1964)
313. Lambeth, G. F. (to Dorr-Oliver), "Treatment Tank for Aerobically Purifying Waste Liquids," US 3,133,130 (May 12, 1964)
314. Kraus, L. S., et al., "Combined Anerobic-Aerobic Sewage Treatment Process," US 3,168,465 (Feb. 2, 1965)
315. Eckenfelder, W. W. jr., et al., "Treatment-Cost Relationship for Industrial Wastes," Chem. Eng. Progr. (September 1971), 76-85
316. Ames Crosta Mills, et al., "Aeration of Liquids," British 1,028,708 (May 4, 1966)
317. Water Engineering, et al., "Processing Oil-Containing Sewage," British 1,044,311 (Sept. 28, 1966)
318. Mohr, E., "Process and Apparatus for Separation of Sludge in the Neutralization of Industrial Effluents," French 1,429,209 (Feb. 18, 1966)
319. Auler, H. (to Passavant-Werke), "Apparatus for Aeration of Waste Water," German 1,214,165 (Aprill 7, 1966)
320. Simon-Carves, "Aeration of Liquids," Netherlands 65,12457 (March 28, 1966)
321. Davis, J. B., Et al. (to Socony Mobil Oil), "Purification of Industrial Wastes," US 3,152,983 (Oct. 13, 1964)
322. Greenfield, C., "Process for Sludge Dehydration," US 3,251,398 (May 17, 1966)
323. Albertson, O. E. (to Dorr-Oiver), "Treatment of Liquid Wastes Containing Organic Matter," US 3,252,896 (May 24, 1966)
324. Torpey, W. N., "Method of Anaerobic Sewage Sludge Digestion," US 3,259,566 (July 5, 1966)
325. Renzi, P. N., et al. (to American Radiation & Standard Sanitary), "Continuous Filter for Liquid Waste Treatment," US 3,269,542 (Aug. 30, 1966)
326. Valdespino, J. M., et al. (to Pacific Flush Tank), "Venturi Aerator and Aerating Process for Waste Treatment," US 3,271,304 (Sept. 6, 1966)
327. Bucksteeg, W., et al., "Purification of Waste Water," US 3,275,547 (Sept. 27, 1966)
328. Firma SchumacherSche Fabrik, "Waste Water Purification," Netherlands 66,02335 (June 27, 1966)
329. Ingenieursbureau Dwars, et al., "Waste Water Purification," Netherlands 67,09194 (June 25, 1968)
330. Myslicki, H. C. (to Infilco), "Biological Purification of Acid Industrial Waste Waters Containing Organic Substances," German 1,096,295 (Dec. 29, 1960)
331. Kober, W. (to Metallhyettenwerke Luebeck), "Biological Purification of Waste Water in a Circular Basin," German 1,254,096 (Nov. 9, 1967)
332. Niedner, P. (to Otto, Dr. C. and Co. GmbH), "Treatment of Industrial Waste Water," German 1,269,961 (June 6, 1968)
333. Danjes, M., "Device for the Biological Purification of Waste Water in an Aeration

Basin," German 1,273,438 (July 18, 1968)
334. Kober, W. (to Metallhyettenwerke Luebeck), "Biological Treatment of Waste Water," German 1,275,002 (Aug. 8, 1968)
335. Laboon, J. F., "Dewatering and Concentrating Sewage Sludge," US 2,975,122 (March 14, 1961)
336. Sak, J. G. (to Dow Chemical), "Waste Treatment Process," US 3,397,139 (Aug. 13, 1968)
337. Schick, J., "Solidifying Heavy Sewage Sludge," US 3,226,318 (Dec. 28, 1965)
338. Ross. D. S., et al. (to Amcodyne & Co.), "An Improved Aeration Process," US 3,236,767 (Feb. 22, 1966)
339. Mckennin, K. R. (to Dow Chemical), "Degrading Water-Soluble Polymers with Ferrous Salts and a Ferric Chelating Agent," US 3,240,737 (March 15, 1966)
340. Zink, K., "Clarifying Arrangements for the Biological Purification of Sewage and Other Waste Waters," British 892,757 (March 28, 1962)
341. Albersmeyer, W., "Processing and Equipment for the Total Biological Purification of Effluents," Belgian 622,391 (Dec. 28, 1962)
342. Walker Process Equipment, "Sludge Digesters," British 1,050,274 (Dec. 7, 1966)
343. Clough, G. F. G. (to Simon-Carves), "Froth Destruction in the Surface Aeration of Liquids," British 1,051,533 (Dec. 14, 1966)
344. Heinrich Koppers GmbH, "Installation for Treatment of Waste Water, Particularly that of Refineries and Chemical Plants," British 1,094,963 (Dec. 13, 1967)
345. Mackrie, S., et al. (to Ceskoslovenska Akademie Ved), "Biological Treatment of Liquid Wastes," British 1,101,244 (Jan. 31, 1968)
346. McKeown, J. B. (to MacLeod and Miller), "Expended-Aeration Sewage Treatment Plants," British 1,145,302 (March 12, 1969)
347. Simonin, R. F., "A Liquid Pump for Aeration, Ozonization, or Aerobic Fermentation," French 1,446,404 (July 22, 1966)
348. Purifax, Inc., "Purification of Waste Waters Containing Decomposable Substances," French 1,516,054 (March 8, 1968)
349. Bolton, J. F. (to Ames Crosta Mills), "Surface Aeration of Wastes by Using Propellers," German 1,232,927 (Jan. 26, 1967)
350. Ingenieursbureau Dwars, "Installation for Purification of Waste Water," Netherlands 113,161 (Aug. 15, 1966)
351. Opheis, F., et al., "Treatment of Waste Water," Netherlands 65,08576 (Jan. 3, 1967)
352. Danjes, M., "Installation for the Air-Supply to Waste Water," Netherlands 66,05318 (Oct, 24, 1966)
353. Cox, C. B. (to Pacific Flush Tank), "Ring-Type Gas Dome for Anaerobic Digesters," US 3,279,606 (Oct. 18, 1966)
354. Bolton, J. F. (to Ames Crosta Mills), "Surface Aeration of Liquids," US 3,284,058 (Nov. 8, 1966)
355. Vaidespino, J. M., et al. (to Pacific Flush Tank), "Waste Treatment Package Plant," US 3,298,526 (Jan. 17, 1967)
356. Crom, T. R., "Rotating Digestive Covers," US 3,298,670 (Jan. 17, 1967)

357. Greenwood, C., "Apparatus and Process for Dehydrating Waste Solids Concentrates," US 3,304,991 (Feb. 21, 1967)
358. Schreiber, A., "Improved Aeration in Waste Water Tanks," US 3,336,016 (Aug. 15, 1967)
359. Kutagawa, H., et al. (to Hitachi Chemical), "Purifying Wastes," US 3,428,555 (Feb. 18, 1969)
360. Nicks, B. D. (to Farrer, William E., LTD.), "Treatment of Sewage and Other Organic Sludges," British 1,129,369 (Oct. 2, 1968)
361. Clough, G. F. G., et al. (to Simon-Carves), "Activated Sludge Process for Treating Effluents for Disposal," British 1,151,213 (May 7, 1969)
362. Wieferig, T., "Automatic Settling Section for Horizontal-Flow, Activated-Sludge Tanks," German 1,244,675 (July 13, 1967)
363. Jung, H., et al., "Concentrating of Wash Water Sludge Obtained from Water Purification," German 1,245,871 (July 27, 1967)
364. Auler, H. (to Passavant-Werke), "Aeration of Waste Water," German 1,248,569 (Aug. 24, 1967)
365. Schreiber, A., "Treatment of Waste Water," German 1,278,958 (Sept. 26, 1968)
366. Friedrichsfelder Abwasser- und Verfahrenstechnik GmbH, "Biological Purification of Sewage," German 1,279,561 (Oct. 3, 1968)
367. Cramer, F., et al. (to Friedrichsfelder Abwasser- und Verfahrenstechnik GmbH), "Apparatus to Carry Out Chemical Reactions in Fluid Media Applying Space-Saving Mixing and Reaction Chambers," German 1,283,198 (Nov. 21, 1968)
368. Felix Opheis Stahlhallenbau und Stahlbau Geldern, "Purification of Waste Water," Netherlands 66,11096 (Feb. 17, 1967)
369. Brouzes, P. (to Omnium d'Assainissement), "Devices and Process for Biological Purification by Activated Sludge," French 1,464,017 (Dec. 30, 1966)
370. Anstalt, M., "An Apparatus for Aerating and Agitating Water in Tube or Tank," French 1,467,794 (Jan. 27, 1967)
371. Schmerikon, M. S. A., "Waste Water Treatment," French 1,487,668 (July 7, 1967)
372. Joncourm J., "Tank for the Purification of Water by Complete Oxidation," French 1,503,878 (Dec. 1, 1967)
373. Martmann, H., et al., "Biological Clarification of Waste Water," French 1,504,672 (Dec. 8, 1967)
374. Kloeckner-Humboldt-Deutz, "Biological Clarification of Waste Water," French 1,505,047 (Dec. 8, 1967)
375. Lebrun, B. (to Produits Chimiques et Celluloses Rey), "Aeration of Water," French 1,511,602 (Feb. 2, 1968)
376. Smith, E. J. (to Yeomans Brothers), "Automatic Control of Dissolved Oxygen Contents," French 1,530,339 (June 21, 1968)
377. Chemische Werke Albert, "Dewatering of Sludge," French 1,534,998 (Aug. 2, 1968)
378. Duchesne, C., et al. (to Esso Standard SA), "Biological Oxidation of Water Pollutants," French 1,537,023 (Aug. 23, 1968)
379. Schreiber, A., et al., "Aeration of a Waste Water-Activated Sludge Mixture," French 1,504,576 (Dec. 8, 1967)

380. Albertson, O. E., et al. (to Dorr−Oliver), "Sewage Sludge Combustion in Fluidized Bed," US 3,319,587 (May 16, 1967)
381. Wells, D. P., Jr., et al. (to Welles Products), "Method and Apparatus for Aerating a Body of Liquid," US 3,320,160 (may 16, 1967)
382. Greenfield, C., "Dehydrating Sewage Sludge," US 3,323,575 (June 6, 1967)
383. Tanaka, I. (to Kurita Industrial), "Activated Sludge Treatment with no Bulking of Sludge," US 3,402,126 (Sept. 17, 1968)
384. Messa, M. A. (to Met−pro, Inc.), "Self−Contained Waste Water Treatment System," US 3,408,288 (Oct. 29, 1968)
385. Mogelnicki, S., et al. (to Dow Chemical), "Polymers for Dewatering Sewage Sludge," US 3,409,546 (Nov. 5, 1968)
386. Davis, N. S., et al. (to North American Rockwell), "Waste Treatment with Recycling of Lime," US 3,440,165 (April 22, 1969)
387. Davis, N. S., et al. (to North American Rockwell), "Waste Treatment with Recycling of Flocculating Agents," US 3,440,166 (April 22, 1969)
388. Sekikawa, Y., et al. (to Kurita Industrial), "Method of Treating Organic Waste Water," US 3,444,076 (May 13, 1969)
389. Bauer, W. J., "Wet Oxidation of Combustible Wastes," US 3,449,247 (June 10, 1969)
390. Grant, N., "Treating Digestion Tank Supernatant Liquor," US 3,464,918 (Sept. 2, 1969)
391. Barta, J., et al. (to Ceskoslovenska Akademie Ved), "Concentration of Organic Sludges with Microorganisms," US 3,464,919 (Sept. 2, 1969)
392. Budd, W. E., et al. (to Dorr−Oliver), "Biological Treatment of Waste Waters and Industrial Wastes," US 3,472,765 (Oct. 11, 1969)
393. Westdeutsche Industrie− und Strassenbau−Maschinen, "Purification of Waste Waters," US 3,476,682 (Nov. 4, 1969)
394. Schmitz−Lenders, F., "Sewage Clarification Plant with Annular Aeration Tank," German 1,459,510 (Aug. 19, 1971)
395. Kaelin, J. R., "Aeration Basin for Clarification with Arrangement for Aerating and Circulating the Water," French 1,420,271 (Dec. 3, 1965)
396. Neptune Microfloc, "Waste Water Purification," French 2,057,305 (May 21, 1971)
397. Danjes, M., "Method and Equipment for the Biological Purification of Waste Water," Netherlands 66,12850 (March 15, 1967)
398. Ciabattari, E. J., et al. (to Yeomans Brothers), "Aeration Apparatus for Industrial Wastes," US 3,341,450 (Sept. 12, 1967)
399. Albertson, O. E., et al. (to Dorr−Oliver), "Treatment and Incineration of Waste Sludge," US 3,351,030 (Nov. 7, 1967)
400. Bernard, J. J. P., et al. (to Degremont), "Apparatus for the Biological Purification of Waste Water," US 3,339,741 (Sept. 5, 1967)
401. Metallhuttenwerke Luebeck, "Purification of Sewage," British 1,088,695 (Oct. 25, 1967)
402. Abson, J. W., et al. (to Simon−Carves), "Treatment of Solid−Liquid Suspensions," British 1,097,583 (Jan 3, 1968)
403. Degremont, "Purification of Waste Water," US 3,470,092 (Sept. 30, 1969)

404. Firma Menzel & Co., "Aeration of Waste Water," British 1,145,840 (March 19, 1969)
405. Geiger, H., "Aerator," German 1,254,546 (Nov. 16, 1967)
406. Ejefors, K. G. H., "Device and Process for the Separation of Solid Particles from Municipal or Industrial Waste Water," French 1,480,421 (May 12, 1967)
407. Societe Industrielle du Ternois, "Water Treatment Apparatus," French 1,483,787 (June 9, 1967)
408. Seiler. Hermann & Sohn AG, "Process and Device for the Drying and Combustion of Waste Water Slurry," French 1,490,843 (Aug. 4, 1967)
409. Neptune Microfloc, "Activated Sludge-Solids Separation," French 1,603,772 (Nov. 22, 1968)
410. Torpey, W. N., "Sewage Treatment," US 2,850,449 (Sept. 2, 1958)
411. Allis Chalmers, "Activated Sludge Treatment for Effluents," French 2,025,424 (Sept. 11, 1970)
412. Koppers GmbH, H., "Biological Purification Plant for Water Effluent," French 2,023,455 (Aug. 21, 1970)
413. Metallhuttenwerke Luebeck, "Process and Apparatus for the Biological Treatment of Waste Waters," British 946,827 (Jan. 15, 1964)
414. BASF, "Aeration of Waste Water and Fermentation Solutions," French 2,047,493 (March 12, 1971)
415. Sterling Drug, "Sewage Treatment," US 3,060,118 (June 10, 1969)
416. Nederlandsche Organisatie voor Toegepast Natuurwetenschappelijk Onderzoek ten behoeve van de Volksgezondheid, "Active Sludge Treatment in Sewage Purification," Netherlands 69,11263 (Jan. 26, 1971)
417. Chicago Bridge and Iron, "Air Distribution in Activated Sludge Tank for Sewage Treatment," Netherlands 70,12231 (Feb. 23, 1971)
418. Hartmann, H., "Biological Purification Apparatus for Effluent," French 83,406 (March 1964)
419. SNAM Progetti, "Biological Oxidation Process Control and BOD Determination," Belgian 762,923 (July 16, 1971)
420. Chen, G. K. C., et al., "Mixing Effects in Chemical Reactors 1-General Flow Reactors," paper pressented to the 64th Annual Meeting and Water Quality Engineering Symposium of the Am. Inst. Chem. Engrs., San Francisco, Nov. 28 - Dec. 2, 1971
421. Prorea, S.A., "Treatment of Sludge from Water Purification," Netherlands 71,06634 (Nov. 16, 1971)
422. Smith, E. G. et al., "Treatment of Aqueous Wastes," US 3,591,491 (July 6, 1971)
423. BIF Purifax, "Now Purifax Makes Waste Treatment Plants Socially Acceptable," Technical Bulletin PFX-100.20-1 (May 1971)
424. Thomas, C. M., "The Use of Filter Presses for the Dewatering of Sludges," J. Water Pollution Control Fed., 43 (Jan. 1971), 93-101
425. Bewley, T., et al. (to BP Chemicals), "Biological Purification of Waste Water from Phenol Plants," German Offen. 2,133,132 (Jan. 13, 1972)
426. Diehl, D. D., et al., "Effluent Quality Control at a Large Oil Refinery," J. Water Pollution Control Fed., (Nov.. 1971), 2254-70

427. Lücke, R., "Sewage Plant in the Kelsterbach Works of Farbwerke Hoechst AG. A Contribution Towards the Sanitation of the River Main Area," Tech. Bull. No. B&K VI 519/500 (1972)
428. Johnson, P. F. (to Dorr-Oliver), "Sludge Treatment," British 1,270,803 (April 19, 1972)
429. Kumke, G. W., et al., "Conversion to Activated Sludge at Union Carbide's Institute Plant," J. Water Pollution Control Fed., 40, 8, Pt. 1 (August 1968)
430. Gitchel, W. B., et al., "Partial Wet Air Oxidation of a Sewage Sludge," US 3,359,200 (Dec. 19, 1967)
431. Eckenfelder, W. W., Jr., et al., "Economics of Wastewater Treatment," Chem. Eng., Aug. 25, 1969, 109-18
432. McWhirter, J. R. (to Union Carbide), "Oxygenation of BOD-Containing Water," US 3,547,812 (Dec. 15, 1970)
433. Kurita Industrial, "Biological Treatment of Waste Waters," French 1,574,228 (July 11, 1969)
434. Sekikawa, Y., et al. (to Kurita Industrial), "Method of Treating Organic Waste Water," US 3,444,076 (May 13, 1969)
435. McWhirter, J. R., "Use of High Purity Oxygen Aeration in the Conventional Activated Sludge Process," paper presented at the 63rd Annual Meeting and Water Pollution Symposium of the Am. Inst. Chem. Engrs., Chicago, Dec. 3, 1970
436. Union Carbide, "Continued Evaluation of Oxygen Use in the Conventional Activated Sludge Process," report prepared for the Water Quality Office, Environmental Protection Agency, Sept. 1971
437. Ball, J. E., et al., "High-Purity Oxygen in Biological Treatment of Municipal Wastewater," J. Water Pollution Control Fed., 44, 1 (Jan. 1972), 65-76
438. Characklis, W. G., et al., "Industrial Wastewater Treatment," Chem. Engr., May 8, 1972, 61-6
439. Riemer, R. E., et al., ""Unox" System Activated Sludge Treatment of a Petrochemical Waste," paper presented at the 27th Annual Purdue Industrial Waste Conference, Lafayette, Indiana, May 1-4, 1972, 1-15
440. Union Carbide, "Unox System Wastewater Treatment," F-3424, 1-24
441. Union Carbide, "Operating Experience and Design Criteria for "Unox" Wastewater Treatment Systems," paper prepared for Environmental Protection Agency, Technology Transfer Program, Design Seminar for Wastewater Treatment Facilities, New York, Feb. 29-March 1, 1972, 1-68
442. Seid, S., et al., "Pure Oxygen in the Activated Sludge Treatment of Strong Wastewater," paper presented at the 44th Annual ----
443. Briscoe, E. R. E., "Extended Aeration and Its Application," Water Pollution Control (London), 66 (1967), 412-16
444. Hinde, J. N., "Method of and Means for Treating Bodies of Water," US 3,234,123 (Feb. 8, 1966)
445. Berk, W. L. (to Lakeside Equipment), "Expandable Aerator Plants for Treatment of Sewage and Industrial Wastes," US 3,534,857 (Oct. 20, 1970)
446. Albertson, O. E. (to Dorr-Oliver), "Aerated Lagoon Waste Treatment System,"

US 3,485,750 (Dec. 23, 1969)
447. Gotaas, H. B., et al. (to University of California), "Photosynthetic Conversion of Organic Waste by Algal-Bacterial Symbiosis," US 2,867,945 (Jan. 13, 1959)
448. Danjes, M., "Biological Purification of Waste Water," US 3,330,413 (July 11, 1967)
449. McKinney, R. E. (to Union Tank Car), "Biological Water Purification," US 3,462,360 (Aug. 19, 1969)
450. Smith, O. C., "Aeration of Water Bodies," US 3,320,928 (May 23, 1967)
451. Pielkenrood-Vinitex, "Removing Heavy Components from Suspensions," Netherlands 69,16672 (May 7, 1971)
452. Zemaitis, W. L., et al., "Advances in Waste Water Treatment Processes," paper presented at the 70th National Meeting of the Am. Inst. Chem. Engrs., Atlantic City, Aug. 29-Sept. 1, 1971
453. Dahlstom, D. A., et al., "Thickening and Clarification," Chem. Eng., Feb., 15, 1971, 63-9
454. Dague, R. R., et al., "Hydraulics of Circular Settling Tanks Determined by Models," paper presented at the 1961 Annual Meeting, Iowa Water Pollution Control Assn., Lake Okoboji, Iowa, June 8, 1961
455. Kumke, G. W., et al., "Conversion to Activated Sludge at Union Carbide's Institute Plant," J. Water Pollution Control Fed., 40, 8 (Pt. 1), (August 1968), 1408-22
456. "Plastic-Packed Trickling Filters Minimizes Chance Plugging," Water and Pollution Control, 108 (Oct. 1970), 25-6
457. Burns, O. B., Jr., et al., "Pilot Plant Evaluation of Plastic Trickling Filters in Series with Activated Sludge," Tappi, 48 (January 1965), 42-7
458. Quinn, R.G., et al. (to John-Manville), "Method of Purifying Waste Water," US 3,232,865 (Feb. 1, 1966)
459. Fry, K. (to Dow Chemical), "Secondary Treatment of Waste Water," US 3,231,490 (Jan. 25, 1966)
460. Burton, R. E. (to Union Lumber), "Process of Preparing a Soil Conditioner from Sub-Divided Bark," US 2,995,434 (Aug. 8, 1961)
461. "Manual on Disposal of Refinery Wastes, Volume on Liquid Wastes," 1st ed., (Amer. Petroleum Inst. Div. of Refining), API, New York, 1969
462. ICI, et al., "Improved Plant and Processes for the Treatment of Effluent and Sewage," British 1,034,076 (June 29, 1966)
463. Bayley, J. F. (to Denco Engineering Services), "Installations for Biochemical Oxidation Towers," German Offen. 1,809,095 (Jan. 2, 1970)
464. Ethyl and ICI, "Treatment of Waste Water Diluted with rain Water," French 1,554,733 (Jan. 24, 1969)
465. Aktiebolag Erdheims Maskinaffar, "Oxygenizing Polluted Water," British 1,192,307 (May 20, 1970)
466. Deutsche Babcock und Wilcox, "Bacterial Purification of Waste Water," French 2,005,155 (Dec. 5, 1969)
467. Halvoson, H. O., "Biological Purification System," US 2,809,933 (Oct. 15, 1957)
468. Connell, L. F., et al. (to Sun Oil), "Process for the Treatment of Contaminated Waste Waters," US 2,899,385 (Aug. 11, 1959)

469. ICI, "Bacterial Oxidation of Waste Water on Microporous Tower Packing," British 1,082,661 (Sept. 6, 1967)
470. Knapp, C. A., et al. (to Dorr-Oliver), "Apparatus for Treatment of Sewage and Industrial Wastes," US 3,010,581 (Aug. 17, 1959)
471. American Radiator & Standard Sanitary, "Packing Material for Use in Mass- or Heat-Transfer Apparatus," British 1,055,171 (Jan. 18, 1967)
472. Institut National Recherche Chimique Appliquee, "Biological Filters," British 1,086,012 (Oct. 4, 1967)
473. Hutchison G. T. (to Crane Co.), "Method for Leveling Off the Flow to Trickling Filters," US 3,291,309 (Dec. 13, 1966)
474. Ward, T. D., et al. (to Texas Vitrified Pipe), "Trickling Filter Media," US 3,329,271 (July 4, 1967)
475. Bye-Jorgensen, J. S., et al. (to Kruger, I., A/S), "Process and Plant for Biological Purification of Waste Water and Sewage," US 3,468,795 (Sept. 23, 1969)
476. Lautrich, R., "Method for Purifying Waste Water by Application of the Trickle-Filter System," German 1,259,257 (Jan. 18, 1968)
477. Hydro Int. A.G., "Purification of Water with Aerobic Bacteria," Netherlands 71,02592 (Aug. 31, 1971)
478. Smith, R., "Cost of Conventional and Advanced treatment of Waste-Waters," U. S. Dept. of the Interior, Federal Water Pollution Control Admin., Cincinnati, Ohio, P. B. 182-158 (July 1968)
479. Kormanik, R. A., "Design of Plug-Flow Post-Aeration Basins," J. Water Pollution Control Fed., 42, 11 (Nov. 1970), 1922-31
480. Kormanik, R. A., "Simplified Mathematical Procedure for Designing Post Aeration," J. Water Pollution Control fed., 41, 11 (Nov. 1969), 1956-58
481. Schroepler, G. J., et al., "Development of the Anaeroble Contact Process," Sewage Ind. Wastes, 31 (Feb. 1959), 164-90
482. Loehr, R. C., "Anaerobic Lagoons: Considerations in Design and Application," Transactions of the ASAE, 11 (1968), 320-22 and 330
483. Howe, D. O., et al. (to Commercial Solvents Corp.), "Anaerobic Treatment of Organic Industrial Wastes," US 3,300,404 (Jan. 24, 1967)
484. McCarty, P. L., "Anaerobic Waste Treatment Fundamentals. IV. Process Design," Public Works, 95, 12 (1964), 95-9
485. Shell Internationale, "Industrial Sewage Purification Using Plastic Strands for Microorganisms," Belgian 759,265 (May 24, 1971)
486. Riemer, R. E., et al., ""Unox" System Activated Sludge Treatment of a Petrochemical Waste," paper presented at the 27th Annal purdue Industrial Waste Conference, Lafayette, Indiana, May 2-4, 1972
487. Browning, J. E., "Activated Carbon Bids for Wastewater Treatment Jobs," Chem. Eng., 77, 19, Sept. 1970, 32-4
488. Paulson, E. G., "Activated Carbon Cleans Effluents," Oil Gas J., 68, 26, June 29, 1970, 85-7
489. Gould, M., et al., "Temporary Water Clarification System," Chem. Eng. Progr., 65, 10 (1969), 47-9

490. Bloom, R., et al., "New Technique Cuts Carbon Regeneration Costs," Environmental Sci. technol., 3 (1969), 214-17
491. Bouthilet, R. J., "Method of Removing Organic Materials from Waste Waters," US 3,244,621 (April 5, 1966)
492. Ross, D. S. (to Hydro-Clear Corp.), "Method of Treating Liquid Waste Effluent," US 3,516,930 (June 23, 1970)
493. Joyce, R. S., et al. (to Calgon), "Carbon Treatment of Raw Sewage," US 3,455,820 (July 15, 1969)
494. Davies, D. S. (to Dorr-Oliver), "Adsorption of Soluble Impurities on Carbon Particles," US 3,490,590 (Jan. 20, 1970)
495. Sontheimer, H., et al., "Regeneration of Active Charcoal Contaminated with Organic Substances," German Offen. 1,813,892 (July 2, 1970)
496. kawahata, M. (to General Electric), "Waste Treatment Apparatus with Activated Carbon bed and Regenerator," US 3,510,265 (may 5, 1970)
497. Rice, A. H., et al. (to General Services), "Treatment of Water Utilizing Activated Carbon," US 3,252,899 (May 24, 1966)
498. Kehoe, A. J., "Treatment of Waste Water," US 3,300,403 (Jan. 24, 1967)
499. Fischer, E., "Regeneration of Active Carbon Used to Remove Oil from Water," German 1,128,411 (April 26, 1962)
500. Kratz, A. (to Metallgesellschaft AG), "Purifying Water with Activated Carbon," US 3,017,347 (Jan. 16, 1962)
501. Diamond Alkali, "Clarification of Liquids," US 3,420,709 (Jan. 7, 1969)
502. Krivovici, N., et al. (to Romania, "Ploiesti" Refinery), Romanian 51,898 (Feb. 16, 1970)
503. Notso, S. (to Stenberg-Flygt AB), "Purification of Waste Water Containing Organic Substances," German Offen. 2,109,322 (Sept. 9, 1971)
504. Paulson, E. G., "Adsorption as a Treatment of Refinery Effluent," American Petroleum Institute, Division of Refining, 50 (1970), 693-722
505. Koches, C. F., et al., "Reactivate Powdered Carbon," Chem. Eng., May 1, 1972, 46-7
506. Koches, C. F., et al. (to Westvaco Corp.) "Transport Reactor with a Venturi Tube Connection to a Combustion Chamber for Producing Activated Carbon," US 3,647,716 (March 7, 1972)
507. Robertaccio, F. L., et al., "Treatment of Organic Chemicals Plant Wastewater with the Du Pont Pact Process," paper presented at the 72nd National Meeting of the Am. Inst. Chem. Engrs., Dallas, Feb. 20-3, 1972
508. Sterling Drug, Zimpro Div., "Wastewater Reclamation System by Zimpro," 2700 (1970)
509. Smith, R., "Cost of Conventional and Advanced Treatment of Wastewaters," U. S. Dept. of the Interior, Federal Water Pollution Control Admin., Cincinnati, Ohio, July 1968, P. B. 182-158
510. Erskin, D. B., et al., "Activated Carbon Processes for Liquids," Chem. Eng. Progr., 67, 11 (Nov. 1971), 41-4
511. Knopp, P. V., et al., "Wastewater Treatment with Powdered Activated Carbon Regenerated by Wet Air Oxidation," paper presented at the 25th Purdue Industrial

Waste Conference, May 5-7, 1970

512. Scheffel, E. W., et al., "Wet Air Oxidation of Combustible Materials Adsorbed on Carbonaceous Adsorbent," US 3,386,922 (June 4, 1968)
513. Teletzke, G. H., et al., "Components of Sludge and Its Wet Air Oxidation Produces," J. Water Pollution Control Fed. (June 1967), 994-1005
514. Brinkworth, A. C. (to Permutit Co., Ltd.), "Recovery of Chromic or Phosphoric Acids from Dilute Solutions," British 760,524 (Oct. 31, 1956)
515. Donohue, J. M., "Cooling Tower Systems Conserve Water ··· Chemical Treatment Preserves Equipment," Betz Indicator, 39, 4 (July-August 1970), 3-14
516. "Systems Recover Chromate from Cooling Tower Water Discharge," Chem. Eng. News, 42, March 20, 1964, 43-4
517. Palmer, J. D., "Inhibitor Systems Face Elimination," Can. Chem. Process., 54 (October 1970), 82-4
518. Donohoe, J. M., et al., "Improve Cooling Water Treatment," Hydrocarbon Process., 47 (June 1968), 101-6
519. Gulley, R. P., "Modern Cooling Tower Water Treatment," Petroleum Refiner, 39 (April 1960), 165-8
520. Richardson, E. W., et al., "Ion Exchange Traps Chromates for Re-Use," Environmental Sci. Technol., 2 (1968), 1006-16
521. Sloan, L., et al., "Operating Experience with Ion Exchange Chromate Recovery System," Illinois State Water Survey Circ. 91, (1966), 101-11
522. Lancy, L. E. (to Lancy Laboratories), "Treatment of Spent Cooling Waters," US 3,294,680 (Dec. 27, 1966)
523. DIA-PROSIM, "Treatment of Chromate Waters," French 1,462,447 (Dec. 16, 1966)
524. Sloan, L., et al. (to Crane Co.), "Ion-Exchange Fluid Treatment," US 3,306,859 (Feb. 28, 1967)
525. Allis Chalmers, "Activated Sludge Treatment for Effluents," French 2,025,424 (Sept. 11, 1970)
526. Hesler, J. C., et al., "Recovery and Reuse of Chromates from Cooling Tower Blowdown," reprint from proc., International Water Conf., Engrs. Soc., Pittsburgh, September 28-30, 1964
527. Kelly, B. J., "Removing Chromates," reprint from Industrial Water Engineering, Chicago, Ill., September 1968
528. Graver Water Conditioning, "First Physical/Chemical Sewage Plant to be Built at Rosemount, Minn.," Press Release, Feb. 7, 1972
529. Oberhofer, A. W. (to Nalco Chemical), "Corrosion Inhibition," US 3,223,620 (Dec. 14, 1965)
530. Hirsch, J. H., et al., "Estimating Plant Investment Costs," Chem. Eng. Progr. 56, (1960), 37-43
531. Guthrie, K. M., "Rapid Calc Charts," Chem. Eng., March 24, 1969, 138-42
532. Guthrie, K. M., "Capital Cost Estimating," Chem. Eng., March 24, 1969, 114-42
533. Fischer, A. J. (to Dorr-Oliver), "Combination Flotation-Settling Unit for Industrial Waste Waters," US 2,888,139 (May 26, 1959)

참고도서

B−1 Perry, R. H., ed., “Chemical Engineers’ Handbook,” 4th ed., McGraw−Hill, New York, 1963

B−2 Bauman, H. C., “Fundamentals of Cost Engineering in the Chemical Industry,” Reinhold, New York, 1964

B−3 “The Cost of Clean Water, Vol. Ⅲ, Industrial Waste Profiles, No. 5−Petroleum Refining,” U.S. Dept. of the Interior, Fed. Water Pollution Control Admin., 1967

B−4 “The Cost of Clean Water and its Economic Impact, Vol. Ⅳ, Projected Wastewater Treatment Costs in the Organic Chemicals Industry,” U.S. Dept. of the Interior, Fed, Water Pollution Control Admin., 1969

B−5 Drew, T. B., et al., eds., “Advances in Chemical Engineering,” Vol. 4, Academic Press, New York, 1963

B−6 Beychok, M. R., “Aqueous Wastes from Petroleum and Petrochemical Plants,” Wiley, London, 1967

B−7 Foust, A. S., et al., “Principles of Unit Operations,” Wiley, New York, 1960

B−8 Treybal, R. E., “Liquid Extraction,” 2nd ed., McGraw−Hill, New York, 1963

B−9 Lund, H. F., e., “Industrial Pollution Control Handbook,” McGraw−Hill, New York, 1971

B−10 Gloyna, E. F., et al., “The Characteristics and Pollutional Problems Associated with Petrochemical Wastes,” Federal Water Pollution Control Admin., 1970

B−11 Echenfelder, W. W., et al., “Water Quality Engineering for Industry,” AIChE Tday Series, American Institutes of Chemical Engineers, New York, 1971

B−12 Swindell−Dressler Co., “Process Design manual for Carbon Adsorption,” for the Environmental Protection Agency, Pittsburgh, Pa., 1971

B−13 American Oil Co., “Fluid bed Incineration of Petroleum Refinery Wastes,” Water Quality Office, EPA Project #12050 EKT, Washington, March 1971

B−14 Austin, J. H., et al., eds., “Waste Disposal from Water and Wastewater Treatment Processes,” Proceedings, Tenth Sanitary Engineering Conference, Univ. of Ill. and Dept. of Public Health, Urbana, Ill., 1968

B−15 Gloyna, E. F., et al., “Water Quality Improvement by Physical and Chemical Processes,” Univ. of Texas Press, Austin, 1970

B−16 Culp, R. L., et al., “Advanced Wastewater Treatment,” Van Nostrand Reinhold, New York, 1971

B−17 Albertson, J. G>, et al., “Investigation of the Use of High Purity Oxygen Aeration in the Conventional Activated Sludge Process,” Union Carbide Corp., for the Federal Water Quality Admin., U.S. Dept. of the Interior, PB 194 241, 1970

B−18 Eckenfelder, W. W., “Industrial Water Pollution Control,” McGraw−Hill, New York, 1966

B-19 Roy F. Weston, Inc., "Process Design Manual for Upgrading Existing Wastewater Treatment Plants," for the Environmental Projection Agency, Wastewater, Pa., 1971

석유화학 폐수의 처리

2019년 9월 17일 초판 1쇄 인쇄
2019년 9월 27일 초판 1쇄 발행

저자 / 최주환
발행인 / 고우용
발행처 / 도서출판 서훈
등록일 / 1997년 11월 25일
출판등록 / 제2018-000062호
주소 / 서울특별시 은평구 갈현로47가길 22
전화번호 / 02)324-6577
팩시밀리 / 02)324-6177

정가 / 39,000원

ISBN / 978-89-6249-100-5 93430